“十四五”国家重点出版物出版规划项目

国家出版基金项目
NATIONAL PUBLICATION FOUNDATION

王力　黄妮　编著

陆地生态系统
碳汇遥感估算技术研究

浙江教育出版社·杭州

图书在版编目（CIP）数据

陆地生态系统碳汇遥感估算技术研究 / 王力，黄妮编著. -- 杭州：浙江教育出版社，2024. 12. -- ISBN 978-7-5722-9324-5

Ⅰ．X511

中国国家版本馆 CIP 数据核字第 2024VH3664 号

陆地生态系统碳汇遥感估算技术研究

LUDI SHENGTAI XITONG TANHUI YAOGAN GUSUAN JISHU YANJIU

王力　黄妮　编著

策划编辑	高露露
责任编辑	傅美贤　高露露
美术编辑	韩　波
责任校对	何　奕
责任印务	陈　沁
装帧设计	融象工作室　顾页
出　　版	浙江教育出版社（杭州市环城北路 177 号）
图文制作	杭州林智广告有限公司
印刷装订	浙江海虹彩色印务有限公司
开　　本	710mm×1000mm　1/16
印　　张	21.25
插　　页	4
字　　数	320 千字
版　　次	2024 年 12 月第 1 版
印　　次	2024 年 12 月第 1 次印刷
标准书号	ISBN 978-7-5722-9324-5
审 图 号	GS京（2025）0912 号
定　　价	72.00 元

如发现印装质量问题,影响阅读,请与我社市场营销部联系调换。

联系电话:0571-88909719

在全球气候变化形势愈发严峻的大背景下，陆地生态系统碳循环研究已迅速成为生态学、地理学、环境科学等多学科交叉领域的热点与前沿。我国"双碳"目标的提出，是以习近平同志为核心的党中央统筹国内国际两个大局，应对资源环境约束突出问题，推动中华民族永续发展，并为构建人类命运共同体做出的庄严承诺，具有极其重大的战略意义。

国家围绕"双碳"目标展开全面部署，明确要求深化气候变化成因及影响、生态系统碳汇等基础理论与方法研究。这包括开展森林、草原、湿地等多类型生态系统的碳汇本底调查与储量评估，实施生态保护修复碳汇成效监测评估，以巩固和提升生态系统碳汇能力。达成这些目标，精准测定生态系统碳汇、深入剖析其内在机制是关键。

陆地生态系统是全球碳循环的重要组成部分，准确评估其碳汇功能，对洞察全球碳循环机制、制定科学碳减排策略以及推动可持续发展，有着不可估量的价值。近年来，遥感技术迅猛发展，尤其是卫星遥感技术的广泛应用，为陆地生态系统碳汇的高效、精准估算带来了全新契机。陆地生态系统也是我国最重要的碳汇之一，开展国家尺度陆地生态系统碳源/汇研究，不仅是有效管控温室气体、积极应对气候变化的迫切需要，更是推动地球系统科学与全球变化科学发展的重要任务。

　　然而，当前陆地生态系统碳汇估算在精度与范围方面仍存在较大的提升空间。在精度上，区域尺度的陆地生态系统碳汇高精度估算模型尚未形成。在监测和统计范围方面，陆地生态系统包含生态类型丰富的近海区域，如农田、湿地、近海以及受河流径流影响的各类生态区域，但这些复杂多样的生态类型在现有碳汇估算中并未得到全面、系统的考量。

　　针对上述现状，《陆地生态系统碳汇遥感估算技术研究》一书紧扣陆地碳收支核算这一核心科学问题，系统梳理并深入探索了陆地生态系统碳汇估算技术与方法。书中不仅详细阐述了我国在陆地生态系统碳汇估算、海岸带蓝碳碳汇评估中站点观测、遥感反演、模型估算等技术的研究进展，着重介绍了遥感技术在碳汇估算中的最新成果与显著优势，搭建起了一套完整的陆地生态系统碳汇估算知识体系。同时，本书通过案例分析，直观展示了遥感技术在近海海洋生态系统碳汇计量中的应用。这些案例既验证了遥感技术在海洋碳汇评估中的有效性和实用性，也为后续研究提供了极具价值的参考。

　　作为一部陆地生态系统碳汇遥感估算技术的学术专著，本书不仅凝聚了国内外相关领域的前沿研究成果，还充分展现了当前遥感技术在碳汇估算领域的最新进展。它的出版，将为相关领域的研究人员、决策者以及实践者，提供一部极具指导性和实用价值的参考书，助力推动全球气候变化研究，加强陆地生态系统碳汇管理与保护，为实现可持续发展目标贡献力量。

　　在此，我衷心祝贺本书的出版，期待其在相关领域产生广泛而深远的影响。同时，也希望本书能够激发更多学者和研究人员对这一领域的兴趣与热情，携手利用遥感技术推动全球碳循环研究，共同迈向可持续发展的未来。

2024 年 12 月

在21世纪的今天，全球气候变化和生态环境保护已成为人类社会面临的重大挑战。碳循环作为地球系统的关键组成部分，对维持地球生态平衡和气候稳定起着至关重要的作用。陆地生态系统作为地球上最大的两个碳汇之一，其碳汇功能的研究和评估对于理解和应对全球气候变化具有重要意义。《陆地生态系统碳汇遥感估算技术研究》一书系统构建了陆地生态系统碳汇估算的理论框架与技术体系，旨在为相关领域的科研人员、决策者和学生提供兼具科学深度与实践价值的研究范式。

本书共分为6章，系统地介绍了陆地和近海海洋生态系统碳汇计量的方法与技术。第1章从陆地生态系统碳汇计量的基本方法入手，详细介绍了清查法、涡动相关法、碳循环过程模拟模型法、基于大气反演法的陆地碳汇估算以及基于遥感驱动的陆地碳汇估算等多种方法。这些方法各有优势和局限性，为后续的深入研究奠定了基础。

第2章则将视角转向近海海洋生态系统，探讨了该领域碳汇遥感评估的现状、叶绿素a浓度遥感评估方法和初级生产力评估方法。这些内容不仅涵盖了近海海洋生态系统碳汇计量的前沿技术，也展望了未来的发展方向。

在第3章和第4章中，我们深入探讨了基于星载雷达数据的植被总初级生产力（gross primary production, GPP）估算研究，以及基于数据驱动方法的全球陆地生态系统估算研究。这些研究不仅展示了遥感技术在生态系统生产力估算中的应用，也通过实验分析和数据处理，提供了实际应用案例。

第5章则聚焦遥感大数据驱动的陆地净生态系统生产力（net ecosystem productivity, NEP）估算研究，介绍了全球NEP估算方法与产品生产，并对不同产品的精度进行了对比分析。此外，还对2000—2020年全球陆地NEP的时空变化以及近40年中国陆地NEP的时空格局进行了深入分析。

最后，在第6章中，我们通过近海海洋生态系统碳汇计量的案例分析，进一步展示了遥感技术在近海海洋生态系统碳汇估算中的应用效果和潜力，为未来的研究提供了新的思路和方向。

我们希望这本书能够成为陆地生态系统碳汇研究领域的重要参考书，为相关科研人员提供理论支持和实践指导，也为政策制定者提供决策依据。同时，我们期待本书能够激发更多关于陆地生态系统碳汇研究的讨论和创新，为全球气候变化的应对和生态环境的保护贡献力量。

课题组现有成员及已毕业的学生参与了本书的撰写，他们是刘时栋、汤峰、丛丕福、高帅、孟梦等，他们为本书的创作付出了艰苦的劳动，在此对他们表示衷心的感谢。由于作者水平有限，疏漏之处在所难免，敬请广大读者指正。

王力　黄妮

2024年10月

第 1 章

陆地生态系统碳汇计量方法

　　区域陆地生态系统碳汇估算方法大体可分为"自下而上（Bottom-up）"和"自上而下（Top-down）"两种不同类型。"自下而上"的估算方法是指将样点或网格尺度的地面观测、模拟结果推广至区域尺度，常用的"自下而上"方法包括清查法、涡动相关法和生态系统过程模拟模型法等；"自上而下"的估算方法主要指基于大气 CO_2 浓度反演陆地生态系统碳汇，即大气反演法（朴世龙等，2022）。不同估算方法的优缺点和不确定性来源不尽相同。近年来，随着遥感技术和多源遥感数据的快速发展和应用，遥感驱动模型也成为陆地生态系统碳汇估算的重要方法。

1.1　清查法

　　清查法主要基于不同时期资源清查资料的比较来估算陆地生态系统（主要是植被和土壤）碳储量变化，即陆地生态系统碳汇强度。例如：基于连续的森林资源清查数据，计算木材蓄积量变化，再通过生物量转换方程，推导出森林生物量碳储量变化（Fang et al., 2001）。对于缺乏连续清查数据的植被类型，如灌木、草地等，则可建立植被碳储量观测值和遥感植被指数之间的统计关系，结合遥感植被指数变化，估算植被碳储量变化（Piao et al., 2009）。此外，利用不同时期的土壤普查数据与野外实测资料，同样可以估算不同时期土壤碳储量的变化。通过汇总植被与土壤碳储量的变化，最终可得到整个区域生态系统碳汇的定量评估结果。

1.1.1　植被样地清查法

样地清查法是指通过设立典型固定样地，连续观察测量森林植被、枯落物、土壤等碳库的碳储量来获得一定时期的碳储量变化的推算方法。这个推算方法主要可以分为三种：平均生物量法、生物量转换因子法和生物量转换因子连续函数法。

生物量是指在一定时间内，生态系统中某些特定组分在单位面积上所产生物质的总量。平均生物量法通过实际测量的研究区森林生物量，并将所得结果与该区域的森林面积相乘，继而推算出研究区整个森林的生物量。平均生物量可通过三种方法来进行测算：第一种是皆伐法（皆伐是指将伐区内的成熟林木短时间内全部伐光或者几乎全部伐光的主伐方式），选择生长良好的林地作为标准样地，将样地内的所有树木砍伐，随后测量单株树木各部分（树干、树枝、树叶、根系等）的干重，得到单株树木的生物量，然后将其相加求和得到林分的生物量（周希胜，2019），这种方法的优点是精度高，缺点是比较费时间，还需要大批量地采伐木材，严重破坏研究区的森林生态系统且不容易恢复；第二种是标准木法，根据对指定样地的树木进行计算，得出全部树木的平均胸径、树高值或其他测树因子的平均值，在平均值中选择出中间胸径的树木作为标准木，最后对这个标准木进行生物量测算，再用测算结果乘以指定面积的树木株数得出生物量（项茂林等，2012），这种方法常用于林龄较为均一的森林；第三种是相关曲线法，选择不同胸径大小、分布位置的树木，在各种树木因子（如高度、胸径、冠幅等）与单木各器官的生物量之间建立一个相关拟合的异速生长方程，从而求得森林生物量，这是目前森林地面调查常用的方法（宋通通，2023）。

生物量转换因子法也称材积源生物量法，通过森林的总蓄积量乘以生物量换算因子来计算该类型森林的总生物量。此方法是布朗（Brown）和卢戈（Lugo）于1984年提出的，他们用联合国粮农组织提供的全球主要森林类型蓄积量数据，估算出全球森林地上生物量。在此基础上，1996年，方精云等首次应用生物量转换因子法，结合野外调查得到了中国不同地域的生物量和蓄积量数据，估算了大尺度森林生物量，由此开创了我国森林碳储量研究由样地向区域尺度的推算转换。此方法可利用森林清查资料中的蓄积量来推算森林的生物量，显著提升碳储量估算精度；但需注意，森林类型随着林龄、立地、个体密度、林分状况等因素变化会导致林分生物量与木材材积比值发生动态变化。

生物量转换因子连续函数法是生物量转换因子法的延续与改进。方精云等人利用1949—1998年中国森林资源清查数据结合实测数据，采用改进的生物量转换因子法，对2001年中国森林碳储量进行了估算，提出了生物量转换因子连续函数法。该方法在转换因子方面做了改进，由原来的生物量平均转换因子改进为分龄级的转换因子，使计算公式得以简化，为区域尺度森林碳储量的估算提供了理论基础。公式为：

$$B = a + bv \tag{1-1}$$

式中：a 和 b 均为常数；B 代表生物量，单位 t；v 代表蓄积量，单位 m^3。

该方法弥补了平均生物量法估算值偏大、生物量转换因子法误差较大等不足，具有综合反映各种因素的变化的能力，对区域碳汇的估算更加精确，已得到广泛应用和认可，但不足是它使用了单一的线性回归模型。

1.1.2　土壤碳储量采样分析方法

土壤有机碳储量巨大，主要分布在土壤表层，且与大气之间的碳交换活跃（Chappell et al., 2013; Cleveland & Townsend, 2019）。土壤有机碳主要来源于土壤中形成的和外部加入的、所有动植物残体不同分解阶段的各种产物和合成产物以及土壤微生物（Jain & Mitran, 2020; Pramanik & Phukan, 2020）。土壤碳储量清查法主要步骤包括土壤采样、土壤样品分析、土壤有机碳密度和碳储量计算等。

1.1.2.1　土壤采样的具体步骤

（1）土壤采样点布设

土壤监测点位布设方法和布设数量是根据其目的和要求结合现场勘查结果确定的，必须遵循全面性原则、代表性原则、客观性原则、可行性原则和连续性原则。采样点布设方法可采用对角线布点法、梅花形布点法、棋盘式布点法和蛇形布点法。

（2）确定采样深度

根据地表覆被类型和土层厚度，确定采样深度，一般取样深度0～20cm，若要监测土壤有机碳的垂直分布特征，可沿土壤剖面分层取样，每个柱状样取样深度100cm，分取表层样（0～20cm）、中层样（20～60cm）和深层样（60～100cm）3个土样。

（3）采样方法和数量

采用多点混合土样采集方法，每个混合土样由5个以上样点组成，样点分布范围可根据实地情况确定；每个点的取土深度及质量应均匀一致，土样上层和下层的比例也要相同；取样器应垂直于地面，入土至规定的深度；采样使用不锈钢、木、竹或塑料器具，样品处理、储存等过程不要接触金属器具和橡胶制品，以防污染；每个混合样品一般取1kg左右，如果采集样品太多，可用"四分法"弃去多余土壤。

（4）样品编号和档案记录

样品采集时，将现场采样点的具体情况，如土壤剖面形态特征等做详细记录；样品采集完后，袋内外均应附标签，标明采样编号、采样地点及经纬度、土壤名称、地表覆被类型、采样深度、采样日期、采集人，并填写采样记录。

1.1.2.2 土壤样品分析

（1）土壤容重测定

采用烘干法来获得不同土层的土壤容重，具体处理步骤如下：第一步烘干，将装有鲜土的环刀从黑色密封盒取出并取掉顶盖，移至恒温干燥箱内，将箱内温度设置为105℃，持续干燥24小时；第二步称重，对烘干后的环刀及土样进行称重，然后减去环刀的质量（采样前已称重），即得到干土的质量（g），将干土的质量除以环刀的容积（100cm³），即可得土壤容重（g·cm⁻³）。

（2）土壤有机碳含量测定

通常通过重铬酸钾外加热法测定土壤有机碳含量：先称取2g土壤风干样品，装入硬质试管中，加入0.8000mol·L^{-1}重铬酸钾标准溶液，之后加入浓硫酸5mL混合均匀。使用油浴法将试管在190℃条件下加热，与此同时加入空试管作为空白对照，当多数试管中的液体沸腾5分钟后从油浴锅中取出试管。冷却后，对试管中的液体进行转移，并用蒸馏水将试管内液体冲洗干净，加羧基代二苯胺指示剂12～15滴，然后用0.2mol·L^{-1}硫酸亚铁溶液滴定至溶液由棕红经紫色变为暗绿。

$$土壤有机碳含量\left(\text{g·kg}^{-1}\right)=\frac{c\times5}{V_0}\times\frac{(V_0-V)\times10^{-3}\times3.0\times1.1}{m\times k'}\times1000$$

（1-2）

式中：c为0.8000mol·L^{-1}的重铬酸钾溶液，V_0为空白滴定用硫酸亚铁体积（mL），V 为样品滴定用硫酸亚铁体积（mL），m 为空白土样的质量（g），k' 为风干土转换为烘干土的系数。

1.1.2.3 土壤有机碳密度和碳储量计算

土壤有机碳密度表示在指定土层深度内，单位面积内土壤有机碳的含量。土壤有机碳储量表示指定研究范围内土壤有机碳的总储量。土壤有机碳密度的计算公式如下：

$$SOCD = \sum_{i=1}^{n} T_i \times BD_i \times SOC_i \times \frac{1 - C_i}{100} \tag{1-3}$$

式中：$SOCD$、T_i、BD_i、SOC_i 和 C_i 分别表示第 i 层的土壤有机碳密度（kg·C·m^{-2}）、土层厚度（cm）、土壤容重（g·cm^{-3}）、土壤有机碳含量（g·C·kg^{-1}）和土样中粒径超过 2mm 的土壤体积百分比。

土壤有机碳储量的计算公式为：

$$SOCC = SOCD_i \times A \tag{1-4}$$

式中：$SOCC$ 表示土壤有机碳储量（kg·C），A 表示研究区面积（m^2）。

1.1.3　清查法的优缺点

清查法的优点在于能够直接测算样点尺度植被和土壤的碳储量。其局限性主要包括：（1）清查周期长；（2）清查数据侧重森林、草地和农田等分布广泛的生态系统，而在湿地等面积占比低的生态系统，长期观测的清查数据稀缺，导致区域尺度汇总结果存在一定的偏差；（3）鉴于陆地生态系统空间异质性强，从样点到区域尺度碳储量的转换过程也存在较大的不确定性；（4）清查数据不包含生态系统中碳的横向转移，如木材产品中的碳以及随土壤侵蚀而转移的有机碳等。一般而言，资源清查数据的样点覆盖密度是制约基于清查法的碳汇估算准确度的核心因素。

1.2 涡动相关法

涡动相关法根据微气象学原理，直接测定固定覆盖范围（通常数平方米到数平方千米）内陆地生态系统与大气间的净生态系统碳交换量（net ecosystem exchange, NEE），据此估算区域尺度净生态系统生产力。

1.2.1 涡动相关系统基本原理

涡动相关技术是通过直接测定和计算物理量（如温度、CO_2和H_2O的通量等）的脉动与垂直风速脉动的协方差求算湍流输送通量的方法。由于是直接测定标量物质，计算过程几乎不存在假设，因此，计算结果也更加准确可信。目前该方法被认为是测量生物圈与大气间能量与物质交换通量的标准方法，在局部尺度的生物圈与大气间的痕量气体通量的测定中得到广泛的认可和应用（吴志祥，2013）。

CO_2通量是单位时间内湍流通过单位截面积输送的CO_2量。CO_2的垂直湍流通量为Fc，计算公式（王杰帅，2020）如下：

$$Fc = \overline{w\rho_d c} \tag{1-5}$$

式中：w是垂直风速，单位为$m \cdot s^{-1}$；ρ_d是空气干密度，单位为$\mu mol \cdot mol^{-1}$；c是CO_2质量混合比；上划线代表平均值。

将式（1-5）分解（雷诺经典定义），得到：

$$Fc = \overline{\left(\overline{w} + w'\right)\left(\overline{\rho_d} + \rho'_d\right)\left(\overline{c} + c'\right)} \tag{1-6}$$

式中：′（撇号）表示各物理量的脉动值，各物理量脉动值均值等于0，式（1-6）可写为：

$$Fc = \overline{w\rho_d c} + \overline{w'c'\rho_d} + \overline{wc'\rho'_d} + \overline{w'c'\rho'_d} \tag{1-7}$$

由于空气脉动非常小，因此忽略此项，同时垂直气流在水平均匀下垫面时也可以被忽略，于是式（1-7）简化为：

$$Fc = \overline{w'c'\rho_d} \tag{1-8}$$

CO_2 的密度可以通过观测得到，得到涡动协方差 Fc 计算的最终公式：

$$Fc = \overline{w'\rho'_c} \tag{1-9}$$

式中：ρ'_c 是 CO_2 密度脉动值，w' 是垂直风速脉动值。

净生态系统碳交换量可由下式计算得出：

$$NEE = Fc + Fs \tag{1-10}$$

式中：Fs 为冠层 CO_2 储存。在夜间，大气层结相对稳定，植物呼吸作用生成的 CO_2 会因为湍流不充分，无法送达涡动仪器的高度，从而未被监测，储存在冠层之中，这部分 CO_2 在白天湍流加强的时候又会重新被观测到，因此，会造成夜间碳通量低估、白天碳通量高估的现象。为此需要对 Fs 进行计算，公式如下：

$$Fs = \frac{\Delta c}{\Delta t} h \tag{1-11}$$

式中：Δt 为时间间隔（30 min），Δc 为相邻时间间隔内 CO_2 浓度差值，h 为 CO_2 浓度监测高度。

1.2.2　通量观测系统组成

通量观测系统因观测地点实际下垫面植被状况的不同而略有差异，但是一般的通量观测需要在保证获取湍流涡动通量观测数据的前提条件下，再去考虑解释通量结果和分析过程所需的各种辅助观测仪器。观测系统组成结构如图1-1所示：

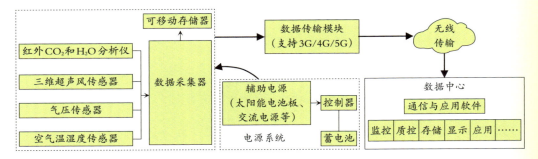

图1-1　通量观测系统组成结构图

其中，红外CO_2和H_2O分析仪（OPEC-LI7500、LI7500A、CPEC-LI7000、LI6262等）用于测量CO_2和水汽浓度的脉动值；三维超声风传感器（CSAT3、Gill等）用于测量风速脉动值；气压传感器用于测量大气压值；空气温湿度传感器用于测量空气温度、相对湿度数据。气压、温度和湿度数据用于对CO_2和水汽浓度进行物理修正。数据采集器负责传感器的长期连续监测。电源系统提供稳定电能以保证观测系统能够在野外连续工作。采集的数据通过数据传输模块，经无线网络传输到数据中心，最终实现数据的采集、质控、存储与应用。

1.2.3　通量数据采集、计算与校正

1.2.3.1　通量数据采集

通量观测数据通常由数据采集器完成，采集器支持模拟输出和数字输出两种模式，目前多采用后者。采样频率的确定取决于高频脉动的类型。涡动系统采样频率一般在5~20Hz范围内。除此之外，数据采集还需考虑观测分辨率、存储器容量及停电应对措施等因素。

1.2.3.2　通量数据计算与校正

通量观测数据的计算与校正是通量观测的关键过程，不同的通量观测网络

推荐的处理过程略有差异，图1-2是欧洲通量网数据采集、处理和存储框架，图1-3是中国通量网推荐的处理流程（于贵瑞等，2006）。综合欧洲通量网与中国通量网的流程，结合LI-COR公司的数据处理建议（Burba，2013），可得出通量数据处理主要包括以下步骤：半小时原始数据—野点去除—坐标旋转—校正通量—数据插补—数据质量分析—数据融合（半小时数据集）—年净交换量计算等。

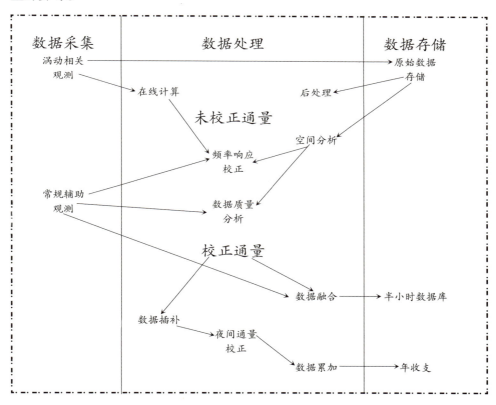

图1-2　欧洲通量网数据采集、处理和存储框架

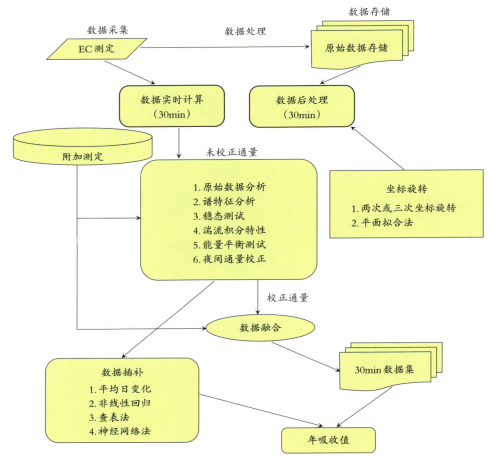

图1-3 中国通量网数据采集、处理和存储流程图

（1）野点去除

湍流原始资料中的野点（大的瞬发噪声）主要可分为两类：一类由环境因子（如雨、雪、尘粒等对传感器声光程产生的干扰）或瞬间断电等外部因素引起，称"硬野点"；另一类由电子电路问题（如A/D转换器故障、长电缆干扰、电源不稳定等）引起，称为"软野点"。野点可能会对方差、协方差值产生明显影响。硬野点可直接通过仪器自身诊断参数（如诊断参数非零），而软野点则需采用方差判定方法，超过数倍（4～6倍）方差的点应判定为野点并予

以去除。

（2）坐标旋转

地表起伏情形下，必须进行坐标旋转或两面坐标拟合。通过使平均垂直风速和平均侧向风速为零，以消除地形影响。倾斜地形状态下，必须进行平面坐标拟合，以消除地形影响，达到新拟合平面上的通量与3个方向的协方差成函数关系。通量计算时需要将超声风速计的笛卡儿坐标系转换为自然风或流线坐标系。坐标变换途径包括两次坐标旋转和三次坐标旋转，通常使坐标系 x 轴与平均水平风方向平行，从而使平均侧风速度和平均垂直风速度归零（两次坐标旋转），并且使相应的平均侧风应力也归零（三次坐标旋转）。

（3）校正通量

通量观测数据的校正包括显热通量的超声虚温校正、WPL 校正（webb - pearman - leuning）（或称密度校正）、频率响应校正以及夜间通量校正4个方面。

显热通量的超声虚温校正。在涡动相关法观测中，超声仪输出的实际是虚温，其值易受空气湿度和侧向风速的影响。当前，虽在设计和生产各种三维超声风速仪器时，大多考虑如何去除侧风对虚温的影响，但因受涡动相关原理本身的限制，空气湿度影响仍存在，因此处理通量资料时仍有必要进行显热通量的超声虚温校正，以减小可能的误差。

WPL 校正。利用涡动相关法测定 CO_2 等湍通量时，需考虑因热量或水汽通量的输送而引起的微量气体的密度变化。密度校正的目的是补偿因热量（显热）和水汽输送而引起的 CO_2、H_2O 等的密度变化。进行通量观测时，如果测量某种大气成分（CO_2）是相对干空气混合比的平均梯度或脉动变化，就可不进行校正；但如果测量某大气成分是相对于湿空气（而非干空气）的质量混合比，就需校正显热和水汽通量对气体密度的耦合效应。通量观测直接测量某大气组分的平均梯度或密度脉动，就需分别对显热通量和水汽通量的影响进行WPL 校正以及目前通量观测中应用最广泛的密度校正。

频率响应校正。开路涡动相关系统观测通量时，湍流通量观测在低频受平均周期和高频滤波的影响，而在高频端又会受仪器响应特性等的影响造成频率损失。频率损失包括低频损失（因不能分辨较大尺度湍流脉动而导致测定湍流通量偏低）及高频损失（因不能分辨较小尺度湍流脉动而导致测定湍流通量偏低）两部分，前者主要由超声风速计与红外气体分析仪传感器响应能力方面的不匹配、标量传感器路径平均以及传感器的分离等造成。

夜间通量校正。涡动相关系统设计主要考虑白天强对流条件下通量测定的要求。在大气层结稳定、对流发展较弱的天气条件下，尤其在夜晚，不仅平流/泄流效应会经常发生，同时湍流运动以小涡运动占优势，这些会造成仪器响应不足，使仪器观测受限。这些影响在夜间表现最突出，会导致夜间通量被低估。另外，夜间涡动相关技术还不能测定非湍流过程的CO_2储存效应，也会导致净生态系统中的CO_2交换量被低估。夜间CO_2释放量的低估可导致长期的碳平衡估算偏差较大。

（4）数据插补

由于标定差错、仪器故障等会造成数据缺失，为了更好地分析数据，一般要对数据进行插补。目前通量数据插补方法有平均日变化方法、非线性回归法以及动态线性回归算法（李倩倩，2020）。平均日变化方法，即对丢失的数据用相邻几天同时刻数据的平均值进行插补。平均日变化法的特点包括：针对丢失的白天数据，一般采用相邻14天同时段的数据均值进行插补；针对丢失的夜间数据，采用相邻7天同时段的数据均值来插补，这样做数据偏差较小。另外两种算法则根据昼夜不同时间，将NEE与不同的环境因子建立关系曲线，来完成数据插补工作。如果缺失的数据为某一时刻的数据，一般会采用平均日变化法；如果数据缺失连续两天及两天以上，就需要另外两种方法。

1.2.4　通量数据质量控制与评价

利用涡动相关技术进行湍流通量观测与常规的气象观测不同，它要求仪器安装在通量不随高度发生变化的常通量层。并非所有涡动观测数据都可得到有效的统计结果，这是由湍流本身的规律和特点决定的。因此，通过数据质量评价，对湍流统计量进行有效质量控制就具有十分重要的意义。

通量数据质量控制是实现各通量观测台站的最终通量数据质量保证的基础，它贯穿了从建站到最终数据产品生成的全部过程。对于单一通量站，为了较好地了解该站陆地生态系统与大气间的作用过程，对通量观测进行质量控制是必不可少的；而对区域通量网或全球通量网来说，对各台站的观测资料进行精度的对比和代表性的评价是十分必要的，就必须对各台站的资料进行统一、可靠的质量控制与评价。

涡动相关系统的质量控制，不仅要考虑仪器（传感器）的测量误差，还要考虑建立观测技术——涡动相关法理论假设的满足程度。涡动相关法的理论假设与观测地环境和气象条件关系密切，依赖于观测地点的"足迹"即源区分布，与大气湍流的本质相关。大气湍流统计量存在许多不确定性。研究表明，大气湍流的均值、方差、协方差等本身就具有多变性。在涡动相关法测得的不同运动尺度中，有些尺度的运动可能就不属于湍流本身；而这些非湍流运动常会给涡动相关通量计算带来偏差。在夜间稳定大气层结下这些情况更为常见。在大气湍流中非平稳性几乎普遍存在。

对原始数据的前期控制是指对原始湍流脉动（10Hz）资料，包括对30min或更小窗口的统计量的检查，主要包括：传感器状态异常检查、野点去除、偏度与峰度检验、不连续性检验、方差检验、湍流谱分析。这是保证数据质量的基础。

对最终各通量数据的检查与评价主要依据涡动相关通量（动量通量、显热、潜热、CO_2通量等）方法的物理基础，检查大气平稳性和湍流充分发展程度两个基本条件，其次是观测点位下垫面的代表性（即足迹或贡献源区）问题和生态系统能量平衡闭合分析问题。

1.2.5　涡动相关法的优缺点

涡动相关法的主要优点在于可实现精细时间尺度（例如每30min）上碳通量的长期连续定位观测，从而能反映气候波动对 NEP 的影响（于贵瑞等，2014）。涡动相关法的局限性主要包括：（1）涡动相关法主要基于微气象学原理，会受到观测数据缺失、下垫面和气象条件复杂、能量收支闭合度、观测仪器系统误差等因素影响，从而给碳通量估算带来一定的观测误差和代表性误差；（2）森林生态系统通量观测站点常设置在人为影响较小的区域，难以兼顾林龄差异和生态系统异质性，导致区域尺度碳汇推演结果存在偏差；（3）农田生态系统涡动相关通量观测无法区分土壤碳收支部分、作物收获和秸秆，因而难以准确估算农业生态系统碳收支；（4）涡动观测法测定的碳通量通常忽略了采伐、火灾等干扰因素的影响，因此可能高估区域尺度上的生态系统碳汇（Jung et al., 2011）。总之，由于区域尺度上人为干扰普遍存在且对碳汇有明显影响，涡动相关法通常很少用于直接估算区域尺度上的碳汇大小，更多用于理解生态系统尺度上碳循环对气候变化的响应过程。

1.3　碳循环过程模拟模型法

过程模型基于植被生理生态学理论，综合考虑碳循环的动力学特点，集成多个碳循环过程，结合气候、土壤和植被生理生态等参数，可用于研究陆地生态系统与大气间的相互作用。模型侧重考虑生态过程类型，将碳循环过程模拟模型划分为地球化学过程模型、陆面物理过程模型和生物过程模型。其中，考虑到模型本身的特点，地球化学过程模型和陆面物理过程模型可进一步分为以静态植被为基础的模型和以动态植被为基础的模型，生物过程模型可分为光能利用率模型、生物地理模型和动态植被模型，这些模型的输入要求、输出特点、时空尺度、模拟侧重点均有不同（谢馨瑶等，2018）。

1.3.1　地球化学过程模型

地球化学过程模型综合考虑气候、土壤条件和干扰因素，侧重于分析植被、地面凋落物和土壤有机质内部及这些物质中重要化学元素（如碳、氮、氢、氧等）的循环机制，可用于模拟森林碳收支、植被生产力以及养分利用等。地球化学过程模型在模拟现实植被在区域尺度上的碳收支方面具有优势，根据是否考虑植被的动态变化，可分为以静态植被为基础的模型和以动态植被为基础的模型。

1.3.1.1　以静态植被为基础的地球化学过程模型

以静态植被为基础的地球化学过程模型假设模拟过程中植被和土壤类型不变，以及植被在区域内均匀分布。该模型在模拟较长时间的碳循环过程时可能与实际情况存在较大差异，难以反映演替或人为干预导致的植被变化，代表性模型有CENTURY模型、Biome-BGC模型、BEPS模型、InTEC模型等。

CENTURY模型（Parton et al., 1988）是以土壤的结构功能为基础的碳、氮、磷、硫元素的模拟模型，包含生物模块、土壤有机质模块和水分模块，结合气候（气温、降雨等）、人类管理活动（放牧、施肥、灌溉、砍伐、火烧等）、土壤性状等驱动因子对生态系统的碳循环过程进行模拟和预测。CENTURY模型最初用于美国大平原草地生态系统，后因其包含植物生理生态过程模块，拓展应用于森林生态系统对全球气候变化的响应模拟，学者也将该模型应用于区域尺度的陆地生态系统碳循环过程模拟。尽管CENTURY模型已广泛用于森林生态系统碳循环过程模拟，但有研究指出，CENTURY模型在模拟有枯枝落叶层的森林土壤有机碳的变化过程时存在严重的结构性问题。CENTURY模型时间分辨率为月，难以模拟短时间尺度内的极端气候事件，同时该模型无法完成对光合作用过程的精细化模拟。

Biome-BGC模型（Running & Hunt, 1993）是由美国蒙大拿大学NTSG研究组创建的用于模拟生态系统中碳、氮、水的流动和存储过程的模型，其前身是Forest-BGC模型（Running & Coughlan, 1988），时间分辨率为日。Biome-BGC模型将植被分为7类，该模型包含两个模式：spin-up模式根据设定的生理生态参数、固定气象资料、工业革命前CO_2浓度值和氮沉降值进行长期模拟，使模型的状态变量达到稳定；常规模式则运用实际的气候和CO_2浓度来模拟森林生态系统碳循环过程。Biome-BGC模型因具有模拟现实植被在区域尺度上对气候变化响应的优势而被广泛应用，但该模型土壤水平衡模块存在缺陷，未充分考虑森林长时间无降水的情况，且没有考虑干扰因子（如火灾、病虫害等）的影响，众多的输入参数也限制了该模型在更大尺度范围内的应用。

BEPS模型（Liu et al., 1997）是在Forest-BGC过程模型的基础上发展起来的生态遥感耦合模型，常用于模拟生态系统中碳、水的循环过程。该模型时间分辨率为日，最初应用于加拿大北方森林生态系统。BEPS模型引入了先进的辐射传输理论和精细的光合作用模块，将植被冠层叶片分为光照叶片和阴影叶片，分别模拟两种叶片的光合作用过程。该模型利用Farquhar模型（Farquhar et al., 1980）进行时空转换，从而解决了不同数据源、不同类型数据的兼容问题，以及应用遥感数据时的时空尺度转换难题。但BEPS模型没有考虑现实生活中的各种扰动因子及林龄对森林生态系统生产力的影响，其模拟精度强烈依赖于土地覆被类型等驱动因子的准确性，此外，在干旱和半干旱区域，其水循环模块存在不足。

InTEC模型（Chen et al., 2000）是少数同时考虑气候、林分年龄及森林扰动（如林火、木材收获、病虫害等）对碳循环影响的过程模型之一，时间分辨率为月。InTEC模型包含4个核心模块：模拟碳氮循环的CENTURY模型、模拟叶片光合作用的Farquhar模型、模拟土壤湿度和温度的三维水文模型，以及净初级生产力（net primary production, NPP）与林分年龄之间的经验模型。In-TEC模型常用于长时间序列的区域及全球森林系统碳循环过程模拟。InTEC模型依赖于模型输入参数中参考年NPP值，且NPP与林分年龄之间的经验关系对模型精度的影响较大，同时该模型也没有考虑土壤湿度变化引起的冠层传导率改变对碳循环模拟的影响。

1.3.1.2　以动态植被为基础的地球化学过程模型

以动态植被为基础的地球化学过程模型假设植被类型的分布特征由气候和土壤条件决定，以及植被分布与气候条件一直处于平衡状态且不存在滞后效应。该模型根据环境条件预测植被状态，使每个时刻植被的组成特征和结构更真实。以动态植被为基础的地球化学过程模型能够处理中长期气候变化下生态系统结构和组成的变化问题，代表性模型有DLEM模型。

DLEM模型（田汉勤等，2010）是多影响因子驱动、多元素耦合的用于模拟陆地生态系统碳、氮、水循环的过程模型，其综合考虑了地球化学过程和植被动态过程，时间分辨率为日。DLEM模型主要包含生物物理模块、植物生理模块、土壤地球化学模块、植被动态模块以及土地利用管理模块5个核心模块。其中，植被动态模块主要用于反映现实环境下植被地理再分布以及植被的竞争和演替过程，土地利用管理模块则用于模拟土地利用变化对其他4个模块的影响。DLEM模型常用于定量模拟大气环境变化以及人为干扰等多种因素影响下陆地生态系统碳循环过程，但模型所需的大量不同类型的参数限制了其更广泛的应用。

1.3.2 陆面物理过程模型

陆面物理过程模型重视不同大气环境条件下（气温、气压、风速、辐射等）植被与外界的能量和动量交换过程，可揭示森林生态系统覆盖变化和区域气候之间的密切关系。与地球化学过程模型类似，陆面物理过程模型可进一步分为以静态植被为基础的模型和以动态植被为基础的模型。

1.3.2.1 以静态植被为基础的陆面物理过程模型

以静态植被为基础的陆面物理过程模型假设在模拟过程中植被类型、组成和结构保持不变，综合考虑不同环境背景下植被冠层对不同波段光谱的反射、吸收、散射、透射等复杂过程以及冠层蒸散发等过程，其代表性模型有 AVIM 模型（Ji, 1995）和 SiB 模型（Sellers, 1985）。

AVIM 模型是由季劲钧发展起来的大气—植被相互作用模式，耦合了陆面物理过程和植被生理生态过程，其包含物理交换子模块、植物生长子模块和物理参数转换模块。其中，物理交换子模块基于土壤—植被—大气连续体内能量和质量守恒原理调整模型状态量，即根据热量平衡方程计算植被冠层、土壤、雪盖的温度变化，用质量守恒理论模拟植被冠层、土壤的水分变化。植物生长子模块涵盖了植物光合、呼吸过程、分配、凋落以及物候过程，主要研究温度、水分、CO_2浓度等因子对植物生长过程的影响。AVIM 模型假设植被与环境一直处于平衡状态，因忽略种间竞争、演替过程以及营养限制对植被的影响，其模拟结果在长期动态变化情景下可能存在偏差。

SiB 系列模型以能量、动量、物质守恒定律为基础，模拟土壤—植被—大气间的相互作用过程以及该过程中的诸多参数。SiB1 模型是以物理机制为基础的第一代简单生物圈模型。在 SiB1 的基础上，研究人员增加了冠层光合作用子模型，并引入遥感数据（如叶面积指数、光合有效辐射、绿色冠层比）来描述植被状态和物候期，同时调整了水文子模块，使其能更准确地模拟土壤内的水分交换过程，即 SiB2 模型（Sellers et al., 1996）。SiB3 模型（Baker et al., 2008）在 SiB2 模型的基础上引进了冠层空隙层和通用陆面模式的土壤轮廓线参数化方案，同时区分了光照冠层和阴影冠层。SiB 系列模型重点考虑了生物物理反馈过程，对 CO_2、温度、蒸散发及能量平衡的模拟效果较好，但其忽略了土壤水分的侧向流动、植被形成的小气候影响以及水胁迫、土壤呼吸和叶片到冠层的尺度变化。

1.3.2.2 以动态植被为基础的陆面物理过程模型

以动态植被为基础的陆面物理过程模型强调了气候与植被之间的相互影响：一方面，气候条件在短时间内影响植被的物候、叶面积指数等特征，随着时间的增长，还会对植被的类型、结构和组成等产生影响；另一方面，植被对气候的反馈作用主要表现在其水文效应和温度效应上，即在一定条件下植被能够改变地表径流、土壤水、地下水以及蒸散发之间的分配情况，同时植被也可通过影响地表反照率进一步影响下垫面温度。以动态植被为基础的陆面物理过程模型作为陆面植被与气候的双向耦合模型，体现了碳循环模拟过程的复杂性，代表性模型是 IBIS 模型（Foley et al., 1996）。

IBIS 模型是集成生物圈模型，包含 5 个主要模块：陆面过程模块引入 LSX 陆面传输模型（Thompson & Pollard, 1995）模拟土壤—植被—大气连续体内能量、动量、化学物质的循环过程；冠层生理模块基于 Farquhar 光合作用模型和 Ball-Berry 气孔导度模型描述植被冠层的生理生态过程；植被物候模块研究不同气候条件下特定植被类型的生理物候特征，如冬落叶植物根据积温和气温阈值确定萌芽和落叶时间；植被动态模块将植被看作 15 种植被功能型的集合，模拟不同植被功能型间的竞争与演替；土壤地球化学模块使用 CENTURY 模型模拟各个碳库间化学物质的流动过程。IBIS 模型综合考虑了地球化学过程、地球物理过程和植被动态过程，能够耦合大气环流模式，常用于模拟复杂的、时间跨度从秒到数百年的碳循环过程。但 IBIS 模型所需的大量不同类型的参数限制了其更广泛的应用，模型中对降水截留过程的模拟也存在缺陷，同时，IBIS 模型不适用于模拟精细的生态学过程，固定不变的呼吸系数和温度函数容易造成误差。

1.3.3　生物过程模型

生物过程模型以植被为中心模拟森林生态系统的碳循环过程，包括光能利用率模型、生物地理模型和动态植被模型。光能利用率模型常用于研究不同环境因子对生态系统的生产力分布特征的影响，生物地理模型和动态植被模型则侧重于分析不同环境条件下植被的结构组成、分布特征以及动态变化等。

1.3.3.1　光能利用率模型

光能利用率模型基于植被冠层吸收的光合有效辐射与潜在最大光能利用率（light use efficiency, LUE）的乘积估算生产力。此类模型侧重于考虑植被的光合作用过程，通过光合有效辐射和光能利用率等因子估算植被生产力，代表性模型有 GLO-PEM 模型（Prince & Goward, 1995）、CASA 模型（Potter et al., 1993）和 SDBM 模型（Ruimy et al., 1994）。光能利用率模型是遥感数据驱动模型。植被潜在最大光能利用率作为此类模型的重要参数，受多种环境因素影响。目前，此类模型通常仅刻画了水分、温度、物候等因素对光能利用率的影响，而未考虑散射辐射、直接辐射等其他因素。

1.3.3.2　生物地理模型

生物地理模型以植被生理限制为基础，将生态系统看作气候和土壤相关的函数，以气候—植被分类为指标，主要模拟不同环境条件下不同植被的结构组成、分布情况以及优势度。模型假设植被与气候在模拟过程中处于平衡状态且不存在滞后效应，以及气候因子决定植被的分布和特征。该模型以生理生态制约因子和资源限制因子为边界条件模拟植被与气候间的相互作用。其中，生理生态制约因子通过计算植被生长期长度、冬季最低温度等变量得到，用于决定主要木本植被的分布特征；资源限制因子则决定了植被的结构特征，如叶面积等。生物地理模型常用于研究大尺度上全球植被的分布情况，但是其在区域尺度上的模拟结果可能与实际情况不符合，其另一个缺陷是当环境变化的速度超过植被响应速度时，不能模拟植被变化的时间过程（谢馨瑶等，2018）。生物地理模型的典型代表有Biome系列模型和MAPSS模型。

Biome系列模型将自然植被划分为不同的生物群区，在不同环境条件下每个生物群区内有一个或多个优势植被类型（Woodward，1986）。Biome1模型将植被分为13个植被功能型，根据不同植被类型分布的生理限制条件，模拟产生了17个生物群区，以进一步模拟区域尺度上植被的空间分布格局和潜在碳储量（Prentice et al.，1993）。由于Biome1模型的结构简单，无法预测定量的生态系统特征，Biome2模型为了弥补Biome1模型的缺陷，引入了地球化学方法计算生态系统中的碳、水通量（Haxeltine et al.，1996）。Biome2模型能够在全球尺度上模拟植被的分布和一些定量指标，如NPP、植物叶片投影盖度等。Biome3模型（Haxeltine & Prentice，1996）在Biome2模型的基础上结合了生物地理和地球化学方法，尝试将植被分布直接耦合到地球化学过程中。Biome3模型能够模拟出全球尺度上生态系统总叶面积指数、NPP，以及优势或次要功能型植被等，但是它仍缺乏明确的碳氮循环和自然干扰制度。

MAPSS模型（Neilson，1995）通过模拟植被的叶形态（针叶、阔叶）、叶寿命（常绿、落叶）、生活型（乔、灌、草）、植被所获热量和植被叶面积指数来决定植被类型，侧重于模拟植被冠层辐射传输和水分传输等过程，可用于模拟全球潜在自然植被的分布情况。MAPSS模型先通过季节性温度等热量指标确定网格所处的气候带，再根据生态过程计算叶面积指数，并以此来决定该网格处的植被生活型类别，最后以气候带和植被生活型的组成来判别植被类型。

1.3.3.3 动态植被模型

动态植被模型侧重于模拟植被的动态变化过程：在不同的环境背景下，某些植被特征（叶面积指数、物候）在短时间尺度上逐渐发生变化，随着时间的增长，一些植被特征（类型、结构、组成等）也会发生变化。此类模型同时耦合了物质（如水、碳等）的循环过程以及地球物理过程，其代表性模型是LPJ系列模型。

LPJ系列模型是建立在Biome3模型基础上的动态植被模型，耦合了碳、水循环过程和植被动态过程。由于Biome系列模型没有考虑植被的动态过程，LPJ-DGVM模型（Sitch et al., 2003）应运而生。该模型以植被光合作用、植被冠层能量平衡、土壤水平衡和异速生长等原则为基础，涵盖了植物生理过程（光合作用、呼吸作用）、地球化学过程（碳、水循环）和地球物理过程（植被冠层能量交换过程），引入了火灾机制，常用于模拟大尺度上的碳循环过程。LPJ-GUESS模型（Smith et al., 2001）则耦合了LPJ-DGVM模型和模拟植物种群动态过程的GUESS模型，细化到物种个体水平的模拟，可以在多种尺度（物种、群落、生态系统、景观以及全球尺度）上对森林生态系统的结构和功能进行模拟。但不足的是，LPJ系列模型没有考虑氮循环过程、人为干扰因素以及土地利用变化带来的影响。

1.3.4 过程模型模拟法的优缺点

基于过程的生态系统模型通过模拟陆地生态系统碳循环的过程机制，对网格化的区域和全球陆地生态系统碳源汇进行估算，它是包括全球碳计划在内的众多全球和区域陆地生态系统碳汇评估的重要工具（Friedlingstein et al., 2020）。过程模型模拟法的优势在于可定量区分不同因子对陆地碳汇变化的贡献，并可预测陆地碳汇的未来变化（Piao et al., 2017）。其局限性主要包括：

（1）模型结构、参数以及驱动因子（如气候、土地利用变化数据等）仍存在较大不确定性；（2）目前的生态系统过程模型普遍未考虑或简化考虑生态系统管理（如森林管理、农业灌溉等）对碳循环的影响（Piao et al., 2018）；（3）多数模型未包括非CO_2形式的碳排放（如生物源挥发性有机物）与河流输送等横向碳传输过程。由于不同模型在结构、参数和驱动因子等方面的显著差异，生态系统过程模型模拟结果仍存在很大的不确定性，给区域陆地生态系统碳汇模拟的可靠性带来较大争议。

1.4 基于大气反演法的陆地碳汇估算

对碳排放进行定量化监测与评估是世界各国实现温室气体减排的重要支撑。目前，碳排放核算主要采用清单方法，根据联合国政府间气候变化专门委员会（IPCC）指南，通过统计排放因子和各类经济、人文、社会活动数据进行核算，即采用"自下而上"的方法。2019年，IPCC指南修订版首次提出以天基、空基、地基观测反演的大气CO_2浓度校核清单，即"自上而下"的方法——大气反演法。大气CO_2浓度变化携带了人为碳排放和碳吸收（固碳）双重信息。大气反演法是基于大气传输模型和大气CO_2浓度观测数据，并结合人为源CO_2排放清单,估算陆地碳汇。

1.4.1 大气反演法基本原理

利用同化反演模式估算碳源汇，需要结合地基观测和卫星观测数据。传统的地基网络观测数据具有较高的精度，但空间分辨率不足，卫星观测可以在较高的空间分辨率上实现全球观测，为碳监测研究、全球碳循环、陆地碳汇提供重要的科学观测数据（刘毅等，2021）。基于"自上而下"的大气反演法需要依托碳卫星监测的大气浓度变化反演陆地碳汇的变化。目前，世界上发展较为成熟的碳卫星为温室气体观测卫星（GOSAT）、轨道碳观测卫星-2（OCO-2）、碳卫星（TANSAT），它们是专门用于碳循环监测的卫星。2009年1月，日本发射了温室气体观测卫星，通过使用碳观测的热和近红外传感器（TANSO）和云和气溶胶成像仪（CAI）检测CO_2和CH_4。GOSAT可以在约10km×10km的采样区域内观测CO_2，重现期为3天。美国于2014年7月成功发射OCO-2卫星，在CO_2通道上安装了两台高光谱仪；与GOSAT相比，OCO-2卫星重访周期更长，为16天，但其空间分辨率更小，为1.29km×2.25km。2016年12月，中国发射了TANSAT，空间分辨率约为2km×2km，时间分辨率为16天。日本于2018年10月发布了GOSAT-2，与GOSAT相比，该系统具有更高的精度和更多的无云测量。与此同时，美国于2019年5月继续发射新一代OCO任务OCO-3，OCO-3光谱仪与其前身OCO-2相同，因此其测量精度和空间分辨率与OCO-2相似。与极地轨道OCO-2不同，OCO-3在国际空间站（ISS）上得到了便利，这体现于采样地点，尤其是在高纬度地区，OCO-3可以提供一天内更密集的观测结果。然而，它的观测只能持续3年。通过以上碳卫星发展历程可以看出，GOSAT卫星为精确观测CO_2开了先河，而OCO-2在其原有的观测功能上加强了观测稳定性，加深了识别层次，TANSAT卫星则对前者进行了继承和深入，其两大载荷在保证拥有更加精确的观测水准后，还大幅降低了来自大气的干扰。以上碳卫星的成功发射为陆地碳汇估算的相关研究提供了更为翔实、丰富的数据源，推动了陆地碳汇研究的发展（王飞平，张加龙，2022）。

大气反演法的本质是从遥感仪器观测的光谱中提取目标大气信息。例如，大气CO_2和CH_4的反演方法是基于卫星观测的吸收光谱，在去除各种影响信息的干扰后，得到CO_2和CH_4廓线或者柱总量信息。红外遥感观测能提取CO_2和CH_4的廓线信息，近红外遥感观测能提取对地表附近含量敏感的CO_2和CH_4柱总量信息（赵靓，2017）。目前 GOSAT 卫星和 OCO-2 卫星所使用的反演算法都是利用近红外辐射光谱数据，获得廓线浓度加权的柱二氧化碳干空气混合比（梁艾琳，2019）。大气反演法基本上分为经验反演法和物理反演法两种。经验反演法没有建立在描述大气辐射传输的物理过程的基础上，只是简单使用大气参数与卫星观测到的光谱进行回归分析，以此来建立统计回归模型。该方法的计算时间短且简单，但会将观测误差带入回归模型，造成较大的不确定性，算法对匹配样本和回归因子的选择有很强的依赖性。而物理反演法是利用正演模拟中建立起来的模型，采用一定的数值方法，反向计算大气中 CO_2 的浓度。整个过程包括反演参数的敏感性分析、反演通道选择、代价函数与反演算法设计等多个步骤，其中每一个步骤都可能影响到反演结果的精度。物理反演法主要可以分为两类，一是物理迭代法，即把反演参数的估计值代入辐射传输方程中，结合卫星观测值，建立最小二乘代价函数，并用一定的迭代算法不断优化估计值，直到代价函数小于某阈值。如最优非线性反演算法（Rodgers，2000），可用于较多大气参数的反演。二是人工智能反演法，即把人工神经网络、遗传算法等人工智能算法用于大气 CO_2 的反演中（李镜尧，2014）。其中，GOSAT 和 OCO-2 等卫星反演算法均采用了最优估计方法。在最优非线性反演算法中，研究人员提出用模拟辐射和观测辐射之间的差异和先验廓线值来定义代价函数，利用迭代方式来逐步逼近真解的方法。定义代价函数 $J(X)$：

$$J(X) = \left[y - F(x)\right]^T S_\varepsilon^{(-1)} \left[y - F(x)\right] + \left[x - x_a\right]^T S_a^{(-1)} \left[x - x_a\right] \tag{1-12}$$

式中，S_ε 表示观测辐射的误差协方差矩阵，x_a 表示未知目标向量的初始值，S_a 表示能够确切描述背景场的先验值的协方差矩阵。此反演问题的本质是寻求代价函数的最小值。基于辐射传输模型的物理反演法，理论上可以在最优化理论下，建立代价函数，以迭代的形式逐步逼近真值。

1.4.2　大气反演法的优缺点

不同于"自下而上"的方法，大气反演法的优点在于其可近实时监测全球尺度的陆地碳汇功能及其对气候变化的响应。天基温室气体监测具有全球覆盖、方法统一的特点，在全球碳盘点中具有清单方法和地基观测所不能比拟的优势。因此，世界各国竞相发展天基温室气体监测体系，以满足全球碳盘点这一重大需求。然而，目前碳卫星遥感技术的成熟度并不能完全取代地面测量，存在一定的不确定性（朴世龙等，2022）。

大气反演法的局限性主要包括：（1）目前，基于大气反演法的净碳通量数据空间分辨率较低，无法准确区分不同生态系统类型碳通量。（2）大气反演法结果的精度受限于大气传输模型的不确定性、CO_2排放清单（如化石燃料燃烧的碳排放）的不确定性等，模型受到大气辐射偏差、传感器特性、观测天顶角等因素的影响，使遥感数据出现预处理难以校正的偏差，导致预测结果存在较大误差。而针对不同林型，由于需要确定各类林型的碳估测系数，以保证该系数能充分代表该林型森林碳储量的特征，模型预测方能准确，系数自身也受森林立地因素的影响，判定难度大，流程复杂，导致模型仍存在不稳定性。（3）大气反演法普遍未考虑非CO_2形式的陆地与大气之间的碳交换，以及国际贸易导致的碳排放转移，且卫星数据存在区域性偏差，导致在计算区域通量时仍存在一定误差。

1.5　基于遥感驱动的陆地碳汇估算

1.5.1　遥感手段分类

随着遥感、地理信息系统和全球定位系统GPS在不同领域上的发展，多源遥感技术逐步成为量化陆地生态系统碳汇的重要手段，常用的遥感手段主要有三种类型：光学遥感、合成孔径雷达（synthetic aperture radar，SAR）和激光雷达（light detection and ranging，LiDAR）。

1.5.1.1　光学遥感

光学遥感属于被动遥感，根据空间分辨率分为低分辨率的中分辨率成像光谱仪（MODIS）、AVHRR等数据，中分辨率的SPOT、Landsat、Sentinel等数据和高分辨率的QuickBird、Worldview、高分卫星等数据，还包括一些超高空间分辨率（very high spatial resolution，VHR）遥感图像数据。中、低分辨率的遥感数据具有覆盖范围广、重访周期短和成本低的优点，而高分辨率的遥感数据则具有更为详细的空间特征。目前，基于不同分辨率光学遥感数据进行森林、草地等生态系统碳储量估算的方法主要用于构建光谱特征变量（光谱植被指数和纹理特征）和不同类型陆地生态系统碳储量之间的关系（田佳榕，2023）。常用的光谱植被指数有归一化植被指数（normalized difference vegetation index, NDVI）、比值植被指数（simple ratio index，SRI）、差值植被指数（difference vegetation index，DVI）和增强植被指数等（enhanced vegetation index，EVI）。纹理特征有同质度（homogeneity）、对比度（contrast）、非相似性（dissimilarity）和相关性（correlation）等。基于光学遥感的森林生物量、地上碳储量估算研究均表明（Eckert，2012；Sarker & Nichol，2011），相比于光谱植被指数，纹理特征能减少空间异质性的影响，与林分结构具有较强的相关性，采用纹理特征变量来拟合森林生物量、地上碳储量的结果更优。虽然光学遥感数据是植被生态指标估算最常用的数据来源，并已被广泛应用于全球各地的植被生物量、碳储量估算，但光学遥感也存在一定的局限性，例如：受云层和太阳光照差异的影响较大，导致数据质量下降和信息缺失；因穿透能力较差，无法获得植被垂直结构信息，导致容易出现光谱饱和的现象（Mermoz et al.，2015）。这意味着采用光学遥感进行生态系统碳汇估算时，需要考虑数据源的可用性及准确度、植被立地条件和植被生物量等级等因素的影响，可以通过模型优化、增加清查数据或环境变量数据作为辅助变量的方法，来提高碳汇估算模型的精度（田佳榕，2023）。

1.5.1.2 合成孔径雷达

微波的波长比可见光和红外光都长，因此，合成孔径雷达具有一定的穿透能力，且对天气不敏感，能在一定程度上获取植被的垂直结构信息，在估算不同植被类型生物量、碳储量方面具有很大的优势（Nelson et al.，2007）。基于SAR进行生物量、碳储量估算常用的波段有C波段（5.3GHz，3cm）、L波段（1.25GHz，24cm）和P波段（0.44GHz，65cm），因为这些波段的穿透能力逐渐增强，能获取更多的垂直结构信息。此外，SAR传感器根据水平（horizontal，H）和垂直（vertical，V）两个方向发射和接收信号的组合方式不同，分为HH（horizontal-transmit，horizontal receive）、HV（horizontal-transmit，vertical receive）、VH（vertical-transmit，horizontal receive）、VV（vertical-transmit，vertical receive）四种极化方式。目前，在中、低生物量水平的森林中，运用SAR和光学遥感进行生物量、碳储量估算的方法已逐渐成熟。但对于高生物量等级的森林（如热带和亚热带森林，或高密度人工林），SAR也存在信号饱和的问题，导致森林生物量、碳储量被低估（Mermoz et al.，2015）。此外，SAR信号对植被种类的差异不敏感，受地形特征、风速、地表湿度和温度的影响较大，从而影响估算精度。

1.5.1.3 激光雷达

近几十年来，主动式遥感技术由于不受太阳光照条件限制、可自主选择不同的电磁波波长和发射方式等优点，在林业、气象、测绘和考古等领域得到了广泛的应用。LiDAR 作为主动遥感技术的一个主要分支，通过传感器发出激光来测定传感器和目标之间的距离，同时分析目标反射回来的能量大小和反射波谱的幅度与频率等信息，进行目标定位精准测算，从而呈现目标的精准三维结构信息，帮助森林生态研究真正实现了从二维到三维的转变。LiDAR 按照承载平台的不同，主要分为基于三脚架或其他固定平台的地基激光雷达（terrestrial laser scanner，TLS）、基于背包和车载的便携式激光雷达（mobile laser scanner，MLS）、基于有人机和无人机（unmanned aerial vehicle，UAV）的机载激光雷达（airborne laser scanner，ALS）和基于卫星的星载激光雷达。不同平台搭载的 LiDAR 存在其特有的空间尺度适用范围：地基激光雷达在单木—样地尺度的植被信息获取中具有一定的优越性（Liang et al.，2018），所以，基于地基激光雷达的森林样地调查数据常作为森林资源区域化监测的验证数据；便携式激光雷达适用于样地—景观尺度的数据获取，具有灵活多样的优点；机载激光雷达适用于景观—区域尺度，在获取区域尺度植被结构信息方面的能力优秀，因此被广泛用于区域尺度的植被动态监测和植被生物量、碳储量评估（Cao et al.，2016）；而星载 LiDAR 更适用于全域乃至全球尺度。目前，全球较为成熟的星载 LiDAR 系统主要是美国发射的搭载在 ICESat 卫星上的地球科学测高仪 GLAS，用于获取高纬度地区的植被冠层信息和冰、雪表面特征信息（Bettinger et al.，2005），我国也在 2022 年 4 月发射了全球首颗主动激光雷达二氧化碳探测卫星，该卫星服务全球二氧化碳的全天时、高精度探测。但由于轨道高度和发射频率的限制，星载 LiDAR 存在数据密度低和重访周期长的问题（Su et al.，2016）。与星载 LiDAR 相比，机载激光雷达在区域尺度的数据获取自由度更高，对感兴趣区域的点云获取密度更高，数据信息更丰富。

1.5.2 基于星—机—地一体化森林生物量及碳储量反演

1.5.2.1 星—机—地一体化数据收集与处理

以林木生物量精细制图为出发点，首先，以植被生态学理论为依据，在调研区域植被和研究植被生态的基础上，进行植被类型的分类（植被型组—植被型—群系）。其次，考虑森林结构及复杂区域不同的场景，根据植被类型设立样方，开展典型林木群系的生态学样方调查和试验，调查和进行野外测量；最后，开展地面的遥感测量（激光雷达、光学相机等），获取不同植被类型的多样的遥感指标，为精细分类提高科学数据支撑，在微观尺度上实现遥感与生态的真正融合。面向植被生态的地面调查与空地同步遥感试验技术路线如图1-4所示：

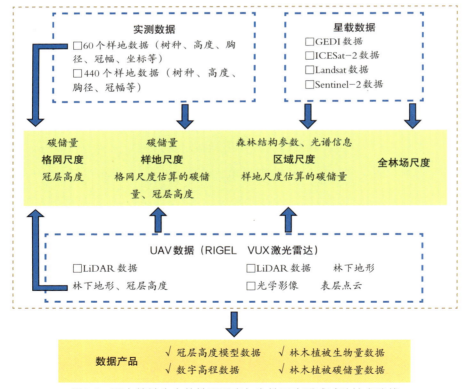

图1-4　面向植被生态的地面调查与空地同步遥感试验技术路线

（1）地面调查数据采集

根据国家林业和草原局颁布的《2022年全国森林、草原、湿地调查监测技术规程》，开展区域内选取样地数据调查。在研究区域内，根据地形、植被类型等情况分层抽样设定样方，根据森林资源连续清查原则设置样地大小为20m×20m。对样地内胸径大于5cm的乔木实行每木检尺，样地因子包括：样地中心点坐标（方形样地应包括4个角点坐标）、坡度、坡向、灌木覆盖度、灌木高度、树种类型、树木高度、树木胸径、冠幅、郁闭度等，同时对胸径小于5cm的树木进行统计记录。此外，为了进行森林生物量、碳储量的反演与验证，还需进行叶片光合速率、叶绿素含量、碳含量、干物质重等生化参数的测量。为了满足格网尺度碳储量估算模型训练及验证需要，选择其中10%以上的样地额外采集坐标信息（经度、纬度）。

（2）无人机飞行数据采集与处理

无人机数据可借助RIGEL VUX激光雷达获取，可采用两种飞行方案进行对比分析。第一种方案：选取一半研究区符合无人机激光雷达飞行条件的区域进行LiDAR全覆盖飞行，提取冠层高度模型（CHM）和数字高程模型（DEM）等信息。第二种方案：在另一半研究区进行LiDAR条带状抽样飞行，特别注意选取山脊、山谷、山顶等不同地形，获取林下地形，生成DEM。同时利用无人机高重叠全覆盖飞行采集光学影像，生成森林表层点云，进一步提取CHM数据产品。

（3）星载遥感数据收集与处理

为了获取更大范围（例如全林场、全省）的碳储量信息，需引入星载IC-ESat-2、GEDI激光雷达数据、Landsat、Sentinel-2光学数据等，构建星机地一体化碳储量估算框架。

① ICESat-2介绍及数据预处理操作：ICESat-2卫星在轨高度约为500km，轨道倾角为92°，观测覆盖范围为88°S～88°N，重复周期为91天，每个周期

有 1387 个轨道。其搭载的 ATLAS 系统以 10 kHz 重复频率发射 532nm 绿波段，脉冲宽度 1.5ns，获取沿轨道间隔约 0.7m、直径约 17m 的重叠光斑。ATLAS 共发射 6 束激光束，在沿轨方向分 3 组平行排列，每组之间跨轨距离约为 3.3km，组内跨轨距离约为 90m。ICESat-2 提供 21 种标准数据产品 ATL00～ATL21（无 ATL05），分为 Level 0、Level 1、Level 2、Level 3 四级。可利用 ATL08 陆地植被高度产品，提取项目区域的数据，获得植被高度信息（最大森林高度、平均森林高度、森林高度中位数、最小森林高度及森林高度百分位数）。为了保证数据产品质量，通过数据筛选操作，去除白天数据、受云影响数据、森林高度等不确定性较大的数据。

②GEDI 介绍及数据预处理操作：GEDI 搭载于国际空间站，轨道高度约为 400km。其同时获取 8 条地面轨道数据，相邻轨道间距约 600m，扫描幅宽达 4.2km。GEDI 以 242Hz 重复频率发射 1064nm 红外波段，脉冲宽度为 14ns，可以获取沿轨间隔约 60m、直径约 25m 的光斑。此外，GEDI 观测覆盖范围为 51.6°S～51.6°N。GEDI 数据产品包括 L1、L2、L3、L4 四级。可利用 GEDI L2 产品，提取项目区域的数据产品，获取光斑的经度、维度、地面高程和相对森林高度、冠层覆盖度、叶面积指数等结构参数。为了保证数据质量，通过数据筛选操作，去除无效波形数据。

③Landsat-8 数据介绍及数据预处理操作：Landsat-8 卫星于 2013 年 2 月 11 日成功发射，携带了陆地成像仪（operational land imager, OLI）和热红外传感器（thermal infrared sensor, TIRS）两个传感器。OLI 共有 9 个波段，涵盖 ETM+传感器所有的波段。为了排除大气吸收特征，OLI 对波段进行了重新调整，比较大的调整是 OLI band5（0.845～0.885μm），排除了 0.825μm 处水汽吸收特征；OLI 全色波段 band8 波段范围较窄，这可以在全色图像上更好区分植被和无植被特征；此外，还有两个新增的波段：蓝色波段（band1；0.433～0.453μm）主要应用海岸带观测，短波红外波段（band9；1.360～1.390μm）包

括水汽强吸收特征可用于云检测。近红外band5和短波红外band9与MODIS对应的波段接近，TIRS包括2个单独的热红外波段。可利用Google Earth Engine云平台合成项目区域的无云或少云影像，并提取光谱波段、植被指数等多种相关特征参数，用于后续模型构建及训练。

④Sentinel-2数据介绍及预处理操作：高分辨率多光谱成像卫星是欧洲空间局（european space agency, ESA）全球环境和安全监视（即哥白尼计划）系列卫星的第二个组成部分，包括Sentinel-2A和Sentinel-2B卫星。主要有效载荷是多光谱成像仪（multispectral imager, MSI），采用推扫模式，共有13个波段，光谱范围在400～2400nm之间，涵盖了可见光、近红外和短波红外，地面分辨率分别为10m、20m和60m，光谱分辨率为15～180nm，成像幅宽达290km。可利用Google Earth Engine云平台合成项目区域的无云或少云影像，并提取光谱波段、植被指数等多种相关特征参数，进行后续模型构建及训练。

1.5.2.2　格网尺度植被生物量、碳储量精细反演

考虑到不同类型植被结构和生理生化属性各异，生物量的最适估算方法也不同。以含坐标信息的样地调查数据为依据，在考虑植被类型的情况下，分类分别基于异速生长方程，获取单木生物量作为实测生物量真值。进一步根据树种引入合适的生物量—碳储量转换系数，得到单木碳储量。依据单木坐标信息，进行格网划分，根据冠幅大小设定格网大小。相应的，冠层高度模型数据像元大小也重采样为格网大小。通过机器学习方法，建立林冠高度与格网生物量及碳储量的回归模型，生成格网尺度生物量、碳储量。格网尺度生物量精度较高，主要用于样方尺度以及区域尺度生物量产品精度验证。

1.5.2.3　样地尺度森林生物量、碳储量遥感反演

基于全部样地的实地调查数据，获取总干面积、林木平均高、样地生物量及碳储量。利用无人机获取的样地冠层高度模型数据，计算样方范围内林冠平均高。进一步，借助机器学习方法，构建林冠平均高和总干面积与地面实测的

林木平均高的回归方程。最后采用多元非线性回归模型，构建生物量—林分变量模型，获得样地尺度森林生物量。

$$W = e^a G^b H^c + \varepsilon \tag{1-13}$$

式中：W 表示生物量，G 表示总干面积，H 表示地面实测的林木平均高，a、b、c 表示模型参数，ε 表示模型误差项。

样地尺度碳储量可根据样方内优势树种选择合适的生物量—碳储量转换系数，从而将样地尺度生物量转换为碳储量。样方尺度生物量、碳储量可通过更高精度的格网尺度生物量、碳储量进行验证，验证后的结果主要用于评价不同飞行方案获得的区域尺度生物量、碳储量。

1.5.2.4 区域尺度森林生物量、碳储量遥感反演

为了充分探索无人机遥感在森林生物量、碳储量遥感反演中可以发挥的最大优势，可设计两种无人机飞行方案，对比提出最优数据采集方案。两种方案均通过无人机 LiDAR 获得林下地形，生成 DEM。区别在于第一种飞行方案，可直接由 LiDAR 归一化点云生成 CHM 数据；第二种飞行方案，将由高重叠全覆盖的光学影像生成林冠表层点云，进一步对其进行归一化及栅格化处理，获取 CHM 数据。在获得 DEM 和 CHM 数据后，两种方案均基于生物量—林分变量模型，估算无人机飞行区域内生物量及碳储量。为了比较两类飞行方案对于生物量提取精度的影响，优化区域森林生物量获取的无人机飞行方案，利用实地调查得到的生物量、碳储量和样地尺度估算得到的生物量、碳储量数据，对两种方案进行精度评估。

1.5.2.5 无人机获取森林生物量、碳储量时空扩展

为了获得更大范围的森林生物量、碳储量，更好地服务于森林周期性监测需求，利用无人机激光雷达、光学摄影测量立体像对等数据协同星载激光雷达、光学影像，采用统计模型、机器学习等方法，实现森林生物量、碳储量估算及动态变化监测，提供多源遥感数据预处理、信息提取、森林类型提取、森

林生物量估算、森林生物量年变化估算等。利用星载激光雷达数据获取林冠高度，利用星载光学影像获取植被指数、植被覆盖等森林结构信息，联合基于无人机数据估算得到的生物量及碳储量，构建回归模型，并将该模型应用于全林场/全省等大尺度区域，从而获取全域生物量和碳储量。空间扩展的生物量和碳储量数据可以借助无人机飞行区域样地尺度生物量、碳储量进行精度评价。进一步假设不同时期生物量与星载数据获取的林冠高度、植被指数、植被覆盖等信息之间的相关性不变，将回归模型应用到不同时期星载数据上，即可获得不同时期的生物量空间分布图。

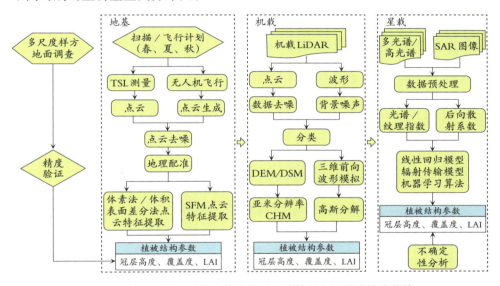

图1-5　基于多源遥感的森林生物量、碳储量定量反演技术路线

1.5.3　基于土地利用遥感数据驱动的生态系统碳储量核算

陆地生态系统碳储量主要包括地上生物碳、地下生物碳、死亡有机碳以及土壤有机碳四个碳库，其中地上生物碳包括所有活体植被的生态系统碳储量，地下生物碳包括活体植物根系中的生态系统碳储量，死亡有机碳指凋零枯萎的

植物中储存的碳，土壤有机碳指土壤中的有机碳。基于土地利用遥感数据驱动的生态系统碳储量核算方法的基本原理，就是根据土地利用信息以及每种碳库的碳密度来估算生态系统碳储量。

1.5.3.1 土地利用遥感解译方法

20世纪90年代，国际地圈生物圈计划（International Geosphere-Biosphere Programme, IGBP）与全球环境变化人文因素计划（IHDP）发起的土地利用/土地覆被变化科学研究计划（land-use and land-cover change, LUCC）拉开了土地利用/土地覆被变化研究的序幕，吸引了大量学者的关注和参与。随着研究的不断深入，学界普遍认为土地利用/土地覆被变化是全球气候变化的主要驱动力之一，对全球可持续发展起着不可忽视的决定性作用。土地利用/土地覆被数据的获取是开展土地利用/土地覆被变化研究的前提基础。随着遥感平台和卫星数据的多样化、图像分辨率的提高，以及计算机和地理信息技术的迅速发展，利用遥感技术来获取大尺度区域长时序的土地利用/土地覆被数据已逐渐成为主流手段。

（1）土地利用遥感分类数据源与预处理

在对土地利用进行遥感分类的过程中，选择遥感图像数据时，需要根据研究区域和分类目标的特点选择不同的数据。针对较大的研究区域，一般需要选择中低分辨率大尺度数据；针对较小的研究区域，则需要选择高分辨率的影像数据；分类目标较小时选择高分辨率影像，分类目标较大时选择中低分辨率影像（周珂等，2021）。高分辨率的影像并不是所有土地利用研究的最佳数据源，因其覆盖范围较窄，会给研究大范围的土地利用带来一定的复杂度，所以在选择影像数据时，要根据具体的分类场景及分类目标进行选择。常用的数据源如表1-1所示。

表1-1 土地利用遥感分类常用的光学遥感影像数据源

卫星名称	空间分辨率/m	重访周期/d	发射时间
Worldview-2	0.5、1.85	1.1	2009/10/8
Worldview-3	0.31、1.24	1	2014/8/13
Worldview-4	0.31、1.24	1	2016/11/11
Spot-5	2.5、5、10	2～3	2002/5/4
Spot-6	1.5、6	1	2012/9/9
Spot-7	1.5、6	1	2014/6/30
QuickBird	0.61、2.44	1～6	2001/10/18
Landsat-5	30、120	16	1984/3/1
Landsat-7	15、30、60	16	1999/4/15
Landsat-8	15、30、100	16	2013/2/11
Sentinel-2	10、20、60	10	2015/6/23
Terra	250、500、1000	1	1999/12/18
GF-1	2、8、16	2～6	2013/4/26
GF-2	0.8、3.2	5	2014/8/19
GF-6	2、8、16	2～4	2018/6/2
吉林一号光学A星	0.72、2.88	3.3	2015/10/7

在提取原始遥感影像目标之前，一般要进行预处理。不同星源提供的数据需要的预处理过程不完全一样，预处理基本流程主要包括正射校正、辐射校正、大气校正、影像融合和图像裁剪。当前，有较多的开源或商业遥感影像软件工具具有预处理功能，为影像的预处理提供了较好的技术支持，其中应用最广泛的是图像可视化环境软件（environment for visualizing images，ENVI）。Sentinel-2官网提供已经进行过辐射校正和几何校正的数据，研究人员可以根

据研究目的决定是否利用其官网提供的影像处理软件进行大气校正。Google Earth Engine 云平台存储了包括 Landsat、MODIS、Sentinel 等在内的大多数遥感卫星影像数据，使用者可以利用编程语言在线进行遥感影像数据的调用和预处理，这为大尺度区域土地利用遥感分类提供了新的途径。

（2）**土地利用遥感分类方法**

土地利用遥感分类方法主要包括目视解译、监督分类、非监督分类等。近年来，随着人工智能的发展，深度学习方法也被逐渐引入土地利用遥感分类方法中。

① 目视解译

目视解译是一种通过影像特征，建立解译标志，图形判读，完成土地利用分类的一种影像信息分类方法（陈宁强，戴锦芳，1998）。目视解译对研究人员的经验知识有较强的依赖性，分类结果会因个人经验存在差异，同时目视解译效率较低，适用于数据量较少、需精准分类的情况。近年来，研究人员多将目视解译结果作为其他分类方法的比对对象。

② 监督分类方法

监督分类是指分析者在了解图像区域特征的基础上，选择已知的类别特征作为训练样本让分类系统学习训练出模型，并按照一定的分类原则对所有待分类图像的像元进行判别处理，即通过系统已经掌握的分类特征去识别未进行训练的图像的像元的过程（梅安新，2001）。常见的监督分类算法有决策树分类算法、最大似然分类、支持向量机、随机森林算法等。

决策树分类算法（Yang et al., 2003）是建立在信息论基础上的，能够将复杂抽象的信息转化为易于理解的判断。决策树在层级上是数据结构中的树或者二叉树，结构内部节点代表分类特征或属性，每一个内部节点处只根据较少属性值进行判断，叶子节点代表分类结果（潘琛等，2008）。决策树分类算法可以在很大程度上不受异物同谱的影响，当遥感影像空间特征复杂、数据维度较高时，决策树分类算法表现良好。决策树模型的好坏对分类精度影像较大，因此设计更好的决策树模型是未来重要的研究方向之一。决策树模型的基本结构如图1-6所示。

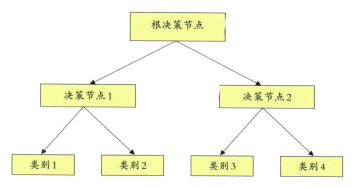

图1-6　决策树模型的基本结构

最大似然分类又称为贝叶斯（Bayes）分类，也是应用较多的一种分类方法，在进行分类时主要依据是贝叶斯准则。判断函数的构造和对应的分类准则是整个方法的重要内容，在对遥感数据进行分类时，将多波段的影像数据看成满足多维正态分布的数据，从而构造判别分类函数。最大似然分类方法原理：设有 n 个类别，用 ω_1，ω_2，$\cdots$，ω_n 表示 n 种类别，用 $P(\omega_1)$，$P(\omega_2)$，$\cdots$，$P(\omega_n)$ 表示每一种类别发生的概率，设有未知类别的样本 X，$P(X|\omega_1)$，$P(X|\omega_2)$，$\cdots$，$P(X|\omega_n)$ 为每一类对应的条件概率，由贝叶斯定理可得样本 X 出现的后验概率为：

$$P(\omega_i|X) = \frac{P(X|\omega_i)P(\omega_i)}{P(X)} = \frac{P(X|\omega_i)P(\omega_i)}{\sum_{i=1}^{n} P(X|\omega_i)P(\omega_i)}$$ （1-14）

通过将后验概率作为判断依据进而判断所对应的类别，其分类准则为：

$$P(\omega_i|X) = \max_{i=1} P(\omega_i|X)$$ （1-15）

通过观测样本将先验概率 $P(\omega_i)$ 转换成后验概率 $P(\omega_i|X)$，然后将最大后验概率设置为分类原则，确定样本属于哪种类别。最大似然法的优点是简单，便于操作，而且可以和贝叶斯理论以及其他先验知识融合，但是它也有自身的

缺陷，比如只适合于波段数少的多波段数据，分类时间长，而且对训练样本要求较高等。

支持向量机（support vector machine，SVM）通过计算出待分离样本之间的最佳分离超平面对样本进行归类。图1-7为两类样本数据可分离的支持向量机。平面 L 要满足两个条件：一是可以划分两类样本；二是 L_1 距离 L 和 L_2 距离 L 的距离要保证最接近。当严格要求样本不可以越过 L_1、L_2 两个超平面时，这种情况被称为硬间隔分类；但是硬间隔分类存在对异常值过于灵敏和只对线性可分离的数据有效等问题，因此在满足最大化分类间隔的基础上引入损失函数构建新的优化条件，从而使少量样本允许出现在间隔带中，这种情况称为软间隔分类（Mountrakis et al., 2011；Tzotsos & Argialas, 2008）。对非线性可分的情况，要通过使用核函数将待分离样本进行归类，主要是使用核函数（Min & Lee, 2005）将二维空间转换到高维空间，在高维空间寻找分类样本的方法。

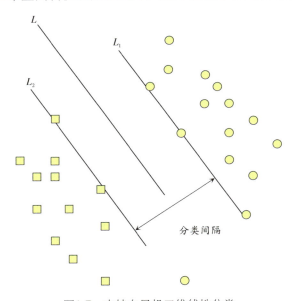

图1-7　支持向量机二维线性分类

注：□、○为两种待分类的样本；L 为最佳分离超平面；L_1、L_2 为两个平行平面，其作用主要是阻隔样本。

支持向量机通过对样本在光学遥感土地利用分类过程中的训练，搭建了地物类型和光学遥感影像信息因子之间的桥梁，取得了较好的分类精度，适合解决小样本、高维的、非线性的多源数据分类问题，特别是一对多类方法的模型和以径向基核函数（一种支持向量机核函数）为基础的支持向量机模型更适合提取遥感影像中的类别信息。

随机森林（random forest，RF）算法（Breiman，2001）是一种将多棵决策树组合到一起进行分类的算法。其随机性主要体现在两方面：一方面是子模型的训练样本是随机抽取的；另一方面是子模型对应的特征信息也是随机抽取的。每一棵决策树模型的训练对象是通过自助采样法（Boostrap 抽样）抽出来的，在构建每一棵决策树模型的时候，从所有特征中随机抽取一个子集来对模型进行训练。随机森林算法由众多的决策树组成，每一决策树会产生一种分类结果，而随机森林则将所有结果汇总，从中选出最佳的分类器，然后进行分类。因为该方法具有极高的准确率，能够评估各个特征在分类上的重要性，并且能提供快速、可靠的分类结果，所以在影像分类上具有广泛的应用（Belgiu & Drăguţ, 2016）。随机森林算法是一种比较成熟的算法，在光学遥感影像土地利用分类中普遍使用，特别是在数据维度较高，样本数据少，同时对准确性要求较高的多光谱、多时相遥感影像分类中，随机森林算法更能体现速度快、精度高、稳定性好的优势，取得了很好的应用效果。

③ 非监督分类方法

非监督分类也称为聚类分析，凭计算机对数据进行处理从而分出不同类别，但是不能确定分类结果的属性（王旭红，2001）。迭代自组织数据（ISO-DATA）分析算法（Hemalatha & Anouncia, 2017）是一种常见的非监督分类算法，广泛应用于遥感影像中的信息分类。

ISODATA 算法首先确定初始分类个数，从而确定归类阈值，通过引入归并与分裂过程不断调整类别个数。两种类别之间的样本均值距离小于参数值时，就触发归并机制进行归类；如果大于参数值，就进行分裂，分成两类。如此不断调整分类样本个数和参数值进行分类，直到迭代结果较为满意为止（赵英时，2003）。ISODATA 算法简单且具有较好的分类精度，同物异谱（same object different spectrum）和同谱异物（same spectrum different object）对 ISODATA 算法分类精度影响较大。传统的 ISODATA 算法以一整幅遥感影像为处理对象，边学习边分类，分类效率低，并行计算技术和 ISODATA 算法的结合解决了运算耗时的问题。

④ 深度学习分类方法

深度学习技术（张鑫龙等，2017；周维勋等，2024）的主要思想是利用神经网络进行信息识别，通过利用大量的样本进行模型训练，寻找样本数据内在的规律，得到最优训练模型，然后将待处理数据输入训练模型得到最优分类的过程。在影像识别领域，神经网络是最常用的分类方法。

反向传播（back propagation，BP）神经网络是按照误差反向传播的多层前馈神经网络，其基本网络结构有输入层、隐藏层、输出层，结构示意如图 1-8 所示（Hecht，1992）。BP 神经网络主要流程是由输入层接受待处理数据，然后由输入层神经元将数据传递到隐藏层，由隐藏层对数据进行计算处理，最后交给输出层。如果输出层收到的数据不能满足预期，就由输出层反向传入隐藏层进行处理，并且修改参数，直至最终结果达到预期效果。神经网络以数据为驱动，具有自动提取遥感影像中的高层语义特征，来识别目标物的能力，因此得到了广泛的应用。神经网络与其他统计分类方法相比，没有对数据的分布特征进行任何假设限制，神经网络是非线性的，对特征空间较为复杂的影像数据分类时取得的效果比传统分类方法更优。但神经网络层的增加对计算机内存的消耗也是巨大的，未来在应用中如何降低神经网络对内存的消耗是重点的研究方向。

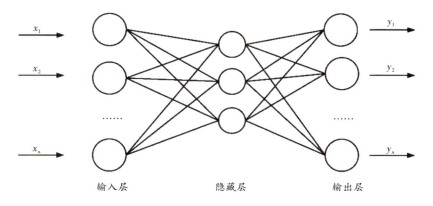

图1-8　BP神经网络拓扑结构

注：x_1，x_2，…，x_n为输入数据；y_1，y_2，…，y_n为输出数据。

空—谱结合的高光谱影像分类算法是一种将提取到的光谱特征信息和空间特征信息结合对高光谱影像进行分类的算法（曲海成等，2019；Zhang et al.，2018）。传统的空—谱结合是先将影像数据进行主成分分析，然后进行降维，用一维卷积神经网络（one-dimensional convolution neural network，1D-CNN）将光谱信息特征提取出来，再用一个二维卷积神经网络（two-dimensional convolution neural network，2D-CNN）将影像数据对应的空间信息提取出来，将两次提取到的信息进行计算完成分类。卷积神经网络的基本结构示意如图1-9所示（Fan et al.，2010）。1989年，CNN模型被首次提出，1998年，计算机科研人员创造了LeNet模型。LeNet模型虽然很小，但是它包括了CNN基本的5层结构，其中卷积层有3个，池化层有2个，每一层都有不同的参数。目前，其他深度学习模型都以LeNet模型为基础进行改进。

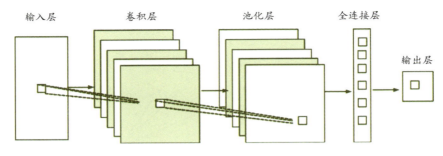

输入层　　卷积层　　池化层　　全连接层

输出层

图1-9　卷积神经网络的基本结构

三维卷积神经网络（three-dimensional convolution neural network，3D-CNN）（胡杰等，2021）可以在3个不同维度空间同时进行计算，与原来的一维加二维提取方式相比，3D-CNN可以将提取光谱特征和空间特征的工作同时进行，三维卷积核能够提取三维信息，其中两个维度对应空间特征信息，一个维度对应光谱特征信息。

空—谱结合的分类算法较单一的基于光谱信息进行地物提取方法精度要高，而且对于遥感影像的同谱异物和同物异谱现象的存在，空—谱结合的分类算法可以通过加入空间特征信息结合神经网络模型有效地提高分类精度。空—谱结合的分类算法同样会因为数据维度的增加，计算效率下降，未来的研究可以从增加维度、提高效率方面展开。

⑤ 土地利用遥感分类方法综合比较

各种分类方法的最终目的都是将影像中的每个像元，根据其在不同的波段、空间或其他信息中表现出来的与其他周围像元不同的特征，依据一定的规则和算法将其进行归类。最简单的是依靠专业人士的经验对像元信息进行判断，随之便是利用单一光谱亮度值进行半自动化分类。复杂的分类方法不仅考虑像元在波段的光谱亮度值，同时结合该像元与周围其他像元之间的空间关系，如形状、方向性等信息，对像元进行归类。而当维度信息增加时，计算量同样也会增大，进而算法的计算效率会下降，但是分类精度会有所提高。

目视解译方法主要依靠专业人士的专业知识对遥感图像的分析解译以及相应的光谱特征描述，通过解译标识的建立、类别的判断等工作完成土地利用分类。该方法过于依赖人的专业知识，对海量影像数据进行分类的效率不高，但是总体分类精度较高。

监督分类方法利用计算机自动分类，计算效率远高于目视解译方法，适用于大范围的研究区域，是目前遥感影像信息提取普及率较高的方法之一。监督分类方法可以根据研究区域和研究目的，充分利用该地区的研究经验来决定分类类别，提高分类效率；同时可以通过对训练样本的控制与检查判断样本数据是否被精准分类，避免重大错误。由于监督分类方法中训练样本的选择人为因素较强，研究人员定义的分类类别可能并非影像中存在的类别，或者影像中某些类别没有被定义，这些均会导致监督分类方法准确性降低。

非监督分类方法不需要像监督分类方法一样，预先对研究区域进行样本训练，这减少了研究人员对样本分类差错导致的分类错误，但是该方法仍然需要经验丰富的研究员对分类集群进行解译。非监督分类方法只需要设定初始参数（迭代次数、误差阈值等）即可自动进行分类，而且可以识别影像中特殊的、小覆盖类别。由于分类之前没有进行过训练，其分类结果需要大量的分析，结果中的类别可能并非研究员所需要的类别，研究人员需要对结果进行类别匹配，而且分类集群会因光谱特征的变化（时间、地形变化）无法连续。

深度学习分类模型中应用最广泛的是BP神经网络，BP神经网络对于待分类别的先验知识要求较少，计算过程高速并行，可以处理海量数据以及特征空间较为复杂的数据，在处理非线性分类时优势明显。由于神经网络层数目前均以实验确定，因此算法存在收敛速度慢、参数复杂、网络层和神经元个数难确定的局限。

从表1-2可知，当样本数据量过大、分类目标不明确时，非监督的ISO-DATA算法最合适；当处理的数据维度较高或者数据来源较多但数据规模小时，应选择支持向量机和随机森林方法；样本可训练且有较好的训练模型，数据规模大时，可以采用基于深度学习的神经网络模型分类法。各种分类方法都有自身的局限性，在利用计算机分类后再依靠人工目视解译所取得的分类效果会更好（周珂等，2021）。

表1-2 不同土地利用遥感分类方法特点

分类方法	代表性分类算法	计算效率影响因素	精度	是否需要人工辅助	适用性
目视解译	—	—	较高	需要	任何影像均可使用
监督分类	决策树	计算效率与样本量的大小、特征、数量以及树的深度有关	分类精度取决于是否建立了好的决策树模型	需要	可以处理多元不相关的数据,在风险条件下进行决策
	支持向量机	计算效率和支持向量的个数、训练集规模以及数据的维度有关	分类效果较好,精度较高	需要	可以解决非线性分类,但在处理多分类时存在困难
	随机森林	计算效率中的时间消耗和决策树一样,而空间复杂度除了和特征数量以及每个特征的切分点有关,还与决策树的个数有关	精度取决于特征优选	需要	可以处理高维度的数据,不用做特征选择;可以解决不平衡数据集造成的误差;但应用于某些噪声较大的分类时容易出现过拟合现象

分类方法	代表性分类算法	计算效率影响因素	精度	是否需要人工辅助	适用性
非监督分类	ISODATA算法	计算效率和数据规模大小与迭代运算的层数相关	依赖于初始参数阈值的设置	不需要	适用于数据量大且分类目标并不明确的情况,通过聚类来实现分类
深度学习分类	BP神经网络算法	计算效率与样本个数、神经元个数相关	精度依赖于神经网络层数,预期结果参数阈值与连接权重的设置	有需要人工辅助和非人工辅助两种学习模式	适用于训练数据规模大且特征空间复杂的情况,在处理非线性分类时优势明显

1.5.3.2 土地利用遥感数据产品

　　土地覆盖产品在全球尺度上有较大影响的主要有美国地质调查局研制的IGBP DIScover 数据集（Loveland et al., 2000），美国马里兰大学生产的 UMD Geocover 数据集（Hansen et al., 2000），欧盟联合研究中心推出的 GLC2000 数据集（Bartholomé & Belward，2005），美国波士顿大学推出的 MODIS-LCT 数据集（Friedl et al., 2002；Friedl et al., 2010），全球测绘国际指导委员会研制的 GLCNMO 数据（Tateishi et al., 2011），欧洲空间局推出的 GlobalCover 数据产品（Defourny et al., 2009），欧空局气候变化倡议（ESA-CCI）发布的 1992—2015 年间的一系列全球年度 CCI-LC 数据产品（Nowosad et al., 2019），中国清华大学研制的 FROM-GLC 数据集（Gong et al., 2013），中国国家基础地理信息中心推出的全球首套 30m 分辨率地表覆盖遥感制图 GlobeLand30 产品（Chen et al., 2014），ESRI 公司推出的 ESRI_Global-LULC_10m 数据产品（Karra et al., 2021），中国科学院空天信息创新研究院生产的全球 30m 土地覆盖时序动态遥感产品GLC_FCS30D（Zhang et al., 2021）。在国家尺度上，中国科学院地理科学与资源研究所联合国内多家单位共同生产了1980—2023年中国多时期土地利用遥感监测数据集（CNLUCC），武汉大学生产了中国1985—2023年逐年30m分辨率的土地覆被数据集CLCD（Yang & Huang，2021）。

1.5.3.3 碳密度数据确定

碳密度数据原则上应优先使用研究区的实测数据。在没有实测数据的情况下，可以参考使用2010s中国陆地生态系统碳密度数据集（徐丽等，2019）或者从已公开发表的与所研究区域相近或自然地理气候环境相似区域研究成果中获取地上生物碳密度、地下生物碳密度、土壤有机碳密度和死亡有机碳密度等数据。由于不同生态系统在不同气候条件下的碳汇能力存在差异，因此在使用全国或参照区域生态系统碳密度系数时需要进行区域气候差异修正。就土壤碳密度而言，其与温度的关系不显著，在使用时仅需要利用降水数据对土壤碳密度进行区域差异修正；就生物量碳密度而言，其与温度和降水均有明显相关性，故在使用时需要利用温度和降水数据对地上生物量和地下生物量碳密度进行区域差异修正（李倩等，2024）。综合修正公式为：

$$\begin{cases} C_{SP} = 3.3986 \times MAP + 3996.1 \\ C_{BP} = 6.798 \times e^{0.0054 \times MAP} \\ C_{BT} = 28 \times MAT + 398 \end{cases} \quad (1\text{-}16)$$

式中：C_{SP} 是通过平均降水得到的土壤碳密度（$t \cdot hm^{-2}$），C_{BP}、C_{BT} 是分别根据平均降水和平均气温得到的生物量碳密度（$t \cdot hm^{-2}$），MAP 和 MAT 分别是平均降水量（mm）和平均气温（℃）。

分别将研究区、全国或参照区域的平均气温和平均降水量数值代入上述公式，取得土壤碳密度和生物量碳密度。将其代入下列公式，得土壤碳密度和生物量碳密度气温、降水修正系数和综合修正系数。

$$\begin{cases} K_{BP} = \dfrac{C_{BP-1}}{C_{BP-2}}, \quad K_{BT} = \dfrac{C_{BT-1}}{C_{BT-2}} \\[3mm] K_B = K_{BP} \times K_{BT} = \dfrac{C_{BP-1}}{C_{BP-2}} \times \dfrac{C_{BT-1}}{C_{BT-2}} \\[3mm] K_S = \dfrac{C_{SP-1}}{C_{SP-2}} \end{cases} \qquad (1\text{-}17)$$

式中：K_{BP}、K_{BT} 分别为通过降水因子和气温因子得到的生物量碳密度修正系数，两者相乘得到生物量碳密度综合修正系数 K_B；C_{BP-1} 是根据平均降水量得到的研究区生物量碳密度（t·hm^{-2}），C_{BP-2} 是根据平均降水量得到的全国或参照区域生物量碳密度（t·hm^{-2}），C_{BT-1} 是根据平均气温得到的研究区生物量碳密度（t·hm^{-2}），C_{BT-2} 是根据平均气温得到的全国或参照区域生物量碳密度（t·hm^{-2}）；K_S 为土壤碳密度修正系数，C_{SP-1} 为研究区土壤碳密度（t·hm^{-2}），C_{SP-2} 为全国或参照区域土壤碳密度。

1.5.3.4 生态系统碳储量估算模型

生态系统服务综合估值和权衡模型（InVEST 模型）是由斯坦福大学、世界自然基金会（WWF）和大自然保护协会（TNC）共同开发的综合建模工具。该模型因其数据的可访问性、结果的可视化、研究规模的灵活性而被广泛使用，在生态系统服务的评估方面具有较大的优势。InVEST 模型中的碳储存和封存模块被广泛用于生态系统碳储量估算。

InVEST 模型的碳储存模块将陆地生态系统中的碳储量分为地上生物碳储量（地面以上所有活性植被存储的碳）、地下生物碳储量（所有活性植被地面以下的根系存储的碳）、土壤碳储量（土壤中有机质存储的碳）、死亡有机碳储量（无活性的植被残体存储的碳）4 个部分。通过将 4 个碳库的碳密度与相应土地利用类型面积相乘，并求和得到生态系统总碳储量。计算公式为：

$$\begin{cases} C_i = C_{i-above} + C_{i-below} + C_{i-soil} + C_{i-dead} \\[2mm] C_{total} = \sum_{i=1}^{n} C_i \times S_i \end{cases} \qquad (1\text{-}18)$$

式中，i 为某种土地利用类型，C_i 表示土地利用类型 i 的总碳密度；$C_{i-above}$ 为土地利用类型 i 的地上碳密度（t/hm^2），$C_{i-below}$ 为土地利用类型 i 的地下生物碳密度（t/hm^2），C_{i-soil} 为土地利用类型 i 的土壤碳密度（t/hm^2），C_{i-dead} 为土地利用类型 i 的死亡有机碳密度（t/hm^2），C_{total} 为生态系统总的碳储量（t），S_i 为土地利用类型 i 的面积（hm^2），n 为土地利用类型的数量。

1.5.4 基于遥感数据驱动的生态系统碳通量核算

传统的生态系统碳通量测定方法主要有清查法、箱式法和涡动相关法。清查法利用植被与土壤碳储量的时空变异特征，计算出生态系统的碳通量；该方法所需时间较长，要获得植被与土壤碳含量的动态变化，往往要经过数年时间，因此难以在短时间内获得环境变化条件下生态系统生理生态响应机制的信息。箱式法通过测量箱体中的气体（CO_2、N_2O、CH_4 等）的浓度变化，来直接测量箱体中的气体通量。这种方法使用的设备价格低廉但采样空间代表性小，能对不同的处理方式进行对比，适用于测量矮小植株生态系统或多重处理实验，在高秆农作物和林地植被的测定中存在较大的困难，此外，因为箱体和外部隔离，箱内的小气候环境与箱外的空气有区别，所以其测量结果存在误差，不一定完全符合实际（周音颖，2022）。涡动相关技术是根据被测气体脉动与垂直风速脉动的协方差测定湍流输送通量（陶波等，2001）。涡动相关技术能够用于进行长期连续的观测，但相关仪器价格昂贵，且受严格的地理和气象条件限制，监测时容易出现数据缺失的现象（曹娜等，2015）。传统的碳通量测定方法为验证和校正模型参数提供了有价值的数据源，但不适合用于长时间序列大范围的碳通量监测。遥感可以直接或间接获得植被、水文、土壤等生态数据，且具有长时间序列大范围监测的优势。近年来，越来越多的研究通过建立遥感模型估算生态系统碳通量。

碳通量可以用净生态系统生产力（net ecosystem productivity，NEP）表示。净生态系统生产力（NEP）最早由伍德维尔（Woodwell）等人于1978年提出，是指生态系统光合固定的碳（总初级生产力，gross primary production，GPP）与生态系统呼吸（ecosystem respiration，RE）损失的碳之间的差值。NEP可以指示生态系统的碳收支情况。NEP为正值，表明该生态系统为碳汇，负值则为碳源。

$$NEP = GPP - RE \tag{1-19}$$

总初级生产力是指单位面积单位时间内植被通过光合作用固定的有机碳总量，可以反映植被固碳能力，是生态系统碳收支平衡的重要组成部分。生态系统呼吸是生态系统中所有生物将有机碳转化为 CO_2 的过程，包括初级生产者的自养呼吸和消费者、分解者的异养呼吸，是生态系统向大气输出碳的主要途径，也是生态系统碳循环的重要组成部分。

1.5.4.1 GPP遥感估算

GPP的遥感估算方法主要是经验模型和光能利用率模型。经验模型通过建立GPP与常见遥感光谱指数以及降水、温度等环境变量之间的相关关系来估算GPP。较典型的遥感经验模型有温度与绿度（temperature and greenness，TG）模型（Sims et al., 2008）、绿度与辐射（greenness and radiation, GR）模型（Gitelson et al., 2006）等。2021年，有科研人员利用 Sentinel-3 OLCI 陆地产品和 MERRA2 气象数据结合 VI（vegetation index-driven models）模型和 GR 模型对不同生态系统进行大范围的GPP估算，结果表明它们在不同生态系统中的适用性存在差异。

光能利用率模型以光能利用率概念为基础，通过植被吸收光合有效辐射（fraction of photosynthetic active radiation，FPAR）、入射光合有效辐射（incoming photosynthetic active radiation，IPAR）、最大光能利用率（ε_{max}）和环境因子修正系数来估算GPP。LUE模型是遥感反演GPP的模型基础，也是目前GPP模拟预测的主要模型。

LUE 模型基于两个理论基础：植被的生产力为植被吸收的辐射能与植被 LUE 的乘积；植被的即时 LUE 由环境因素对 LUE$_{max}$ 的限制决定。模型通过环境因素的限制作用计算即时 LUE，但是不同模型中限制 LUE 的因素和计算方法有显著差异。LUE 模型自提出以来不断发展，表 1-3 总结了目前主要应用的 LUE 模型，其中有的是单一模型，有的是作为部分嵌入其他模型中（高德新等，2021）。LUE 模型可以在不同时空尺度上对植被生产力进行评估和预测，为分析变化条件下碳循环的响应提供有效方法（Garbulsky et al., 2010）。

1.5.4.2 RE 遥感估算

RE 的遥感估算模型可以分为半经验模型和经验模型两大类。

（1）半经验模型

半经验模型具有一定的基础理论和假设，如呼吸对温度和水分的响应曲线等，并基于生态系统呼吸速率和环境变量之间的统计关系建立模型和参数化（Papale et al., 2015）。早期的半经验模型通常基于生态系统呼吸对温度的响应曲线来估算区域和全球尺度的 RE，如 Q10 模型、Arrhenius 模型（Kätterer et al., 1998）和 LloydTaylor 模型（Lloyd & Taylor, 1994）等。随后一些气候驱动模型考虑了水分和生物因素的影响，如基于全球通量观测网络（FLUXNET）的 104 个站点分析了 GPP 和叶面积指数（leaf area index, LAI）对 RE 的影响（Migliavacca et al., 2011），并在土壤呼吸模型—T&P 模型（Raich et al., 2002）的基础上进行改进，建立了 TPGPP-LAI 模型：

$$RE = \left(R_{LAI=0} + a_{LAI} \times LAI_{max} + k_2 GPP \right) \times e^{E_0 \left(\frac{1}{T_{ref} - T_0} - \frac{1}{T - T_0} \right)} \times \frac{\alpha k + P(1 - \alpha)}{k + P(1 - \alpha)} \quad (1\text{-}20)$$

式中：$R_{LAI=0} + a_{LAI} \times LAI_{max}$ 表示基础呼吸速率对最大 LAI 的响应；E_0 为活化能参数；T 为空气温度；T_{ref} 为参考温度；P 为降雨量；k_2、k、α 为各个

表1-3　LUE模型

序号	模型	模型参数		模型适宜性		
		模型结构	限制作用计算方法	时间	空间	植被
1	CASA	$\varepsilon = \varepsilon_0 \times T_1 \times T_2 \times SM$	$T_1 = \dfrac{0.8 + 0.027 T_{opt}(X)}{0.0005[T_{opt}(X)^2]}$ $T_2 = \dfrac{1+e^{[0.2[T_{opt}(x)-10-T(x)]]}}{1+e^{(0.3(-T_{opt}(x)-10+T(x)))}} \cdot 1.1814$	月	1°	PFTs
2	GLO-PEM	$\varepsilon = \varepsilon_0 \times T \times SM \times VPD$	$T=0$ $SM = 0.0308 \times (W - 0.03423)$ $VPD = 1.2e^{(-0.35 \times VPD)} - 0.2$	季	8km	PFTs
3	3-PG	$\varepsilon = \varepsilon_0$	—	月	澳大利亚、新西兰	森林
4	C-Fix	$\varepsilon = \varepsilon_0$	—	天	欧洲大陆尺度	森林
5	EC-LUE	$\varepsilon = \varepsilon_0 \times Ts \times W$	$T = \dfrac{(T-T_{min})(T-T_{max})}{(T-T_{min})(T-T_{max})-(T-T_{opt})^2}$ $T = (T-T_{min})(T-T_{max})$ $Ws = \dfrac{LE}{(LE+H)}$	天	北美、欧洲	森林 草地

续表

序号	模型	模型参数		模型适宜性		
		模型结构	限制作用计算方法	时间	空间	植被
6	C-Flux	$\varepsilon = \varepsilon_0 \times T \times VPD \times SM \times SAg$	T、VPD、SM、SAg 的限制作用由 0-1 的系数表示	天	美国俄勒冈州西部 1km	PFT$_s$
7	MODIS	$\varepsilon = \varepsilon_0 \times T \times W \times P$	Biom-BGG	8天	1km	PFT$_s$
8	VPM	$\varepsilon = \varepsilon_0 \times T \times SAg \times W$	$T = \dfrac{(T-T_{min})(T-T_{max})}{(T-T_{min})(T-T_{max}) - (T-T_{opt})^2}$ $SAg = \dfrac{1+LSW1}{2}$ $W = \dfrac{1+LSW1}{1+LSW1_{max}}$	小时	北美 1km	北美 12 种植被类型
9	PEM	$\varepsilon = \varepsilon_0$	—	10天	8km	PFT$_s$
10	BEAMS	$\varepsilon = \dfrac{\varepsilon_0 \times P(T;hs;SM;SM2)}{P(T-opt;hs-opt;SM-opt;SM2)}$	$T;hs;SM1;SM2$ 的限制作用由 0-1 系数计算得出	月	1°	PFT$_s$
11	TURC	$\varepsilon = \varepsilon_a$	$\varepsilon = \int(NDVI, CO_2)$	月	1°	PFT$_s$

植被功能型的经验参数。验证结果表明该模型在大多数植被类型中能够解释RE70%以上的时空变异。

卫星遥感技术能够以较高的时空分辨率获取区域或全球尺度的RE驱动信息。近些年来，随着遥感技术的进步和遥感观测数据可利用性的提高，越来越多的半经验模型将遥感数据作为驱动，建立了区域或全球尺度的RE估算模型（朱晓波，2020）。以RECO模型（Jagermeyr et al., 2014）为例，它以中分辨率成像光谱仪（moderate resolution imaging spectroradiometer, MODIS）获取的地表温度（land surface temperature, LST）和增强型植被指数（enhanced vegetation index, EVI）数据作为驱动，通过考虑温度和植被生产力对呼吸的影响来模拟RE：

$$RE = RE_{ref} \times RE_{std} \tag{1-21}$$

式中：RE_{ref} 为参考呼吸速率，用来描述站点多年长期平均基础呼吸，反映呼吸的空间变异；RE_{std} 为标准化呼吸速率，用来描述站点呼吸的动态季节变化，反映呼吸的时间变异。RE_{ref} 和 RE_{std} 分别通过以下公式计算：

$$RE_{ref} = p_1 + p_2 \times EVI_{mean} + p_3 \times LST_{mean} \tag{1-22}$$

$$RE_{std} = \frac{p_4}{p_5 + p_6^{-\frac{LST_n - 10}{10}}} + p_7 \times EVI_{std} + p_8 \tag{1-23}$$

式中：$p_1 \sim p_8$ 为经验参数，EVI_{mean} 为春季 EVI 的多年均值，LST_{mean} 为白天地表温度的多年均值，LST_n 为夜间地表温度，EVI_{std} 为标准化的 EVI。该模型和基于过程的LPJmL模型对北美和欧洲地区的RE空间格局模拟结果相似。

水分对RE的时空格局有着重要的调控作用，一些半经验遥感模型通过考虑水分因素的影响，提高了对陆地生态系统RE的模拟能力。如研究人员参考TPGPP-LAI模型，通过引入陆表水分指数（land surface water index, LSWI）对RECO模型进行了改进（Ge et al., 2018）：

$$RE = RE_{ref} \times f(T,P,W) \qquad (1\text{-}24)$$

式中：RE_{ref} 和 $f(T,P,W)$ 分别表示站点尺度的参考呼吸速率和标准化的呼吸速率，通过以下公式计算：

$$RE_{ref} = p_1 + p_2 \times EVI_{mean} + p_3 \times LST_{mean} + p_4 \times LSWI_{mean} \qquad (1\text{-}25)$$

$$f(T,P,W) = p_5 \times e^{E_0\left(\frac{1}{T_{ref}-T_0} - \frac{1}{LST-T_0}\right)} + p_6 \times EVI_{std} + p_7 \times \frac{(0.5+LSWI)}{k+(0.5+LSWI)} \qquad (1\text{-}26)$$

式中：$p_1 \sim p_7$ 为经验参数，EVI_{mean} 为春季 EVI 的多年均值，LST_{mean} 为白天地表温度的多年均值，$LSWI_{mean}$ 为生长季 $LSWI$ 的多年均值，E_0 为活化能参数，T_{ref} 为参考温度，T_0 为呼吸最低温度，LST_n 为夜间地表温度，EVI_{std} 为标准化的 EVI，k 为双曲线关系的半饱和常数。

半经验模型构建过程相对简单，参数较少，能够有效估算区域和全球尺度的RE。然而，目前的半经验模型主要考虑植被生产力、温度和水分对RE的影响。由于对响应关系的理解有限和缺少有效的环境变量驱动数据，半经验模型对植被碳库和土壤碳库等因素缺乏考虑。此外，半经验模型中的一些参数在整个区域或全球采用统一值，这会使模型估算RE时与实际情况不符。（Yuan et al., 2011）。

（2）经验模型

经验模型不基于复杂的理论和假设，而是根据观测数据自定义一些函数来描述RE与环境变量之间的依赖关系，并利用数据的子集进行参数化。一些研究通过分析RE与环境变量间的关系，为RE经验模型的建立奠定了基础。有研究表明，夜间RE与夜间LST在植被密集的站点有较强的指数相关性，研究还指出利用MODIS LST数据有潜力直接估算逐像元的RE。2001年，科研人员发现多年平均RE与GPP有很强的相关性；在此基础上，2011年，相关科研人员参考多年平均土壤呼吸与多年均温下土壤呼吸速率之间的关系（Bahn et al.，2010），将参考呼吸速率重新定义为多年均温下的RE，并构建经验模型估算了全球的RE与参考呼吸速率。

机器学习是一种自动分析建模的数据分析方法，能够在复杂的非线性系统中有效地完成分类和回归任务。近年来，越来越多的RE经验模型基于机器学习算法建立。这些模型先基于站点观测数据训练并参数化，以提取RE与环境变量之间的非线性响应关系；然后通过输入空间尺度的环境变量驱动数据，将站点尺度的RE观测数据上推到区域尺度（Xiao et al.，2012）。如在区域尺度，基于支持向量机回归（support vector regression，SVR）模型，结合通量观测数据、MODIS数据、气象再分析资料和干扰信息（土地利用变化和火灾），估算了2001—2011年美国阿拉斯加地区的RE、GPP和NEE，并与反演模型的碳收支模拟结果进行了比较，结果表明SVR模型能够有效估算该区域碳通量的空间格局与年际变化；科研人员通过整合通量观测数据、气象数据、林龄数据、地上生物量数据和氮浓度数据，利用Cubist模型模拟了2001—2012年北美地区的RE、GPP和NEP，发现干旱和干扰事件对碳通量的年际变化有重要影响（Xiao et al.，2014）。在全球尺度，科研人员利用FLUXNET通量观测数据，基于集成模型树（model tree ensembles，MTE）模型估算了1982—2011年全球的RE和其他碳水通量，并公开发布了相应的数据产品（Jung et al.，2011）。基于多种机器学习模型集成的新一代全球碳水通量数据产品也正在开发当中（Jung et al.，2020；Tramontana et al.，2016）。此外，一些研究还利用反向传播神经网络和随机森林等机器学习模型估算了RE中的重要组分——土壤呼吸（Jian et al.，2018; Zhao et al.，2017）。

基于机器学习的RE估算模型构建过程简单灵活，没有复杂的理论假设和大量需要约束的参数，能够从输入数据中自动提取RE与环境变量间复杂的非线性关系（Papale et al.，2015; Tramontana et al.，2015; Ueyama et al.，2013），并且由于地面观测数据包含了人类活动和火灾等扰动信息，其尺度上推结果具有观测的本质属性（Tramontana et al., 2016）。这些机器学习模型不仅能够独立用来量化分析区域和全球尺度的RE动态变化及其对气候的响应（Beer et al., 2010; Ichii et al., 2017; Jung et al., 2011; Xiao et al., 2014; Yao et al., 2018），还被广泛用于过程模型和半经验模型的评估、验证及参数优化（Eshel et al., 2019; Piao et al., 2013; Yang et al., 2007）。

基于机器学习算法的经验模型已成为RE遥感估算的重要方法，但在区域尺度应用时会受到一些不确定性因素的影响。

首先是通量站点组成的观测网络代表性的影响。代表性体现了在一定时空内进行的观测对不同时空内实际条件的反映程度，通量观测网络的代表性强弱则体现了其重现观测区域内的研究对象及其驱动因素的主要量化统计特征或过程的能力（Sulkava et al., 2011）。对机器学习模型来说，用于模型参数化和建立输入—输出关系的数据集扮演着关键的角色，这种模型在参数域内（相似的土地利用类型和气候条件）的估算能力非常优秀，反之，在参数域外的估算则具有很高的不确定性。因此，包含所有条件的训练数据集对于得到一个成功的模型至关重要。目前全球已经建立了超过700个通量观测站点，形成了区域性和全球性的通量观测网络，实现了对不同区域的RE及其他碳通量的长期动态监测。然而这些通量观测网络大都是在过去数十年间逐渐成形的，从未进行过预先的总体设计，站点的选址通常由可行性（交通、后勤和地形因素等）和前期经验决定，有些区域站点较为密集，有些区域则存在着观测缺失（Hargrove et al., 2003；Sulkava et al., 2011；朱晓波，2020）。以欧洲的通量观测网络为例，该网络虽然覆盖了欧洲主要气候带中的土地覆被类型，但没有涵盖全部的植被、环境和土壤类型（Sulkava et al., 2011）。

其次是环境变量的影响。一方面，不同学者会根据自身的先验知识选择不同的环境变量来建立机器学习模型（Jung et al., 2011; Tramontana et al., 2016; Ueyama et al., 2013; Xiao et al., 2014）。而随着研究区域的变化，对环境变量的不同选择可能导致模型性能和估算结果的差异，进而导致研究结论的差异。另一方面，与站点尺度的研究相比，区域尺度的碳循环研究很大程度上受限于环境变量驱动数据的无效性和不确定性（Xiao et al., 2019）。机器学习模型没有复杂的理论假设，构建过程灵活，便于结合不同的环境因素估算 RE。然而，受驱动数据的限制，在实际应用中很难考虑一些环境因素的影响，如氮沉降、林龄、土壤水分、生物量、SOC 等。近些年来，随着可利用的驱动数据不断增加，少数机器学习模型考虑了更多环境因素对 GPP 和 NEP 估算的影响。但在 RE 估算中，大部分模型仍只考虑了植被生产力、温度和水分等因素，对一些影响 RE 的重要环境因素缺少考虑，导致 RE 的估算存在着一定的误差（Ichii et al., 2017; Tramontana et al., 2015; Xiao et al., 2019）。

最后是模型结构的影响。目前已有大量研究基于不同的机器学习模型估算了区域尺度的 RE 及其他碳通量，包括 ANN、SVR、RF、Cubist 和 MTE 等，这些模型基于不同的学习算法建立，结构各不相同（朱晓波，2020）。然而，很少有研究对这些模型进行系统的比较与评估。另外，在建立机器学习模型时，一部分研究基于整个研究区域进行训练和参数化，另一部分则基于研究区域内不同生态系统或植被类型进行训练和参数化，哪种策略更适用于构建 RE 估算模型尚不明确。

第 2 章

近海海洋生态系统碳汇计量方法

2.1 近海海洋生态系统碳汇遥感评估现状

遥感技术已成为研究植被碳储量与碳汇问题的新型手段，逐步应用于多尺度、多类型生态系统中碳储量的高精度估算。基于碳储量和生态学过程以及生态因子的紧密相关性，研究者们融合多学科和多技术手段，通过获取的碳循环关键参数来构建碳储量估算模型，这些研究计划相比多学科和多技术手段的综合应用，更强调把地球系统的碳循环作为一个整体进行研究。

近海海洋生态系统植被可通过光合作用来捕获CO_2，将其转移到植物组织中，碳同化为各种有机物。据有关研究显示，相比于森林生态系统，蓝碳（blue carbon）植被的单位面积固碳效率高几十倍乃至数百倍。此外，海水中大量的SO_2也会限制微生物排放CH_4，这些均有利于进一步提升近海海洋生态系统固碳效率。

2.1.1　海洋及其碳汇内涵

2.1.1.1 海洋碳汇（蓝色碳汇）

海洋碳汇是指将海洋作为一个特定载体吸收大气中的CO_2，并将其固化的过程和机制（Sasmito et al., 2020），是一定时间周期内海洋储碳的能力或容量。尤其是近海海洋生态系统，其储碳的形式包括无机的、有机的、颗粒的、溶解的碳等各种形态。海洋中95%的有机碳是溶解有机碳（DOC），而其中95%又是生物不能利用的惰性溶解有机碳（RDOC），世界大洋中RDOC的储碳量大约是6500亿吨，储碳周期约为5000年，它们与大气CO_2的碳量相当，其数量变动影响到全球气候变化（Duarte et al., 2005）。

2.1.1.2 碳卫星

碳卫星以二氧化碳遥感监测为切入点，建立高光谱卫星地面数据处理与验证系统，形成对全球的二氧化碳浓度监测能力，从而为应对全球气候变化做出贡献。

2.1.1.3 碳通量

碳通量是碳循环研究中一个最基本的概念，表述生态系统通过某一生态断面的碳元素的总量。例如：某河流的碳通量，就是流过河流断面的有机碳和无机碳的总量；某森林生态系统碳通量，就是该生态系统单位时间、单位面积上的碳循环总量；海洋的碳通量，也就是海洋在单位时间和单位面积内碳增减的数量。总之，理解"通量"的概念后，就很容易理解碳通量了。

2.1.2 近海海洋碳参数精准调查

2.1.2.1 碳汇调查与测算方案

海洋区域海洋部分固碳能力的测算主要基于海面测量与遥感反演相结合的方式开展。基于北斗等卫星的陆海区域碳参量监测装备、机载轻型碳通量高精度探测载荷，完善"五基"（星基—空基—塔基—船基—地基协同观测体系）碳参量协同观测体系。海洋区域海洋部分固碳能力精准核算包含碳通量测算、数据采集与遥感反演和碳汇模型核算三部分，以无人机、无人船以及卫星等方式获取海洋海面碳通量、海水叶绿素含量和表层海水二氧化碳分压（pCO_2）等数据，并用于海洋部分碳汇估算校验，进而基于高精度遥感反演技术，构建高精度反演模型，实现海洋部分生态系统碳汇格局的精细测算。

2.1.2.2 海洋碳要素监测方法

（1）基于北斗的海洋碳参量塔式采集

涡动相关开路观测系统由一台三维超声风速仪与两台红外气体分析仪组成，可对风速、气体等脉动进行观测。开路观测系统架设在距地面一定高度处，且为了避免铁塔对气流的影响（乱流、扰流），三者固定于单独的支撑结构。其中 CO_2 分析仪、H_2O 分析仪是整套通量监测系统的核心部件，具备低功耗和近免维护的特性，更加适合在野外观测台站上进行长期定位监测。CH_4 分析仪集成到涡动相关通量观测系统中后，也可用于测量农田、森林、湿地等生态系统 CH_4 通量的排放情况，大幅减少了现场维护工作。三维超声风速仪与红外气体分析仪各自独立而非一体化，保证了安装灵活性最大化，可以测得各个方向的来风。

（2）海洋无人船二氧化碳分压走航观测

海洋无人船二氧化碳分压走航观测系统主要包括海水二氧化碳分压在线监测仪器，海水光学叶绿素、浊度传感器和海水温盐传感器等设备。pCO_2 的测量主要通过船载的方式，自吸泵将表层海水输送至仪器内部，连续测定海水 pCO_2。海水叶绿素浊度传感器主要通过海水光学原位叶绿素监测仪对海水中的叶绿素和浊度进行测量。可搭载相应传感器实现海水叶绿素、pCO_2、温度、盐度等参数的测量。其 pCO_2 测量范围为 $1\sim10000ppm$，重复性优于 $1ppm$，响应时间小于2分钟。海水温盐传感器主要测量海水温度和盐度，并对海水二氧化碳浓度进行修正。

（3）海水二氧化碳分压在线监测

海水二氧化碳分压在线监测仪通过水泵输送表层海水至仪器内部，实现海水 pCO_2 的实时连续测定，是开展近海海水表层 CO_2 分布及动态变化规律研究的技术基础，为研究海区碳汇分布、生态系统对 CO_2 的吸收能力及调控能力和海洋碳循环提供技术支撑。测量范围覆盖 $0\sim2000ppm$，观测精度优于 $1ppm$，可为海洋部分的碳通量计算提供精确的数据记录。

（4）机载轻型碳通量和波长调制光谱温室气体采集

质量、动量和能量通量是由固定的塔或浮标在大气边界层的最低水平上测量的。这种测量技术允许在空间的固定位置测量这些通量的时间变化。通过使用仪器控制的移动平台（如飞机），可以详细研究这些通量的空间变化。通过将空中测量与固定地表位置的测量相结合，可以对大气质量、动量和能量交换有更全面的了解。

2.1.2.3 海洋碳通量计算

（1）近海平台碳通量精准检测数据

依托基于北斗的陆海区域碳参量监测装备，针对近海区域海—气碳交换过程中的气体通量进行精准监测。针对陆—气、海—气碳交换过程中的气体通量的精准监测塔的匮乏问题，也可采用北斗无人船平台，以增加区域精准碳估算样本采集量。

为了精确估算近海的碳汇能力，可采用涡动相关法获取 CO_2 通量数据。涡动相关法是目前公认可以长时间尺度直接测定下垫面与大气间水汽、CO_2及能量交换的一种方法。涡动相关法基于点的观测，因此架设于一定高度的仪器所观测的结果只能反映下垫面某一特定区域内的通量过程。每套涡动相关观测仪器包括三维超声风速仪（CSAT3）和开路式CO_2/H_2O分析仪（7500A），净辐射传感器（CNR4），温度相对湿度传感器（HMP45C），所有数据通过数据采集器（CR3000）自动采集，采样频率为10Hz。通量数据的预处理包括异常值及野点值的剔除、倾斜校正、时间滞后校正、频率响应校正、密度效应（WPL）校正，然后是CO_2通量的计算。

（2）空气密度效应校正与碳通量计算

一般而言，传感器不能直接测量CO_2混合比率，而是测定CO_2密度。因此由于水汽和热量对密度脉动效应的存在，必须对测定结果进行WPL校正。涡动相关法通常假设$w=0$，即不考虑由垂直平均流动引起的垂向输送。因此，对潜热通量和CO_2必须进行WPL校正，用到的公式如下：

$$LE = \left[1 + \frac{e}{P_a}\right] \times \left[\overline{w'\rho'_v} + \frac{\overline{\rho_v}}{T} \times \overline{w'T}\right] \tag{2-1}$$

$$F_c = \overline{w'\rho'_c} + u \times \frac{\overline{\rho_c}}{\rho_d} \times \overline{w'\rho'_v} + \left[1 + \frac{e}{P_a}\right] \times \frac{\overline{\rho_c}}{T} \times \overline{w'T'} \tag{2-2}$$

式中：e为水汽压（Pa），P_a为大气压（Pa），w为垂直风速（m·s^{-1}），ρ_v为水汽密度（kg·m^{-3}），T为温度（K），ρ_c为CO_2密度（kg·m^{-3}），P_d为干空气的密度（kg·m^{-3}），撇号（′）表示脉动值，即瞬时值与平均值的偏差。u为干空气与水汽分子量之比，等于1.608。也就是说，直接算得的水汽通量需加上一个感热通量修正项；直接算得的CO_2通量需加上一个水汽通量修正项和一个感热通量修正项。

2.1.3　近海海洋碳汇卫星与传感器

2.1.3.1　海洋水色卫星的发展

美国于 1978 年发射了 Nimbus-7 卫星，其上装载了海岸带水色扫描仪 CZCS。这次发射开启了利用光学遥感监测全球海洋变化的时代。Nimbus-7 很好地揭示了全球范围各海区色素的时空分布和变化，成功地获取了全球的海洋水色分布，并首次提供了全球的生产力估算图，受到世界各国的关注。随后欧洲航天局、苏联、日本、法国、加拿大、韩国和印度等相继发射了一系列海洋卫星。1996 年，日本发射了装有海洋水色水温扫描仪 OCTS 的 ADEOS‐I 号卫星，但该卫星不到一年就停止运行了。1997 年 9 月，美国发射了配置有 Sea-WiFS 的专门海洋水色卫星 Seastar，它具有低噪声、高灵敏度、合理波段配置和倾斜扫描等功能，是当今世界上最先进的海洋水色卫星之一。1999 年发射的 TERRA 和 2002 年发射的 AQUA 卫星携带的 MODIS 传感器，也设计有海洋通道，可以进行海洋研究。

中国在"六五"期间研制出了多波段成像光谱仪（牛铮等，2000），后来人们利用机载成像光谱仪数据进行水色水质研究。1987 年和 1989 年，我国分别发射了 FY‐1A 和 FY‐1B 卫星，这两颗卫星都配置了 2 个海洋水色通道的高分辨率扫描辐射计 VHRSR，我国首次利用自己的卫星获得了我国海区较高质量的叶绿素浓度和悬浮泥沙浓度的分布图。2002 年 5 月 15 日，中国第一颗用于海洋水色探测的试验型业务卫星——海洋一号卫星 'HY-1' 升空。海洋一号卫星主要用于观测海水光学特征、叶绿素浓度、悬浮泥沙含量、可溶有机物、海表面温度和海洋污染物质。与美国海洋水色卫星不同，海洋一号卫星既能观测水色，又能观测海表温度，十分有利于海洋环境的监测和管理。

本文相关研究中主要用到 SeaWiFS、COCTS 和 MODIS 三种传感器的卫星数据，因此这里分别对这三种传感器进行简单介绍。

2.1.3.2 SeaWiFS介绍

（1）SeaWiFS性能参数

美国在1997年发射的SeaStar携带的宽视场海洋水色扫描仪SeaWiFS是第二代水色遥感器的代表，在1999年前后发射的中分辨率成像光谱仪MODIS和欧洲航天局的MERIS也属于第二代水色传感器。SeaWiFS主要用于海洋水色因子即叶绿素、悬浮泥沙和黄色物质的定量探测（潘德炉等，1997）。Sea-WiFS可用于评价海洋在全球二氧化碳循环及其他生物化学循环中所起的作用。利用SeaWiFS数据可以获取全球的海洋光学特征资料，以便更好地理解海水的混合过程，另外还可利用数据测算全球的初级生产力，评价海洋在全球二氧化碳和生物化学循环中的作用，确定海洋物理学和生产力大尺度结构之间的定量关系，梳理大尺度水华的时间和地区分布（任敬萍，赵进平，2002）。

SeaWiFS的空间分辨率局地尺度LAC为1.1km；全球尺度GAC为4.5km，量化级数为10bit，见表2-1。

表2-1　SeaWiFS的波段特性

波段	中心波长（nm）	带宽（nm）	饱和辐亮度（mW·cm²·umsr⁻¹）	输入辐亮度	SNR
1	412	20	13.63	9.10	499
2	443	20	13.25	8.41	674
3	490	20	10.50	6.56	667
4	510	20	9.08	5.64	640
5	555	20	7.44	4.57	596
6	670	20	4.20	2.46	442
7	765	40	3.00	1.61	455
8	865	40	2.13	1.09	467

SeaWiFS的波段配置有助于建立更加有效的色素反演算法，特别是半分析模型，能够将叶绿素、悬浮泥沙、黄色物质的贡献分离出来，大气校正等处理方法也得到了改进。

2.1.3.3 COCTS介绍

海洋一号卫星（HY-1）是我国第一颗用于海洋水色探测的试验型业务卫星。海洋一号卫星与FY-1D卫星一并由长征四号乙火箭一箭双星发射升空。星上搭载两种传感器，一台是十波段的海洋水色扫描仪（Chinese ocean color and temperature scanner, COCTS），另一台是四波段的CCD成像仪。COCTS主要用于探测海洋水色要素（叶绿素浓度、悬浮泥沙浓度和可溶有机物）及温度场等。

表2-2 COCTS的波段特征

编号	波段(nm)	应用对象
1	402～422	黄色物质、水体污染
2	433～453	叶绿素吸收
3	480～500	叶绿素、海水光学、海冰、污染、浅海地形
4	510～530	叶绿素、水深、污染、低含量泥沙
5	555～575	叶绿素、低含量泥沙
6	660～680	荧光峰、高含量泥沙、大气校正、污染、气溶胶
7	730～770	大气校正、高含量泥沙
8	845～885	大气校正、水汽总量
9	10300～11400	水温、海冰
10	11400～12500	水温、海冰

四波段的CCD成像仪主要用于海岸带动态监测，以获得海陆交互作用区域的较高分辨率图像。它的星下点地面分辨率为250m。十波段的COCTS在可见

光部分主要设置了中心波段为412nm、443nm、490nm、520nm、565 nm的通道，用于探测叶绿素浓度、悬浮泥沙含量、可溶有机物等（潘德炉等，2004），空间分辨率为1.1km（王其茂等，2003），量化级数为10bit。

2.1.3.4 MODIS介绍

1999年12月18日，美国对地观测系统（earth observing system，EOS）的第一颗对地观测卫星TERRA发射成功。2002年5月，另一颗对地观测卫星AQUA发射成功。MODIS是TERRA和AQUA卫星上搭载的主要传感器之一，主要用于大尺度的地球监测研究，可以探测大气、海洋和陆地要素的动态时空变化。

MODIS包括可见光、近红外、中红外和远红外波段，对陆地、海洋和大气的观测能力较强。如何从MODIS各波段数据中，提取出合适的参数，满足全球气候变化研究的需要，目前成为遥感研究者关注的一个热点。

表2-3　MODIS的波段特性

编号	波段（nm）	饱和辐亮度（$W \cdot m^{-2} \cdot msr^{-1}$）	SNR
8	405～420	44.9	880
9	438～448	41.9	838
10	483～493	32.1	802
11	526～536	27.9	754
12	546～556	21.0	750
13	662～672	9.5	910
14	673～683	8.7	1087
15	743～753	10.2	586
16	862～877	6.2	516

2.1.4 海洋碳汇遥感估算现状

2.1.4.1 遥感反演海洋关键碳汇参量

碳循环关键参数的估算是实现海洋碳储量/碳汇估算的基础。国外已有多个机构与科研单位开展了对海洋碳循环关键参数的反演研究，如美国国家航空航天局（NASA）与美国大气海洋局（NOAA）发布的植被有效光合辐射吸收比例（FPAR; MODIS，SeaWiFS）、植被总初级生产力（GPP；MODIS）、植被净初级生产力（NPP；MODIS）、海洋叶绿素a（Chla）浓度（MODIS）、海洋颗粒有机碳（MODIS）、海洋颗粒无机碳（MODIS）、叶绿素荧光（OCO-2）等多种碳参数产品。国内发布的碳循环关键参数产品主要包括中国科学院空天信息创新研究院基于国外和国产卫星，协同陆地、海洋等不同类型区域的星载和地面观测设施，发布的包括海洋叶绿素、植被初级生产力、生态系统生力等24种全球碳循环关键参数产品。

相比于全球尺度，样方和区域尺度上关键碳参量的估算具有更高的精度和更优的持续性。基于遥感反演获得的碳循环关键参数，可实现对海洋尺度上碳储量的精细估算。水体的关键碳参量包括水体叶绿素a浓度、二氧化碳分压等。水体叶绿素a浓度的传统测量手段主要有水色遥感、荧光分光光度法等（Gordon et al., 1988; Gitelson, 1992; Binding et al., 2013; Beck et al., 2016）。其中，基于水色遥感卫星数据的叶绿素a浓度反演方法通常分为经验法和半分析法，可以在较大空间尺度上相对准确地反演一类水体中海表叶绿素a浓度分布。卫星遥感监测海表二氧化碳分压的发展与卫星遥感技术息息相关，早期的学者利用现场观测数据，建立海水pCO_2与单一参数之间线性或多项式的拟合关系，进行反演算法的构建（Takamura et al., 2010）。随着卫星技术的发展，更多的学者开始建立海水pCO_2与表层温度、盐度、叶绿素浓度等多参数之间线性或非线性的拟合关系。与此同时，遥感外推算法（如神经网络算法、随机森林等机器学习模型），综合全面地考虑了影响 pCO_2 时空分布的影响因子，极大地提高了 pCO_2 的反演精度（Takamura et al., 2010）。

影响海洋碳循环关键参数反演精度的最大问题是海洋尺度上的通量观测、调查数据不足，有必要针对海洋碳循环估算构建常态化、业务化的观测方法和调查体系，综合天空地一体化调查手段，解决地面观测和遥感数据的尺度匹配问题，为后续海洋碳循环关键参数的估算和制图提供支持。

2.1.4.2 我国海洋碳核算现状

对于海洋的海气碳通量的估算，目前主要有三种方法：直接基于观测资料的估算、基于近海生态系统碳循环模型的估计，以及基于卫星反演数据的计算（Dai et al., 2022）。基于观测资料的估算受限于观测资料的多寡，尤其近海的碳通量时空变化较大，有一定的局限性。近海生态系统碳循环模型在国际上应用也很广泛，如与ROMs耦合的COSIN模型，该模型也在中国近海碳通量的模拟中有一定的应用（Chai et al., 2002）。此类模型的缺点是分辨率的提高往往带来巨大的计算量，且模拟结果的不确定性也比较大。基于卫星反演数据的计算在过去的十年得到了长足的发展。例如有研究人员提出了一种利用卫星数据估算 pCO_2 的方法，该方法确定了不同水生生物分区内总溶解无机碳（DIC，又称TCO2）、总碱度（TA）和卫星数据之间的经验关系（Hales et al., 2012）。由于卫星广阔的空间覆盖范围，遥感海面变量越来越多地被用于海面 pCO_2 的估算（朱钰等，2008）。遥感叶绿素a浓度通常被视为水体生物活性的指标，海面温度（SST）在很大程度上决定了 CO_2 在海水中的溶解度，此外海面盐度（sea surface salinity，SSS）与海面 pCO_2 高度相关，因此，也可以基于卫星遥感来支持海面 pCO_2 估算（Song et al., 2016）。

我国初步评估了海洋碳要素现状及增汇潜力。目前，我国的海气界面二氧化碳交换通量监测主要利用船舶走航与定点浮标实现。其中走航观测在渤海、黄海、东海和南海100m等深线以内的近海海域均有所涉及。基于现有的观测资料，估算渤海向大气释放CO_2通量为（0.22±0.85）$Tg \cdot C \cdot a^{-1}$，黄海吸收CO_2的通量约（1.15±1.95）$Tg \cdot C \cdot a^{-1}$，东海吸收CO_2的通量为（6.92～23.30）±13.50$Tg \cdot C \cdot a^{-1}$，南海向大气中释放CO_2通量约（13.86～33.60）±51.30$Tg \cdot C \cdot a^{-1}$。从结果可以看出，海气界面碳通量和近海生态系统固碳速率数据误差较大，亟须提高观测能力和范围，提升数据精度和可靠性。

2.1.4.3 基于人工智能的海洋碳汇反演

随着技术的发展，机器学习等人工智能技术逐渐被应用于遥感反演海洋碳汇。在研究二类水体时，传统的叶绿素算法的缺陷在于传输函数本身的非线性。在近岸水体，由于悬浮泥沙和黄色物质的作用，水体的光学特性极为复杂。用标准的线性回归无法确定非线性关系，而且对非线性回归需要知道非线性过程的一些先验知识，这些一般又是难以获得的。而神经网络正好可以突破这些限制，灵活地模拟大量的非线性过程。

研究人员在计算海洋水体成分时发现，神经网络的优势在于用它可以获得比传统的方法（如波段比值法）更高的反演精度（Buckton et al., 1999）。也有研究人员认为在利用遥感反射率数据估算海表叶绿素浓度方面，神经网络模拟非线性传输函数比SeaBAM工作组所有的经验回归和半解析算法都要精确（Keiner et al., 1998）。此外，还有研究人员应用神经网络对叶绿素浓度等海水成分进行分析，结果都很成功（Doerffer et al., 1998; Lee et al., 1998）。

基于神经网络的机器学习技术反演算法较于其预测模型包含了详细的遥感过程的物理描述，具有极高的实用性。因此，可以说神经网络是用于二类水体海水成分反演的有效的、有前途的方法。

2.1.5 海洋碳汇遥感研究的优势

传统的近海海洋叶绿素和海洋初级生产力研究方法一般依赖于船只的走航

取样调查，然后由实验方法测定。而快速、大尺度的海洋初级生产力的调查研究仅通过船测等常规调查是不能满足要求的。常规调查方法通常是在水域内定点、定剖面，长年累月进行监测、采样分析，才能得到准确的信息；受人力、物力和气候、水文条件的限制，采集的数据量非常有限，成本高，速度慢，而且都是离散的点数据，难于长时间跟踪监测，更无法实现大范围尤其是全球尺度的研究。

遥感技术的发展，尤其是传感器空间分辨率与光谱分辨率的提高，以及多角度遥感探测技术的发展（徐希孺等，2000；刘强等，2002；徐希孺，陈良富，2002），为应用遥感技术进行全球变化研究开辟了新的途径。遥感具有宏观动态的特点，随着地球空间观察技术的发展，海洋遥感在全球多年长时间序列海洋数据采集、大范围海面信息监测等方面，逐渐具备明显的优势。卫星遥感弥补了走航实测数据分散的缺陷，能快速、大尺度地获取叶绿素a浓度、海表温度、光合作用有效辐照度、透明度等海洋生态环境数据，并且有一定的精度，是观测海洋、获取海洋信息不可缺少的手段。利用卫星遥感信息进行大范围内水体浮游植物空间分布及动态的定量分析，除了能够在一定程度上弥补水面采样观测时空间隔大且费时费力的缺陷，还能发现一些常规方法难以揭示的污染物排放源、迁移扩散方向、影响范围以及与清洁水混合稀释的特征，有利于查明污染物的来源，也可为布设地面监测点提供科学依据。与常规方法相比，遥感方法具有不可替代的优越性。卫星遥感还以其特有的周期性优势，成为在区域乃至全球尺度上持久监测海洋现象的有效手段。

遥感技术为获取大区域尺度土地覆盖信息提供了便利的数据获取手段（王长耀等，2005）。同样，卫星遥感的大面积覆盖和资料实时获得的特点，也使它成为大时空尺度海洋浮游植物丰度和分布研究必不可少的工具。美国Nimbus-7卫星的海洋带水色扫描仪有效地获取了世界各大洋近表层浮游植物色素信息。十多年的研究充分表明，卫星遥感资料对全球生物海洋学研究极具价值。它不但提供了大量浮游植物生物量分布资料，而且也提供了大尺度、长周期海洋现象全部演化过程的有效资料。为了能更有效地提供有关海洋生物量变化以及全球生物化学元素变化过程的资料，许多学者正致力于根据遥感叶绿素资料计算初级生产力。

最近十几年的研究成果证实，遥感算法应用于大洋水域浮游植物叶绿素和初级生产力的计算是非常成功的。卫星探测海洋初级生产力是近年来遥感应用的热门领域。海洋初级生产力不能直接从空间测量，但它可以根据叶绿素a浓度进行计算。现在卫星海洋水色传感器已成为测定浮游植物叶绿素a浓度全球分布的标准工具。

海洋遥感基本上都是利用海洋水色卫星数据，通过建立模型来反演各水色要素的，因此海洋水色卫星的设置和探测能力对叶绿素和海洋初级生产力的估算也十分重要。

2.2　近海海洋叶绿素a浓度遥感评估方法

2.2.1　近海海洋叶绿素a浓度对碳循环的意义

近海海洋叶绿素a浓度是评价海洋水质、有机污染程度（疏小舟等，2000）和海洋碳汇的重要参数。海域叶绿素a浓度的时空变化包含着海区基本的生态信息，是同光照、温度、盐度以及风潮流等各种因素密切相关的，因此它对于海区的各种科学研究具有重要意义，而单单靠测量船的走航取样调查显然无法满足这一要求（丛丕福等，2006）。遥感定量反演技术能获取大范围连续的海洋水色信息，克服了常规方法的不足（丛丕福等，2005a）。利用卫星数据反演叶绿素a浓度来评价海洋环境污染，尤其是预测、探测赤潮，是一种有效的方法（丛丕福等，2005b）。利用海洋遥感技术研究海洋初级生产力，有助于了解海洋中碳元素的生物地球化学循环，有助于了解海区的环境质量，从而了解全球的碳循环以及气候变化，对海洋生态、全球碳循环研究有重要意义。

叶绿素a在浮游植物中所占的比例比较稳定，而且在实验室易于测量。测定海洋中叶绿素a浓度，可以定量地了解海洋中浮游植物的情况，因此，海水中的叶绿素a浓度的获取对大气—海洋系统中碳循环研究有重要意义，对海洋生态系统中初级生产力的研究至关重要。

总之，研究海洋叶绿素a浓度及初级生产力分布特征，可以了解大尺度时空范围内海洋初级有机物的生产、分布和变化规律。通过研究海洋叶绿素a，可了解在一定时间内海洋有机物的生产及其分布规律，分析水域生态环境的特征，评估生物资源蕴藏量及生产潜力，为合理开发利用海洋生物资源和实行渔业生产农牧化等提供基础资料。调查研究海水中叶绿素a浓度，评估海域环境的初级生产力，对评价海域尤其是与人类活动密切相关的近岸海域和岛屿周围海域的生态环境具有重要的科学意义。

2.2.2　近海海洋叶绿素a浓度遥感反演原理

2.2.2.1　海洋辐射传递理论

叶绿素a浓度反演是指根据海洋大气辐射传递理论和大气校正模式，从卫星遥感探测器获取的信息中提取出海洋水体信息，再根据海面向上离水辐亮度与叶绿素a浓度之间的关系，估算出叶绿素a浓度的过程。海洋辐射传递理论主要研究海洋水体对光辐射的散射、吸收、反射等性质及光辐射在海洋中的传播规律，是海洋光学研究的核心。同时，海洋大气辐射传递理论也是叶绿素a浓度反演的基础。

总体来看，到达卫星水色传感器的辐射能量 L_t 由下式构成：

$$L_t(\lambda) = L_r(\lambda) + L_a(\lambda) + L_{ra}(\lambda) + TL_g(\lambda) + tL_w(\lambda) + L_b(\lambda) \tag{2-3}$$

式中：$L_t(\lambda)$ 为遥感器接收到的总辐射；$L_r(\lambda)$ 为来自大气的瑞利散射；$L_a(\lambda)$ 为来自大气的气溶胶散射；$L_{ra}(\lambda)$ 为空气分子与气溶胶之间的多次散射；$TL_g(\lambda)$ 为进入遥感器视场的直射太阳光在海洋表面的反射，T 为光束透过率；$L_w(\lambda)$ 为离水辐射率，t 为大气漫射透过率；$L_b(\lambda)$ 为来自水体底部的反射。

$L_w(\lambda)$ 是由投射入水体内的光经水体内的水分子及多种颗粒的后向散射后再穿出水体的辐射。理论计算和实测表明，在通常情况下可以认为 $L_w(\lambda)$ 近似各向同性（徐希孺，2005）。海洋水色遥感的核心就在于准确提取出离水辐射，用于水质参数的反演研究。而要准确获得离水辐射信息，就必须先进行大气校正，剔除大气对水色信息的干扰，即从 $L_t(\lambda)$ 中扣除掉 $L_r(\lambda)$、$L_a(\lambda)$、$L_{ra}(\lambda)$ 及 $TL_g(\lambda)$，最终从 $L_t(\lambda)$ 中获得 $L_w(l)$。目前利用海洋遥感进行大气校正时要考虑的关键因素是气溶胶散射 L_a 和多次散射项 L_{ra} 的处理，不同算法的区别也主要体现在此。

2.2.2.2 海洋遥感中大气校正原理

空气分子和气溶胶的后向散射辐射在大气顶辐射中占绝对优势。也就是说，反映海洋水体信息的有效离水辐射率 $L_w(\lambda)$ 只占到总能量的5%～15%，而噪声辐射能量占比可达90%。因此，对空间海洋水色探测来说，在对海洋信号进行解译之前，关键是进行准确的大气校正。通过大气校正，去掉来自大气的噪声，是海洋光学遥感成功应用的必要条件。

如果考虑水体较深，且太阳在海洋表面反射可以通过传感器的倾斜扫描加以避免，那么水色遥感器接收到的总信号 $L_t(\lambda)$ 可简化为：

$$L_t(\lambda) = L_r(\lambda) + L_a(\lambda) + L_{ra}(\lambda) + tL_w(\lambda) \tag{2-4}$$

由公式可以看出，大气校正实际上主要解决的是瑞利散射和气溶胶散射带来的噪声。

海水按其光学性质的不同可划分为一类水体和二类水体。

（1）一类水体

一类水体的光学特性主要由浮游植物及其伴生物决定。典型的一类水体是大洋开阔水体。一类水体可以简单地看作由浮游植物的主要成分叶绿素，及其降解物褐色素a（phea-a），以及伴随的黄色物质组成，但实际的水体组分要比这复杂得多。

（2）二类水体

二类水体的光学特性主要由悬浮物、黄色物质（又称有色可溶性有机物，colored dissolved organic matter）决定。二类水体是除一类水体外的所有水体，这类水体主要位于近岸、河口等受陆源物质排放影响较为严重的地方。

在开发大气校正算法时，必须考虑到以下两点：对一类水体，离水辐射率反演的绝对误差要求在5%之内；带有水体信息的离水辐射率在遥感器接收到的总信号中一般不足10%（唐军武，1999）。

2.2.2.3 叶绿素a的光谱特征

海洋遥感反演叶绿素a浓度主要是根据叶绿素a的光谱特征选择适宜波段来进行的。叶绿素a具有特定的光谱特征，对海洋水体光谱特征进行分析可以发现，随着叶绿素a浓度的变化，在400～700nm波段会有选择地呈现较明显的差异。叶绿素a在蓝绿光波段分别存在弱吸收和强吸收。叶绿素a在440nm和670nm附近有吸收峰，在550～570nm有反射峰存在。这个反射峰与浮游植物色素组成有关，由叶绿素a和胡萝卜素弱吸收以及细胞的散射作用形成。在波长685nm附近有较为明显的反射峰，反射峰出现的原因并没有定论，多数研究者认为应归因于浮游植物分子吸收光后，再发射引起的拉曼效应激发出的能量荧光化的结果，叶绿素a的吸收系数在该处达到最小，对应于SeaWiFS各波段的水体吸收光谱特征曲线如图2-1所示（Aiken et al., 1995；Joint &

Groom，2000）。

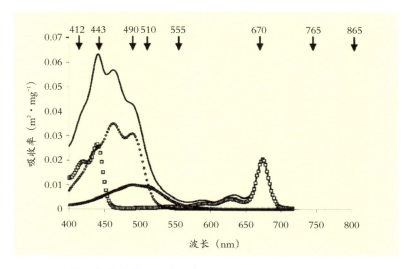

图2-1　水体吸收光谱特征曲线（小方块表示由叶绿素a引起的吸收作用）

　　海洋水色传感器可见光波段的设计也充分考虑了这一点，在443nm、490nm、510nm、555nm、670nm附近CZCS、SeaWiFS和MODIS基本上分别设置了中心波长为这些值附近的通道，可以很好地反映叶绿素a在这些波段的光谱特征变化。随着水体中叶绿素a浓度的增加，蓝光波段辐射量会减少，而绿光波段及红光波段辐射量则会增加，在520nm附近出现辐射量不随叶绿素a浓度发生变化的光谱分界点。通常用其光谱分界点两侧的波段构成的比值波段组合来增强叶绿素a光谱信号（比值增强法），以提高估算精度。另外辐射亮度值对散射系数和后向散射系数较为敏感。对于一定的叶绿素a浓度而言，这些量的变化可达到2倍或以上，而光谱比值法实际上不受其影响。采用比值法还可以大大减少海洋反射率二向反射特征的问题。采取蓝绿光比值法可以有效地提取水体中的叶绿素a浓度信息。因此现有的关于叶绿素a浓度的经验算法和半经验算法大都采用比值法，如SeaWiFS的各种算法（Reilly et al.，1998）和MODIS的叶绿素a浓度算法（Esaias et al.，1998; Carder et al.，2004）。从目前的应用情况来看，绝大多数针对 CZCS、SeaWiFS、MODIS 和 TM 等遥感器的海水组分反演，都是基于波段或波段比值统计的算法（Tassan et al., 1993；Tassan et al., 1998; Miller et al., 2004）。

2.2.3　近海海洋叶绿素 a 浓度遥感反演算法

2.2.3.1　基于经验的反演算法

经验算法是以实测数据为基础，通过研究水体表观光学量和叶绿素 a 浓度之间的定量关系，即通过测量水体表面的光谱辐射特征和水体中叶绿素 a 浓度而建立的算法。经验算法典型模型是基于波段比值的色素算法，其表达式为：

$$C = a\left(\frac{L_w(\lambda_1)}{L_w(\lambda_2)}\right)^b + c \qquad (2\text{-}5)$$

其中，C 为叶绿素 a 浓度，a、b 和 c 为统计回归系数；L_w 为离水辐射率，也可以用遥感反射率代替。

2.2.3.2　基于代数法的反演算法

代数法在模型算法中相对比较简单，它用代数表达式描述海洋水色与地球物理特征的相关性。遥感反射率可表示为后向散射系数 $b_b(l)$ 与吸收系数 $a(l)$ 之比的函数。建立叶绿素等各个变量的吸收系数和散射系数等固有光学量和各变量浓度的关系后，再采用假设减少未知量的方法简化模式，得到一组代数方程。该方程可以求解模式中的每个未知量。因为需要实测光学数据来建立海洋水体模型，因此这种方法建立的海洋光学模式又称"半解析法"。在该方法中，如果光谱特征与物质组分浓度是非线性关系，可以通过查表或者减小预测值和观测值之间的差异来求解。这种半分析方法的优点是结合了叶绿素等水色因子的已知光学特性与理论模式，对特定的二类水域的重要数据运算结果较精确，但能反演的未知量的个数有限。

在海洋光学中，定义遥感反射率 R_{rs} 为：

$$R_{rs} = \frac{L_w}{Ed(0+)} \tag{2-6}$$

其中，L_w 为携带着水体信息的离水辐射率，$Ed(0+)$ 为刚好在水面上的向上辐照度（唐军武，1999）。

$$L_w = \frac{L_u(0-)t}{n^2} \tag{2-7}$$

$$L_u(0-) = \frac{E_u(0-)}{Q} \tag{2-8}$$

其中，$L_u(0-)$ 为正好在水面下的向上辐亮度，t 为水气界面的透过率，n 为水体的折射率，$E_u(0-)$ 为正好在水面下的向上辐照度，Q 为光场分布参数。

这样，R_{rs} 就可以用水体总吸收系数 $a(\lambda)$ 和总后向散射系数 b_b 来表示：

$$R_{rs} = \frac{ft}{Qn^2} \times \frac{b_b}{a + b_b} \tag{2-9}$$

其中，经验参数 f 为0.32～0.33，Gordon等采用 $\frac{f}{Q} = 0.0945$，$\frac{t}{n^2} = 0.54$，所以

$$R_{rs} = \mathrm{const} \frac{b_b}{a + b_b} \tag{2-10}$$

而 b_b 和 a 是叶绿素a、悬浮物和黄色物质等各种成分贡献的线性和，即

$$b_b = (b_b)_w + \sum_{i=1}^{N} (b_b)_i \tag{2-11}$$

$$a = a_w + \sum_{i=1}^{N} a_i \tag{2-12}$$

如果用 c 表示叶绿素a、用 s 表示悬浮泥沙、用 y 表示黄色物质，则：

$$b_b = b_{b_w} + b_{b_c} + b_{b_s} \tag{2-13}$$

$$a = a_w + a_c + a_s \tag{2-14}$$

2.2.3.3 基于非线性最优化模型的遥感反演算法

基于非线性最优化模型算法的主要特点是利用生物光学模型描述水体组分

和水体光谱辐射特征之间的相关性，如用辐射传输模型模拟光在水和大气中的传输，该算法用生物光学模型模拟水面或水面上空大气层的光谱特征。根据反射光谱与水体组分浓度之间的关系，可以反演水体组分的各种特征参数。

非线性最优化算法的原理是提出一种预测模型，通过改变作为预测模型输入变量的气溶胶光学厚度以及叶绿素、总悬浮物、黄色物质几种水体组分的浓度值，使得根据模型计算光谱辐射的预测值和实际测量值之间的误差 s 最小。

$$s = \Sigma \left(L_m - L_d \right)^2 \tag{2-15}$$

其中，L_m 表示根据模型计算得到的预测辐射值，L_d 表示卫星传感器测量得到的辐射值，Σ 表示对所有波段求和的结果。通常预设一个 s 的值作为阈值，来规定测量和计算的次数。

2.2.3.4 基于主成分分析的遥感反演

科研人员提出了基于主成分分析（PCA）的水色反演算法（Neumann et al., 1995）。主成分分析方法先对辐射率数据集进行主成分分析，后根据各因子对总方差的贡献率的大小，确定任意几个波段的组合对水体成分反演的影响程度。这种方法将大气参数和水体成分浓度各参数都看作未知量同时进行反演，而不必经过大气校正处理。

国内比较有代表性的海洋叶绿素反演主成分分析方法由唐军武、田国良（1997）提出。他们由多波段的光谱反射比值，导出水体的固有光学参数吸收系数 a 和后向散射系数 b_b，再由上述固有光学参数与叶绿素a、悬浮泥沙、黄色物质浓度的关系，建立线性方程组，然后解出叶绿素a、悬浮泥沙、黄色物质浓度的值。国内其他基于模型的算法有詹海刚等（2000）采用的神经网络方法，利用SEABAM数据进行了叶绿素反演算法研究；曹文熙等（2002）用主因子分析的方法研究了叶绿素的遥感算法。

2.2.4　近海海洋叶绿素a浓度遥感反演与评估技术

2.2.4.1　基于SeaWiFS的海洋叶绿素a浓度反演技术

采用的卫星数据是 SeaWiFS Level 3 级数据。这种数据是由 SeaWiFS Level 2 全球尺度数据集生成的。采用 GES-DISC（NASA's Goddard Earth Sciences Data and Information Services Center）的 Giovanni（Interactive Online Visualization and Analysis Infrastructure）系统处理按公式（2-16）计算生成叶绿素a浓度数据。

$$C(Chla) = 10^{\left(0.366 - 3.067R + 1.93R^2 + 20.649R^3 - 1.532R^4\right)} \tag{2-16}$$

这里，R取 $\lg\left(\dfrac{R_{rs}443}{R_{rs}555}\right)$、$\lg\left(\dfrac{R_{rs}490}{R_{rs}555}\right)$ 和 $\lg\left(\dfrac{R_{rs}510}{R_{rs}555}\right)$ 中的最大值，

其中 $C(Chla)$ 为叶绿素a浓度（mg·m⁻³），R 是由卫星数据计算出的遥感反射率。

SeaWiFS level 3 的叶绿素 a 产品反演的中值平均相对误差为 36.472 %，RMS 为 0.730（Mcclain et al., 2000）。该数据已经过大气极正和几何校正，投影采用等距圆柱地图投影，空间分辨率约为 1°×1°。这里对 1998—2003 年这 6 年间的月平均叶绿素a浓度数据进行分析研究。

2.2.4.2　基于MODIS的海洋叶绿素a浓度反演技术

采用卫星数据 MODIS Level 3 级数据。叶绿素a浓度计算按公式：

$$Ca = 10^{0.283 - 2.753R + 1.457R^2 + 0.659R^3 - 1.403R^4} \tag{2-17}$$

这里，R取 $\lg\left(\dfrac{R_{rs}443}{R_{rs}555}\right)$、$\lg\left(\dfrac{R_{rs}448}{R_{rs}555}\right)$ 中的最大值，

其中 Ca 为叶绿素a浓度（mg·m⁻³），R 是由卫星数据计算出的遥感反射率。

MODIS Level 3 的叶绿素a产品反演的中值平均相对误差为 40.533 %, RMS

为0.641。该数据已经过大气校正和几何校正，投影采用等距圆柱地图投影，空间分辨率约为1°×1°。

2.2.4.3 基于归一化差值物候指数（normalized difference pigmund index，NDPI）法的海洋叶绿素浓度反演技术

（1）NDPI光谱特征分析

水体组分除了浮游植物，还包括悬浮物和黄色物质等，它的光谱通常由多种物质的光谱组成，我们难以直接从光谱曲线上提取光谱特征。因此我们采用包络线消除算法（白继伟等，2003）对原始光谱曲线进行处理以突出光谱的吸收和反射特征。

包络线消除法将光谱曲线归一化到一致的背景上，这样就可以进行特征数值的比较。图2-2是经过包络线消除后各站位水体的光谱曲线图。此图反映的只是相对反射率值，实际上水体在近红外波段被强烈吸收，因此我们只对可见光部分进行分析。

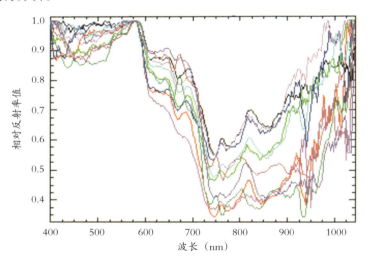

图2-2　包络线消除后不同站位水体的光谱曲线图

水体中的叶绿素具有特定的光谱特征，在440nm附近存在强吸收，而在

550nm附近弱吸收（Lee & Carder，2004）。但由于各地方的水体组分不同，峰值和谷值会有所偏移。

叶绿素的经验算法通常用比值波段组合来增强光谱信号（比值增强法）。由于辐射亮度值对吸收系数和后向散射系数较为敏感，对于一定的叶绿素浓度而言，这些量的变化可达到2倍以上，而光谱比值法实际上可以消除它的影响（李四海等，2002）。另外采用比值法还可以大大减少海洋反射率二向反射问题，这也是现有的叶绿素的经验算法和半经验算法大都采用两波段比值法的原因（Aiken et al.，1995）。但这些算法只对大洋水体效果较好，区域性也较强，仅二波段比值法对大气很敏感。因此，为了进一步探索叶绿素的反演方法，在此定义NDPI指数：

$$NDPI = \frac{L_1 - L_2}{L_1 + L_2} \tag{2-18}$$

其中 L_1 和 L_2 分别为采用藻类叶绿素的特征波段——COCTS的5波段（565nm）和2波段（443nm）离水辐亮度值。在443nm附近，虽然受大气散射影响，且有类胡萝卜素光谱重叠的影响，但叶绿素的吸收峰依然可以识别，这也正是CZCS和SeaWiFS探测浅海区叶绿素的基础。这种组合可以在一定程度上削弱定标、大气和太阳角的影响，减小黄色物质和悬浮物的干扰，从而把叶绿素区别于其他物质的特性表现出来。

对由COCTS获得的NDPI值和现场实测的叶绿素a浓度进行拟合，得

$$\lg(Chl\text{-}a) = a_1(NDPI)^2 + a_2(NDPI) - a_3 \tag{2-19}$$

其中 $a_1 = -0.5449$，$a_2 = 3.806$，$a_3 = -0.1202$，拟合图见图2-3。

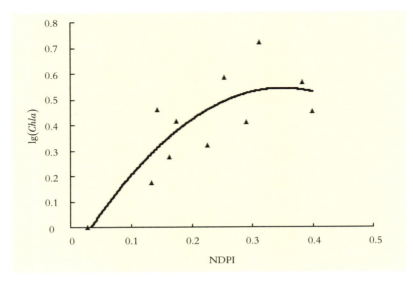

图2-3 *NDPI*值与lg（Chla）拟合图

2.2.4.4 基于神经网络法的海洋叶绿素浓度反演技术

（1）机器学习方法描述

基于神经网络的机器学习由以输入层和输出层形式排列的大量节点（有的称为神经元）构成，两层之间包含许多隐层（施阳等，1999）。因为每层节点稀疏不同，所以网络几乎能描述任何非线性关系。在前向反馈神经网络中，某一层的每个节点连接着前一层所有节点的输出。对一个节点的所有输入单独予以加权，偏差求和，并反馈给转移函数。输出和下层的所有神经元连接。转移函数特别适用于遥感，因为色素浓度和卫星获得的辐射参数之间也遵循类似非线性函数关系。

经多种模型的实验对照，研究团队决定采用3层、使用反向传播学习算法（BP算法）的神经网络模型。BP神经网络算法中，整个网络的学习由输入信号的正向传播和误差的逆向传播两个过程组成。正向传播过程是指样本信号由输入层输入，经网络的权重、阈值和神经元的转移函数作用后，从输出层输出。如果输出值与期望值之间的误差大于规定量，就进行修正，转入误差反向传播阶段，即误差通过隐层向输入层逐层返回，并将误差按"梯度下降"原则"分摊"给各层神经元，从而获得各层神经元的误差信号，作为修改权重的依据。以上两个过程反复多次进行，一直到网络的输出误差减小到允许值或达到设定的训练次数为止。各个神经元的输入和输出关系的转移函数是 f，则各变量之间的关系为：

$$V_i^k = f\left(u_i^k\right) \tag{2-20}$$

$$U_i^k = \sum_j W_{ij} V_j^{k-} \tag{2-21}$$

式中 U_i^k 为第 k 层 i 单元输入的总和，V_i^k 为输出的总和，W_{ij} 为第 $(k-1)$ 层的第 j 个神经元到第 k 层的第 i 个神经元的连接权值。

定义误差函数 r 为期望输出与实际输出之差的平方和：

$$r = \frac{1}{2} \sum_j \left(V_j^m - y_j\right)^2 \tag{2-22}$$

式中 y_j 是输出层第 j 个神经元的期望输出，V_j^m 是实际的输出。

由式（2-22）可得多层网络的训练方法是将某一样本加到输入层，这时，按前传法则，它将逐个影响下一层的状态，最终得到一个输出 V_j^m。如果这个输出与期望值不符，就会产生误差信号，然后通过如下公式改变权值：

$$\Delta W_{ij} = -\varepsilon \cdot d_j^k V_j^{k-1} \tag{2-23}$$

其中 d_j^k 为第 k 层的误差信号。为了改善收敛特性，可采用权值更新量 DW_{ij} 的修正公式：

$$\Delta W_{ij}(t+1) = -\varepsilon \cdot d_j^k V_j^{k-1} + a\Delta W_{ij}(t) \tag{2-24}$$

即后一次的权值更新，适当考虑到上一次的权值更新值。其中 a 为动量因子。

（2）神经网络结构确定与计算

根据叶绿素的光谱特征分析，叶绿素在蓝绿光波段分别存在强吸收和弱吸收，因此 SeaWiFS 分别设置了中心波段为 443nm、490nm、510nm、555nm 的通道，这些波段可以很好地反映叶绿素的光谱特征变化。采取蓝绿光比值法能有效地提取水体中的叶绿素信息，这也是人们进行水体叶绿素浓度提取的主要依据（陈楚群等，2001）。SeaWiFS 和 MODIS 等水色传感器的叶绿素 a 反演的业务算法都是以蓝绿光谱波段的比值为基础，并在一类水体取得了很好的效果。

较复杂的函数可以用带有隐藏层的神经网络来表达，隐藏层的节点数由函数的复杂程度决定。网络需要足够的神经元去模拟函数，但过多神经元将导致训练时间的增加和过激。过激表示神经网络在训练过程中学习了正确的参数，也学习了信号噪声，使之实际应用时性能反而降低。通过实验，采用适宜神经元数模拟传递函数，训练前的相互关联的节点的权重随机产生。神经网络的训练既能采用大气顶的模拟反射率，又能采用去除大气效应后的辐亮度（李四海等，2002）。

2.3 近海海洋初级生产力评估方法

2.3.1 近海海洋初级生产力遥感反演研究

2.3.1.1 海洋初级生产力重要地位

近海海洋生态系统初级生产力就是自养生物通过光合作用或化学合成制造有机物的能力（沈国英，施并章，2002）。海洋浮游植物所进行的光合作用，约占全球绿色植物光合作用的一半。光合作用将吸收水中 CO_2 而放出 O_2，因此浮游植物初级生产力在全球碳通量变化中占有重要的地位。几乎全部由单细胞浮游植物构成的海洋光合组织虽然不到全球总植被生物量的 1%，却占全球总固碳量的40%（Field et al., 1998）。

近些年工业快速发展，释放到大气中的CO_2相应地增加。大气中CO_2浓度的增加导致了海水温度的上升和全球变暖的"温室效应"（费尊乐等，1997），它直接影响着全球气候和海平面的变化。大量的CO_2进入海洋，被浮游植物用来进行光合作用。浮游植物消耗的CO_2总量很大程度上依赖于海洋循环。海洋覆盖了地球表面约70%的面积。据计算，海洋中碳的流通量大约为$5×10^{16}g·a^{-1}$，主要是由海洋中浮游植物光合作用产生的。有一部分浮游植物产生的颗粒碳沉入海底，造成大气中的CO_2长期沉积，是全球碳量估算中的不确定来源。科学家希望能通过理解碳循环系统中物理和生物的耦合作用，最终了解海洋的变化如何影响全球CO_2系统和浮游植物的总量这两个海洋生物圈中的重要环节。利用海洋遥感技术，人们可获取重点海域海表面CO_2含量和海洋光学特性，进行全球海洋通量研究。

近海海洋浮游植物光合作用可以将海洋无机化合物转化为有机化合物。这是海洋食物链的源头，是海洋一切生命的物质基础。研究海洋初级生产力，可以了解海洋生态食物网各营养阶层的生产状况，可以评估海洋渔业资源的发展，对资源的合理开发利用也具有重要意义。

此外通过研究海洋生产力，人们还可进行大气臭氧层的研究。大气臭氧层的空洞会使海洋表面单细胞植物遭受杀伤和破坏，导致海洋生物量下降6%～12%。从观测到的生物量和海洋生产力下降的变化，可以反推大气臭氧层的变化。

总之，研究海洋初级生产力，有助于了解海区的环境质量以及海洋碳的生物地球化学循环，从而了解全球的碳循环以及气候变化，对研究厄尔尼诺现象十分重要，对海洋生态、全球碳循环研究有重要意义。

2.3.1.2 海洋初级生产力研究现状

自从放射性同位素^{14}C示踪法被用来测定浮游植物光合作用（Steemann, 1952），人们在世界范围内各离散海面点上对初级生产力进行了上千次的测量估算，不断改进与完善研究的方法。例如：有科学家提出了在光饱和条件下浮游植物光合作用速率与叶绿素浓度之间的关系模型（Ryther & Yentsch，1957）；也有科学家提出了计算海洋初级生产力的公式，并在实测初级生产力中应用（Cadee, 1975）；等等。

史密斯（Smith，1982）首次利用遥感资料计算加利福尼亚近岸水域的初级生产力，并建立了相应的初级生产力经验模型。帕森斯（Parsons）等人（1984）根据不同光照条件下光合作用速率之间的关系，推导出了初级生产力的估算模式，该模式通过海水中光的透射和浮游植物光合作用的响应关系来确定支配初级生产力的各项因子，从而使海洋初级生产力的直接测量可以用太阳辐射、海水衰减系数、水温、营养盐等参数的测量和理论计算来代替。但这种模式在实际场景下应用中具有一定的困难。也有科学家在南加利福尼亚湾利用经验算法建立叶绿素浓度、温度及日长之间的经验关系式来计算海洋初级生产力（Eppley et al., 1985）。有研究发现，较多不同复杂程度的初级生产力模型在一定海域使用时效果良好，但应用到其他海域时精度大大下降。这是因为海洋环境非常复杂，一般模型仅能解释其能量物质流动规律的一部分。

朗赫斯特（Longhurst）等人（1995）在假设海域中的叶绿素垂直均匀分布，一天中光强呈正弦函数变化分布的前提下，提出了BPM模型（bedford productivity model）。安东尼（Antoine）等人（1996）提出LPCM模型（laboratoire de physique et chimie marines model），该模型主要考虑光合作用的基本过程——光合系统对光的吸收，即光合系统每吸收1mol光子固定的碳量。贝伦费尔德（Behrenfeld）和法尔考斯基（Falkowski）（1997）认为要通过海表叶绿素浓度来精确评估每日深度积累浮游植物固碳量（PPeu），就必须仔细研究模型中的关键参数，因此收集了大量^{14}C实测数据，在此基础上建立了固碳模型——垂直归一化模型（vertically generalized production model, VGPM）。该模型把影响初级生产力的环境因子分为影响相对垂直分布部分Pz和控制生产剖面的最佳同化效率部分 P_{opt}^B。研究发现基于实地测量 P_{opt}^B 值的 VGPM 模型可以反映出79％的 Pz 变化和86％的 PPeu 变化，因此估算 PPeu 生产力的算法精度主要取决于对 P_{opt}^B 的估算水平，工作的重点在于研究 P_{opt}^B 模型在时间和空间上的变化而并非垂直变化。他们建立了最大碳固定速率和海表温度之间一个7次回归关系，通过模型计算全球年浮游植物的固碳率为每年43.5Pg。

我国对海洋初级生产力的有关研究是20世纪60年代初彭作圣等开始进行的，但因种种原因而被迫中断。20世纪80年代初，我国海洋初级生产力研究才真正进入起步阶段，特别是自1981年"西太平洋海洋生物学方法论研讨会"之后，我国海洋初级生产力的研究才逐步展开（宁修仁等，2000）。但这些研究主要集中在船测调查方面。

以往，我国科学家较少以遥感手段研究海洋初级生产力。王海黎等（2000）利用 SeaWiFS 资料首先对 VGPM 模型中真光层深度的计算进行了改进，然后利用该模型对东海进行初级生产力的估算。费尊乐等（1997）对初级生产力的生物—地理动力学问题和计算方法进行了探讨。李国胜等（2003）基于 SeaWiFS 的海洋叶绿素浓度反演结果，在东海海域分别建立了一类、二类水体的修订模式，获得了我国东海海域1998年各月叶绿素浓度的分布信息，并根据真光层深度与海水漫射衰减系数之间的关系，利用 SeaWiFS 的 K490 遥感资料反演获得了1998年各月真光层深度的分布信息，在 VGPM 模型支持下，反演了中国东海海域1998年的逐月初级生产力时空分布以及全年累积初级生产力分布状况。官文江等（2005）通过对多年的东海、黄海南部实测海洋初级生产力与环境数据的分析，采用非线性最小二乘法，得到海洋初级生产力的遥感估算模型，然后通过该模型，利用从2000年12个月的 SeaWiFS 数据反演得到叶绿素 a 浓度、透明度、辐照度数据，以及利用同期的 NOAA 数据反演得到的海表水温数据，提取出我国海区的海洋初级生产力的时空分布信息。

如果能充分发挥遥感手段的优势，对海洋初级生产力进行大空间尺度和长时间序列的观测研究，就可为海洋环境质量的评价和赤潮的监测与预报，以及渔业资源的合理开发与可持续发展、生态系统结构和功能研究等提供重要的科学基础，使该领域的研究提到一个更高的水平。

2.3.2 近海海洋初级生产力遥感反演技术

2.3.2.1 经验统计模型

经验统计模型的基础是初级生产力与叶绿素浓度的统计相关。在一定光照条件下，初级生产力和叶绿素浓度是对应的，存在线性相关关系。因此，计算初级生产力，最直接的方法就是通过分析海区初级生产力和叶绿素浓度，建立叶绿素浓度与初级生产力之间的统计相关关系，从而建立以叶绿素为表征的生物量与初级生产力之间的关系模型。

在海洋初级生产力研究初期，各国研究者在不同海域建立了许多经验公式：

$$\lg P = 1.254 + 0.728 \lg C \qquad (2\text{-}25)$$

$$P = 704 + 221C \qquad (2\text{-}26)$$

其中 P 为初级生产力，C 是海洋叶绿素浓度（$mg \cdot m^{-3}$）。

费尊乐等（1997）依据南黄海海域的调查资料，对叶绿素a与初级生产力之间的相关关系进行了研究。结果发现在叶绿素a含量高且变化梯度大的高生产力海域，表层叶绿素、真光层叶绿素积分值和初级生产力之间存在着非常显著的相关关系，表层叶绿素可以作为海域浮游植物现存量及其生产力的指标。表层叶绿素和初级生产力的相关模式如下：

$$P = 159.9 + 381.8C \qquad (2\text{-}27)$$

其中 P 为初级生产力，C 是海表层的叶绿素浓度（$mg \cdot m^{-3}$）。

这种模型的主要局限性是只对一定海域适用，精度不高，近年来已经很少使用。

2.3.2.2 生态学数理模型

生态学数理模型基本属于半经验半理论模型。光合作用受到很多因素的影响，与微生物总量（叶绿素a的浓度）有关的总光合作用强度受到许多环境变量的共同作用，例如光、水温、营养盐等，这些变量的时空异质性导致浮游植物光合作用速率在不同的海域、不同季节具有较大的差异，另外，由于光照强度随海水深度的增加而逐渐下降，海洋中浮游植物的光合作用速率呈现指数衰减的规律，从而影响着水下浮游植物的光合作用。生态学数理模型通过计算海水中光的透射和浮游植物光合作用响应，寻找出初级生产力和支配它的各项因子之间的数理关系，从而用太阳辐射、海水衰减系数、水温、营养盐等参数的测量来代替对初级生产力的直接测量，再根据这些参数的动态预测海域初级生产力的变化。

海洋光合作用受营养盐、光和参与光合作用的生物量（叶绿素a）影响。海洋中的光场受周围介质的影响很大，这些介质限制了光合有效辐射PAR的大小，因此也就限制了光合作用速率。通常，海洋初级生产力可以描述为PAR和生物量的函数，这种关系可以用P-I曲线来表达（图2-4）。其中参数 α^B 为光合作用的初始率值（或斜率），P^B 为饱和光照条件下的最大光合作用率。要根据生物光学数据精确估算海洋初级生产力，获得这些信息是很关键的。

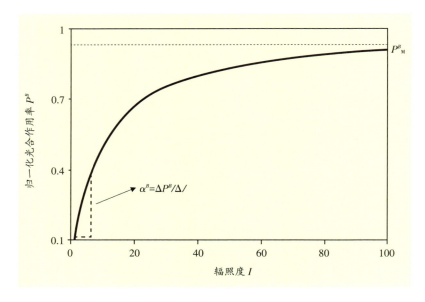

图2-4　光合作用速率曲线图

生态学数理模型通过确定海洋初级生产力、海洋环境因子及海洋叶绿素浓度的理论关系来估算海洋初级生产力，这种算法模式不仅考虑了光照、水温、营养盐等对海洋初级生产力的直接或间接影响，还考虑了叶绿素浓度、光照等在垂直剖面上的差异，因而得到的海洋初级生产力精度要比经验算法高，且有较强的生物学意义（李国胜，邵宇宾，1998）。

饱和光条件下浮游植物的光合作用速率是叶绿素浓度的函数，其经验算法模型如下（Ryther & Yentseli, 1957）：

$$P = \frac{C'Q'R}{K} \tag{2-28}$$

式中 P 为浮游植物光合作用速率；C 为叶绿素浓度；Q 为同化数，是浮游植物光合作用活性的一个指标，表示单位叶绿素在单位时间内同化的碳量；R 为决定于海面光强的相对光合作用率；K 为海水消光系数（m^{-1}）。在上述模型中，标志海洋浮游植物光合作用能力大小的重要参数——同化数，受各理化因子的影响而具有可变性，这就导致了叶绿素浓度与初级生产力之间的转换关系并非恒定的，因此，在应用中必须正确地测定调查水域的同化数。

还有其他一些初级生产力计算模型，例如，由表层叶绿素浓度和同化数来计算初级生产力的模型，根据不同光照条件下光合作用速率之间的关系推导估算初级生产力的模型。

大量初级生产力模型基本结构是相似的，几乎都可以归结为 $P = A'f(I_z^m)$ 形式，其中 $A = \dfrac{P_m^B DB}{k}$ ，这里 P_m^B 为最大光合作用速率， D 为昼长， B 为海洋叶绿素浓度， k 为海水垂直衰减系数。这些模型最大的差别在于 $f(I_z^m)$ 的形式不同。由于真光层深度 Z_{eu} 与海水垂直衰减系数 k 之间存在以下关系：

$$Z_{eu} = 4.605/k \tag{2-29}$$

因此以上基本形式中的 A 也可以表示为 $A = P_m^B DBZ_{eu}$ ，也有模型将 $P_m^B B$ 两个参数合并称为潜在生产力。

贝伦费尔德和法尔考斯基（1997）对海洋初级生产力模型进行了分析和总结，根据不同模型计算复杂程度，认为海洋初级生产力模型基本可分为四类：波长分解模型、波长整合模型、时间整合模型、深度整合模型。

海洋初级生产力模型一般都可以认为是光合作用速率、叶绿素浓度以及光照强度三者的乘积在海水深度和时间尺度两方面的双重积分结果，即各模型本质相同，只是形式不同。

2.3.2.3 基于遥感的估算模型

以遥感手段来获取模型参数的模型通称为基于遥感的估算模型。卫星遥感的大面积覆盖、资料实时获得，以及可以达到必要的精度和令人满意的空间分辨率等特点，使得它成为研究大时空尺度海洋浮游植物丰度和分布的有效手段。自从遥感技术应用于测定海面浮游植物叶绿素浓度，海洋初级生产力遥感已成为生物海洋学研究的一个重要课题（费尊乐等，1997）。最近十几年来的研究成果证实，浮游植物初级生产力的遥感算法应用于大洋水域是非常成功的。

根据海洋遥感叶绿素浓度资料计算初级生产力，最重要的是建立合适的算法模式。根据海洋水色遥感资料反演得出的浮游植物叶绿素浓度计算初级生产力公式如下：

$$P_t = F \times C \tag{2-30}$$

式中 P_t 为海洋初级生产力，F 为常数或是根据环境参数控制的可变量，C 为由海洋水色遥感资料反演得出的海洋近表层叶绿素浓度。

最简单的遥感估算海洋初级生产力模型就是经验统计模型，在研究初期，科学家曾建立了许多线性经验公式，这些公式得到了广泛应用，如研究人员利用表层叶绿素浓度计算初级生产力的经验模型：

$$\ln P_L = 0.427 + 0.475 \ln C_L \tag{2-31}$$

其中 P_L 为海洋初级生产力，C_L 为表层叶绿素浓度。

史密斯等人（1982）在加利福尼亚近岸水域对由卫星遥感反演得到的叶绿素浓度、同步船测叶绿素浓度和初级生产力实测值之间的关系进行分析研究（Smith et al., 1982），得出海洋初级生产力和遥感叶绿素浓度之间的相互关系为：

$$P = 383 + 210 C_s \tag{2-32}$$

其中，P 为初级生产力，C_s 是通过 CZCS 卫星资料反演得到并由船测资料作校正的叶绿素浓度。

也有科学家利用在南加利福尼亚湾中取得的资料，提出了根据遥感叶绿素浓度来估算海洋初级生产力的经验模型（Eppley et al., 1985）：

$$\lg P = 3 + 0.5 \lg C \tag{2-33}$$

其中，P 为初级生产力，C 是海表层的叶绿素浓度。

海洋初级生产力除了和叶绿素浓度密切相关，还和温度、光照、营养盐等多种因素有关，因此在后来的研究中，也有不少学者考虑在经验模型中增加其他相关参数，如添加海表温度和昼长因子对初级生产力的经验模型进行修正，结果为：

$$InP = 3.06 + 0.5\ln C - 0.24T + 0.25DL \qquad (2\text{-}34)$$

其中，P 为初级生产力，C 是由卫星资料反演得到的海表层的叶绿素浓度，T 是海表温度，DL 是昼长。

从以上可以看出，这些经验公式都有遥感叶绿素浓度这个参数，并且都呈线性相关或者取对数后线性相关。因此，在建立上述遥感算法模型时，必须先对研究海区的表层叶绿素浓度与海洋初级生产力进行显著性相关检验。

在不同海域内，地理环境、水文条件等差异使得海洋初级生产力与叶绿素浓度之间的关系存在差异，因此上述这些经验公式参数的差别较大。另外，不同研究者使用的遥感资料、大气校正和反演方法不同，因此得到的叶绿素浓度的差异也会导致模型的差异。

根据科学家在加利福尼亚近岸水域、日本以南海域、中国南黄海做的实测调查研究结果，只有具备高生产力的近岸水域的叶绿素浓度，才和初级生产力存在一定的相关关系。在叶绿素浓度低且分布均匀的低生产力海域，两者并不显著相关，这是由于低生产力海域的初级生产力通常由次表层叶绿素最大值决定，表层叶绿素无法反映次表层叶绿素最大值。因此，这些经验模型的精度是相当有限的，近年来已经很少使用。

除经验模型外，通过卫星遥感来获取海洋参数有很多优点，因此以遥感手段来获取生态学数理模型中的某些参数，进行相应处理后用来估算海洋初级生产力，是海洋初级生产力计算模型的主要形式，也是目前研究的热点。这样的工作也开展了很多，并取得了比较好的结果。

这类模型结合了浮游植物光合作用的生理学过程与经验关系，它们基本考虑以下因素：光谱强度的垂直分布、叶绿素的垂直分布，基本上都是根据光强分布和光限制、单位叶绿素的光合作用、光饱和条件下碳固定速率变化的经验关系，计算出海洋初级生产力。比较有代表性的模型有BPM模型、LPCM模型、VGPM（Vertically Generalized Production Model）模型等。

BPM模型是在假设叶绿素垂直均匀分布，光强一天呈正弦函数变化分布的条件下建立的。具体公式为：

$$P = BP_m^B \int_0^D \int_0^{Zeu} \left\{ 1 - \exp\left[\frac{-\alpha^B I_0^m \mathrm{Sin}\left(\frac{\pi t}{D}\right) e^{-kz}}{P_m^B} \right] \right\} \mathrm{d}z \mathrm{d}t \qquad (2\text{-}35)$$

这里 I_0^m 是晴空正午时分的太阳辐射强度（Watts · m^{-2}）。

LPCM模型用整个水柱的叶绿素浓度来代替表层叶绿素浓度，基于光合作用的基本过程计算初级生产力，即光和器官对光的吸收能力，而不是基于光合过程中的最佳速率。具体公式为：

$$P = \frac{1}{J_C} \times C_{TOT} \times E_0 \times \Psi^* \qquad (2\text{-}36)$$

虽然这些模型有相当一部分在提出时，并不是为遥感初级生产力计算而设计的，但由于模型的大部分参数能够通过遥感获取，逐渐为遥感初级生产力计算所应用。

建立了合适的海洋初级生产力计算模型后，再根据新一代海洋水色传感器所获取的海洋水色遥感资料，就可以评价海洋对全球碳循环以及其他生物地球化学循环的影响。

2.3.3　近海海洋初级生产力遥感反演VGPM模型

在初级生产力计算中把叶绿素浓度、光照周期和光学深度归一化后，所有实测资料的初级生产力垂直分布呈相同形式。因此，贝伦费尔德提出了垂直归一化生产力模型，它的表达形式为：

$$PP_{eu} = P_{opt}^{B} \times D_{irr} \times \int_{z=0}^{Z_{eu}} \frac{\left(1 - e^{\frac{-E_{max}}{E_{max}}}\right) e^{(\beta_d \times E_z)}}{\left(1 - e^{\frac{-E_{max}}{E_{max}}}\right) e^{(\beta_d \times E_{op})}} \times C_z \times dz \qquad (2\text{-}37)$$

$$E_z = E_0' e^{\left(\frac{(-\ln(0.01))}{Z_{eu}}\right) \times Z} \qquad (2\text{-}38)$$

贝伦费尔德比较模型计算的结果和实测结果后认为，模型反映了79%初级生产力的时空变化。VGPM模型中的所有重要参数都可以通过遥感手段获得，因此利用VGPM模型计算初级生产力就可以摆脱实地调查的限制，可以帮助人们及时地获得大尺度的海洋初级生产力分布信息。通过不同海域、长时期、大范围的数以千计站点的上万个实测数据的验证，VGPM模型计算精确简单可靠，可以广为利用。进一步简化VGPM模型，可以得到：

$$PP_{eu} = 0.66125 \times P_{opt}^{B} \times \frac{E_0}{E_0 + 4.1} \times Z_{eu} \times C_{opt} \times D_{irr} \qquad (2\text{-}39)$$

式中：PP_{eu} 为表层到真光层的初级生产力，P_{opt}^{B} 为水柱的最大碳固定速率。叶绿素进行光合作用主要受酶的控制，而酶的活性又主要受温度控制，因此一般认为 P_{opt}^{B} 应该是海表温度的函数，E_0 为海表面光合有效辐射（PAR）（mol quanta · m^{-2} · d^{-1}）。海洋光合有效辐射指的是被浮游植物用来进行光合作用的那部分太阳辐射（曹文熙，杨跃忠，2002），其波段一般取400~700nm，也有学者认为应取380~700nm。对PAR的度量有2种计量系统：一种是能量系统，即光合有效辐照度（W · m^{-2}）；另一种是量子系统，即光合有效量子通量密度（mol · m^{-2} · d^{-1}）。Z_{eu} 为真光层深度（m）；C_{opt} 为 P_{opt}^{B} 所在处的叶绿素浓度，可以用 C_0 或者遥感叶绿素浓度 C_{sat}（mg · m^{-3}）代替；D_{irr} 为光照周期（h），可以根据水柱处的经纬度和儒略日来计算。

VGPM模型是对大量实测结果进行分析总结建立起来的，适用范围比较广，形式简单。另外，VGPM模型中的所有参数均能直接或间接通过遥感手段得到，这样就可以克服数据局限，充分发挥遥感技术的优势，保证所有参数数据资料的同步性，进而保证初级生产力计算结果的准确性。

2.4 近海海洋固碳量遥感反演方法

2.4.1 近海海洋固碳量遥感反演现状

全球碳循环的源与汇以大气圈为参照系，以从大气中输出或向大气中输入碳为标准来确定。联合国气候变化框架公约（United Nations Framework Conventionon Climate Change，UNFCCC）将碳源定义为向大气排放温室气体、气溶胶或温室气体前体的任何过程或活动。主要碳源包括矿物燃料燃烧、土地利用变化、生物呼吸作用等。碳汇为从大气中清除温室气体、气溶胶或温室气体前体的任何过程、活动或机制，包括森林碳汇、草地碳汇、耕地碳汇和海洋碳汇，其中，近海海洋生态系统是地球上最大的碳汇。

近海海洋生态系统碳汇也被称为蓝色碳汇（简称蓝碳），指一定周期内海洋储碳的能力或容量，主要以颗粒有机碳（POC）、溶解有机碳（DOC）和溶解无机碳（DIC）等形态存在。海洋中各种形态的碳之间的循环及碳由表层到深海的传递过程由物理泵（溶解度泵）、生物泵和微型生物碳泵共同完成。目前，常见的海洋碳汇固碳方式有滨海湿地固碳、海洋生物固碳、海洋物理固碳、深海封储固碳。除了海洋水体自身是巨大的碳汇，海洋生态系统中的各类生物也在碳汇功能中起着巨大的作用，拥有海洋碳汇功能的生物类群或生态系统主要包括浮游生物、大型藻类、贝类、红树林和和珊瑚礁生态系统等。其中，盐沼、红树林和海草床等具有强大的光合作用能力和分解能力，具备很高的单位面积生产力和固碳能力，是海洋碳汇的主要贡献者。

近海海洋生态系统初级生产力是指浮游植物、底栖植物（包括定生海藻、红树和海草等高等植物）以及自养细菌等生产者通过光合作用制造有机物的能力，也称为海洋原始生产力，一般以每天（或每年）单位面积所固定的有机碳（或能量）来表示。

目前，国内外对于海洋初级生产力的计算有多种测定方法，包括叶绿素同化指数法、C示踪法、卫星遥感反演法，其中叶绿素同化指数法和卫星遥感反演法以遥感为主要手段。

2.4.2　基于叶绿素同化指数的海洋碳汇量遥感估算

该方法的原理是在一定条件下，植物细胞内叶绿素含量和光合作用产量之间存在一定的相关性，所以根据叶绿素a（Chla）含量和同化指数可计算初级生产力。主要计算原理如下：

2.4.2.1　叶绿素a含量

$$C_{\text{chla}} = 11.85E_{664} - 1.54E_{647} - 0.08E_{630} \tag{2-40}$$

$$Chla = \frac{C_{\text{chla}} \times V_{\text{丙酮}}}{V_{\text{水样}}} \tag{2-41}$$

式中，各波长的 E 值为用1cm光程比色皿经750nm波长校正后的吸光值，即上述 E 值应扣除 E_{750} 的数值，$V_{\text{丙酮}}$ 为丙酮的体积（mL），$V_{\text{水样}}$ 为过滤水样体积（L）。

2.4.2.2　同化指数

同化指数是指单位叶绿素a在单位时间内合成的有机碳量，是表征浮游植物光合作用（固碳）强度的量值，计算公式如下：

$$Q = \frac{O_1 - O_d}{h \times 10^3} \times \frac{12}{32} \times \frac{1}{Chla}$$
$$= 375 \times \frac{O_l - O_d}{h \times Chla}$$

(2-42)

式中，h 为光照时间，$Chla$ 为光照水样的叶绿素 a 浓度（$mg \cdot m^{-3}$），O_1、O_d 分别为"白"瓶和"黑"瓶中的溶解氧含量（$mg \cdot O_2 \cdot L^{-1}$）。

由于光照、水温、营养盐等理化因子的影响，浮游植物光合作用速率的同化指数在不同的海域、不同季节有较大的变化，但在同一海域相同季节变化较小。

2.4.2.3 初级生产力

$$PP = Chla \times Q \times D$$

（2-43）

式中，Chla 为海水水样叶绿素 a 浓度（$mg \cdot m^{-3}$），Q 为同化系数（$mgC \cdot mgChla^{-1} \cdot h^{-1}$），$D$ 为日光照时长。

2.4.2.4 固碳量

$$T = PP \times S \times t \times 0.01$$

（2-44）

式中，PP 为初级生产力（$mgC \cdot m^{-3} \cdot d^{-1}$），$S$ 为海域面积（km^2），t 为天数。

2.4.3 基于卫星遥感反演的海洋碳汇量估算

海洋水质遥感反演的核心是选择合适的遥感波段或组合，通过与地面实测的数据进行数学相关分析，建立相应的水质参数反演模型。通过波段敏感性分析、回归模型构建、模型检验与指标转换，估算盐田区近岸海域浮游植物固碳能力（褚艳玲等，2022）。

2.4.3.1 波段敏感性分析

利用 2013—2017 年各年 Landsat8 OLI 影像和实测数据，重点对 7 个单波段（B1、B2、B3、B4、B5、B6、B7）进行敏感性分析。分析发现 2013—2017 年

各年均为绿光波段对叶绿素a的浓度敏感相关性较高。因此，选择B3绿光波段作为叶绿素a回归模型构建的波段组合，对盐田区近岸海域水体进行叶绿素a浓度反演。

2.4.3.2　回归模型构建

将绿光波段B3作为因子，与实际测量的叶绿素a浓度分别建立线性遥感反演模型、指数遥感反演模型、多项式遥感反演模型。对比3种回归模型的决定系数大小，综合考虑模型稳定性，发现线性遥感反演模型拟合效果最佳。最终确定盐田区近岸海域水体叶绿素a浓度反演模型为：

$$C_{\text{chla}} = 102.7 \times (B3) + 0.10184 \tag{2-45}$$

其中，C_{chla} 为叶绿素a浓度（mg·m^{-3}），$B3$ 为绿光波段反射率。

2.4.3.3　模型检验

利用选择的验证点进行代数差计算，如果代数差与实测值的百分比在正负30%内，那么视为反演的误差在允许范围之内。

2.4.3.4　指标转换

利用叶绿素a、海洋初级生产力和固碳量三者的转换模型，分别估算2013—2017年各年的盐田区近岸海域初级生产力和固碳量，以评估盐田区近岸海域固碳能力。

2.5　近海海洋生态系统碳汇遥感计量展望

2.5.1　我国近海海洋生态系统碳汇遥感估算技术

近年来，在国家的战略引导和大力支持下，我国的天基温室气体监测卫星技术能力得到了显著提升，在"风云三号D星""高分五号卫星"等卫星上搭载了相关载荷，计划中的"大气一号卫星"和"大气二号卫星"等也有相关设计。尤其是2016年底"碳卫星"（TANSAT）的成功发射与运行，填补了我国在天基高光谱温室气体测量方面的技术空白，实现了我国二氧化碳监测从"看不见"到"看得见"的跨越，使我国天基温室气体监测技术得到初步发展。

同时，我国科学家积极利用温室气体监测数据开展应用研究，2017年，利用碳卫星数据发布我国首幅全球二氧化碳分布图，2020年，将全球大气二氧化碳浓度反演数据产品精度提升到1.5ppm（百万分之一），达到国际先进水平。经过多年的积累，我国科学家利用国际和国内卫星观测与地面观测数据，发现了我国近海海洋生态系统巨大的固碳能力被严重低估，以科学数据实证了我国为减缓全球气候变化做出的巨大贡献。此外，我国积极推动国际合作支持碳监测和碳核查自主目标的实现。依托地球观测组织平台，我国将碳卫星数据向全世界公开发布，为美国、日本、英国等30多个国家和地区提供了服务。在中欧合作"龙计划"的长期支持下，我国在温室气体监测方面有了较丰富的技术积累，并建立了一支优秀的人才队伍，增强了我国在碳监测、碳核查领域的国际话语权。

2.5.2　人工智能在遥感反演海洋碳汇研究中的未来发展

通过卫星遥感可以反演得到同步的近海大范围叶绿素浓度分布信息，这对于研究整个海域的浮游植物分布，进而研究海洋生态系统中初级生产力及海洋—大气系统中碳循环具有重要意义。关于近海海洋叶绿素a浓度的遥感反演已有许多经验算法（Reilly, et al., 1998）和半经验算法（Carder, et al., 1999）。对叶绿素a浓度的经验算法一般采用回归分析法来进行二次或三次多项式拟合。经验算法简单、计算时间短，可得到稳定的结果，并且不会破坏算法的适用范围，但推导出的关系仅仅对具有确定关系式时所采用的数据及统计性质相同的统计数据有效（李四海等，2002）。许多经验算法对一类水体有效，应用于二类水体就会出现问题，如对近岸水体不能识别，对叶绿素a浓度估计过高，等等。这是因为二类水体中许多因素影响被测光谱，在对其进行研究时必须考虑到多变量特征的特殊算法（李四海等，2002）。

长期以来，对近岸二类水体的水色要素（叶绿素、悬浮泥沙、黄色物质等）的反演一直是海洋光学遥感的难题（唐军武，1999），所以要正确解决二类水体反演问题，就必须把它作为一个多变量非线性的问题来对待。传统的算法在应用于二类水体时的缺陷是由传输函数本身的非线性所致。在近岸水体，由于悬浮泥沙和黄色物质的作用，水体的光学特性极为复杂（Bukata et al.，1991），用标准的线性回归无法确定非线性关系，而非线性回归需要以非线性过程的一些先验知识为基础，这些一般又是难以获得的，但神经网络正好可以突破这些限制，灵活地模拟大量的非线性过程（Cong et al.，2005）。

在计算海洋水体成分时，科学家发现了神经网络的优势，它可以获得比传统的方法更高的反演精度；有科学家认为，在利用遥感反射率数据估算海表叶绿素浓度方面，神经网络模拟非线性传输函数比SeaBAM工作组所有的经验回归和半解析算法都要精确（Keiner et al.，1999）。此外，詹海刚等（2000）应用神经网络方法对叶绿素浓度等海水成分进行分析，结果都很成功。因此，可以说神经网络是可用于二类水体海水成分反演的有效的、很有前途的方法。二类水体的特点决定了其反演模型必然是局域性质，因此进行不同区域的二类水体算法研究也尤为必要。

国内这方面的研究相对较少。在近海水体，由于悬浮泥沙和黄色物质的作用，水体的光学特性极为复杂，有好多经验算法和半经验算法用于海洋叶绿素a的浓度遥感，但对于不同的二类水体海区应用结果不理想，差异也比较明显。由于不同水域水体成分固有光学特性的差异，目前尚无普遍适用的水色要素反演模式，不同水域需要建立不同的算法（唐军武等，2005）。因此，针对我国特定的海区，利用神经网络算法进行叶绿素的卫星遥感反演算法研究很有必要。本章所述的利用 SeaWiFS 图像和同步观测数据，运用 BP 神经网络方法对大连附近海域进行叶绿素浓度反演的内容，作为报告已经发表在国际会议上（丛丕福等，2006）。

第 3 章

基于星载雷达数据的植被总初级生产力估算研究

植被总初级生产力（GPP）是指在单位时间和单位面积上，绿色植物通过光合作用所产生的全部有机物同化量，即光合总量（Lieth，1973）。GPP直接反映了植物群落在自然环境条件下的生产能力，是判定陆地生态系统碳源/汇和调节生态系统过程的主要因子（Field et al., 1998），在全球变化研究中具有重要的地位。

GPP的研究手段从传统的站点观测逐渐发展到基于遥感/地理信息系统等空间观测和分析技术的观测。利用引入遥感数据的参数模型或过程模型来估算初级生产力具有一些传统方法不具备的优势，尤其是通过遥感数据驱动的光能利用率模型，由光学卫星遥测的大范围光合有效辐射、光合有效辐射吸收比、植被指数、光能利用率等数据来估算植被初级生产力，能够反映出大范围气候变化对初级生产力的影响。这类模型可在大尺度上将卫星遥感资料与陆地初级生产力的估算结合起来，在快速更新的遥感信息的支持下，提供陆地初级生产力的季节动态变化的监测。研究表明，结合遥感数据的光能利用率模型对全球陆地的植被生产力具有重要意义（Melillo et al., 1993; Potter et al., 1993; Field et al., 1998），而美国对地观测系统（earth observing system，EOS）计划的成功实施，使得全球范围内不同区域、不同生态系统类型植被的植被初级生产力的连续获取成为可能。

MODIS 总初级生产力与年净初级生产力产品（MOD17）已经可以提供全球 1km 分辨率、8 天合成的陆地植被总初级生产力产品及年净初级生产力产品，为研究全球碳循环及生态系统评估提供了重要的参考。但是，传统的光学遥感数据驱动的 GPP/NPP 模型，在碳汇储量大的热带雨林等地区，由于受到云、雾等的影响，难以及时准确地获得高质量的图像（Frolking et al., 2011）。同时由于光学遥感信号穿透性受到限制，GPP/NPP 在高植被覆盖区域的应用存在很大不足，主要表现为植被指数的"饱和"现象（Haboudane et al., 2004；Tang et al., 2007），以及估算误差的出现。因此，如何利用"全天时、全天候"雷达遥感估算 GPP，提高 GPP 的遥感估算的连续性和准确性，对于提高人们对全球气候、水循环和能量平衡等的认识能力具有重要的意义。

本章将参考已有的基于光能利用率的原理构建的陆地 GPP 模型（主要是 MODIS-PSN 模型、GLO-PEM 模型等），研究利用星载雷达数据驱动的 GPP 估算模型。首先，利用雷达信号穿透能力强的特点，研究基于雷达数据的植被结构参数估算法，建立植被叶面积指数（LAI）的雷达反演算法。然后，融合雷达与光学数据构建新的植被指数，解决单独利用光学遥感数据反演过程中出现的植被指数饱和问题，提高 GPP 估算精度。最后，利用本研究构建的基于雷达数据的光能利用率模型进行区域尺度上 GPP 估算，并使用地面通量观测及光学 GPP 产品对估算结果进行验证，确定误差来源，从而为雷达数据驱动的 GPP 模型的业务化运行提供理论及技术支持。

3.1　基于雷达数据的GPP模型构建

本章构建的 GPP 遥感估算模型基于光能利用率原理，利用相关气象观测资料估算光合有效辐射；基于雷达机理模型及辐射传输模型进行 FPAR 的获取，收集分析气象数据的温度、水汽压等信息，参数化GPP模型的温度、水分胁迫因子的影响（图3-1）。在进行实地调查，确定植被类型的基础上，根据实测资料及历史资料，确定不同植被的最大光能利用率。同时，对于遥感反演值，利用地面实测数据及光学同类产品进行真实性验证研究。模型的准确性评估主要借助通量塔数据的连续观测及MOD17的GPP产品进行，从而实现雷达GPP模型的空间扩展和有效验证，以及对模型参数的不确定性的评估，为我国未来的雷达卫星数据应用进行先行模拟。

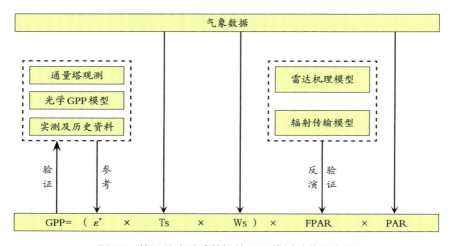

图3-1 基于雷达遥感数据的GPP模型结构示意图

注：PAR为光合有效辐射（MJ·m^{-2}），FPAR为植被层对入射光合有效辐射的吸收分量，T$_s$为温度对光能利用率的影响因子，W$_s$为水分对光能利用率的影响因子，ε^*为最大光能利用率（g·C·MJ^{-1}）。

本章所构建的GPP遥感估算模型有以下几个特点：

（1）模型充分利用了气象数据观测因子，例如日照、气温、水汽压等进行光合有效辐射及相关水分胁迫因素的计算，卫星数据与气象数据相互结合确定输入参数，实现了气象数据与遥感数据的点面扩展、时空融合，提高了模型可操作性。

（2）模型将雷达机理模型与研究区植被生长状况相结合，进行植被LAI的反演，并基于辐射传输理论计算FPAR。

（3）基于通量塔观测及其他GPP模型估算结果，对估算结果做不确定性分析，为模型应用打下基础。

3.1.1　光合有效辐射特征

3.1.1.1　光合有效辐射

太阳辐射是地球上的一切生命过程的基本能量来源，通过大气层到达地面，包括直接辐射、散射辐射、反射辐射和净辐射等。太阳辐射是地球上生命的主要能量来源，而植物光合作用只能使用0.4～0.7um波长的辐射（Asrar，1989），这类辐射称为光合有效辐射（PAR），与可见光的波长范围基本一致。植物光合过程、初级生产力和碳循环与绿色植被冠层吸收的光合有效辐射紧密相关，为地球地—气系统的能量和水分交换做出重要贡献。

$$PAR = \int_{0.4}^{0.7} I(\lambda)d\lambda \tag{3-1}$$

式中，$I(\lambda)$ 是波长为 λ 的下行波谱辐照强度（MJ·m^{-2}）。一般来讲，总太阳辐照度大约50%位于长波区域，大约40%位于可见光区域，大约10%位于波长短于可见光的区域（Liou，2002）。

在很多生态系统模型中，光合有效辐射都是最基本的输入变量，在与全球碳循环相关的生产力模型中更是如此。理论上可以通过对直射和散射光谱的积分来计算PAR，但是由于缺乏全球范围内的辐射观测网络，很难做到准确观测（Ross & Sulev, 2000），因此人们研究更多的是如何从到达地表的总太阳辐射中得到光合有效辐射的值（Nagaraja, 1984; Alados et al., 1996）。

本研究参考联合国粮农组织（Food and Agriculture Organization of the United Nations，FAO）的标准化算法，来计算每天的大气外太阳总辐射，而后通过气象日照时数得到地表的太阳总辐射，再通过比例关系得到研究区的光合有效辐射。

3.1.1.2 PAR的计算方法

（1）大气上界太阳辐射

通过太阳常数、太阳赤纬和日序（day of year, DOY），每日不同纬度大气上界太阳辐射 R_a 可由如下公式计算（Allen et al., 1998）：

$$R_a = \frac{24(60)}{\pi} G_{se} d_r \left[\omega_s \sin(\varphi)\sin(\delta) + \cos(\varphi)\cos(\delta)\sin(\omega_s) \right] \tag{3-2}$$

式中：

R_a 为大气上界辐射（MJ・m^{-2}・day^{-1}）。

G_{se} 为太阳常数 = 0.0820（MJ・m^{-2}・min^{-1}），表示大气上界太阳辐射的总量。

d_r 为大气上界相对日地距离（无量纲）。

ω_s 为太阳时角（弧度），天体时角是指某一时刻观察者子午面与天体子午面在天极处的夹角，该角从观察者子午面向西度量。

φ 为纬度（弧度）。

δ 为太阳赤纬（弧度）。

（2）陆表太阳辐射

陆表太阳辐射（一般简称太阳辐射） R_s 可通过大气上界辐射 R_a 与日照百分率 $\frac{n}{N}$ 之间的经验关系求得。

$$R_s = \left(a_s + b_s \frac{n}{N} \right) R_a \tag{3-3}$$

式中：

R_s 为陆表太阳辐射（又称陆表短波辐射）（MJ・m^{-2}・day^{-1}），

n 为实际日照时数（h），通过气象资料获得，

N 为最大日照时数（h），

n/N 为日照百分率（无量纲），

R_a 大气上界辐射（MJ·m^{-2}·day^{-1}）。

（3）光合有效辐射

$$PAR = c \times R_s \tag{3-4}$$

式中：

PAR 为陆表的光合有效辐射（MJ·m^{-2}·day^{-1}），

c 为转化系数（无量纲），

R_s 为陆表太阳辐射（又称陆表短波辐射）（MJ·m^{-2}·day^{-1}）。

在利用上述公式计算 PAR 的过程中，未知参数主要为大气上界辐射向地表辐射转化的 a_s 和 b_s 系数，以及地表辐射向光合有效辐射转化的 c。通常这些系数都是根据经验数据获取的，本研究根据相关的长期气象观测数据，获得黑河地区的数据来取值 a_s =0.353， b_s =0.543（侯光良，1993）。而对于光合有效辐射转化系数 c，在通常的植被生产力建模中根据直射辐射中约有50%的能量为 PAR 波长范围的辐射，确定转化系数约为0.5（王莉雯，2009；李世华，2007；李贵才，2004）。

3.1.2　光合有效辐射比特征

3.1.2.1 FPAR遥感估算原理

FPAR 定义了在光合有效辐射波段范围内植被所吸收的光合辐射的比例，在大量的植被生态系统生产力模型及全球气候、水文、生物地球化学模型中都是非常重要的状态变量。FPAR 通常与 LAI 存在非线性的关系（Knyazikhin et al., 1999），因此 FPAR 估算的一个重要方法就是利用 LAI 建立相关关系。

FPAR 一般可以通过辐射传输模型中的 Beer-Lambert 定律得到，从而可以将LAI与FPAR联系起来，建立下式：

$$FPAR = \left[1 - \exp\left(-K_{par}LAI\right)\right]FPAR_\infty \tag{3-5}$$

式中，K_{par} 是 PAR 的消光系数；而 $FPAR_\infty$ 是渐进值，推荐设定为 0.94（Baret & Guyot, 1991）。针对小麦样地，研究人员建立了如下公式，经过验证，其估算精度 R^2 达到 0.952，具有较高的可信性（Weigand et al., 1992）。

$$FPAR = 1 - \exp(-LAI) \tag{3-6}$$

这种方法也被众多的植被生产力模型采用，尤其是模型中含有LAI输入因子的情况下。例如在不同模型的比较研究中，就是基于辐射传输原理利用LAI通过如下公式计算FPAR（Ruimy et al., 1999）。

$$FPAR = 0.95\left[1 - \exp\left(-K_{par}LAI\right)\right] \tag{3-7}$$

式中，为了方便计算 K_{par} 值，取常数为 0.5，其对草地与针叶林等具有较强的适应性。

3.1.2.2 FPAR估算方法

本书利用雷达数据反演的LAI值得到较为准确的FPAR估算值，在研究区针对各种植被类型确定不同的消光系数 K_{par} 的值，其值的确定采用了MOD15中提供的样本数据，该数据基于三维辐射传输模型且经大量样本实测资料验证，具有较大的可靠性（Knyazikhin et al., 1999）。

表3-1　研究区各植被类型 K_{par} 值

植被类型	落叶阔叶林	常绿针叶林	高覆盖度草地	郁闭灌丛	玉米	小麦
系数	0.521	0.591	0.584	0.603	0.595	0.506
标准差	0.010	0.004	0.010	0.007	0.008	0.010
R^2	0.997	0.999	0.997	0.998	0.998	0.996

3.1.3　光能利用率分析

3.1.3.1　光能利用率的概念

光能利用率是光能利用率植被生产力模型中最关键的参数，是表征植物固定太阳能效率的指标。光能利用率用来表示植物通过光合作用将所截获/吸收的能量转化为有机干物质的效率（Monteith, 1972）。现实条件下，光能利用率受温度和水分的影响，理想条件下植被具有最大光能利用率。

植被最大光能利用率是指植被在没有任何限制的理想条件下对光合有效辐射的利用率，它是植被本身的一种生理属性，其取值因不同的植被类型而有所不同。CASA 模型认为全球植被的最大光能利用率为 0.389g・C・MJ^{-1}，并基于此得到全球 NPP 产品（Potter et al., 1993; Field et al., 1998）。但是，通常认为 CASA 模型给出的最大光能利用率的值偏低，例如彭少麟等（2000）利用 GIS 和 RS 对广东植被光能利用率进行估算时，所取的最大光能利用率为 1.25g・C・MJ^{-1}，并认为 CASA 模型值对广东植被来讲偏低。李贵才（2004）利用 CASA 模型基于 MODIS 数据计算中国区域的植被净初级生产力时发现，中国区域的净初级生产力偏低很大程度上是由最大光能利用率的取值与实际值相比偏低造成的。

王莉雯（2009）认为各种基于光能利用率的 GPP/NPP 模型在光能利用率的取值上相差很大，因此在很大程度上影响了最终模型的评估精度，在应用时需要针对具体情况作出分析，她分析了广泛应用的各种光能利用率模型（CASA,GLO-PEM,VPM 等），其最大光能利用率为 0.389~2.76g・C・MJ^{-1}。许多光能利用率模型通过取平均数的方式将最大光能利用率值定为一个不变的值，以该值作为不同类型植被 NPP 模型的统一输入参数，但是一些研究认为最大光能利用率不应是一个不变的数值，各种植被类型应该分别进行考虑（Field et al., 1995; Ruimy et al., 1994）。

光能利用率的测定方法包括：生物量调查法、光量子效率推算光能利用率、基于涡动相关技术的光能利用率估算、生产力模型估算光能利用率等。

3.1.3.2 光能利用率的确定

本研究光能利用率的确定主要依据以下结果：MODIS 使用的 biome-BGC 模型对全球植被的模拟结果（Heinsch et al., 2003），朱文泉等（2006）对中国地区最大光能利用率的模拟结果，王莉雯等（2009）对接近黑河流域的青海地区根据实测数据的拟合值。尽管这些模型的光能利用率值都分别考虑了各种植被，并以实测及模拟数据进行验证，但是其值差别较大（表3-2）。

因为本研究主要考虑计算GPP值，而朱文泉、王莉雯等人在其研究中主要计算NPP结果的设定值，GPP与NPP两者有较大的不同（Goetz & Prince, 1999；Goetz et al., 1999；Prince & Goward, 1995）。同时为了方便与MODIS产品比较，本研究使用了MOD17GPP模型中的最大光能利用率的值进行计算，并以实测数据进行验证。

表3-2　研究区各植被类型最大光能利用率 ε_{max} 的估算结果

植被类型	MODIS 等模拟值 （g · C · MJ^{-1}）	朱文泉等模拟值 （g · C · MJ^{-1}）	王莉雯等模拟值 （g · C · MJ^{-1}）
落叶阔叶林	1.044	0.692	0.908
常绿针叶林	1.008	0.389	0.645
高覆盖度草地	0.680	0.542	0.312
郁闭灌丛	0.888	0.429	0.538
农作物	0.680	0.542	—

3.1.4　环境胁迫因子特征

研究认为在理想条件下植被具有最大光能利用率，而在现实条件下的最大光能利用率主要受温度和水分的影响，目前常见的光能利用率模型基本会考虑这两个影响因子。

3.1.4.1　温度对光能利用率的影响

温度通过直接影响植物的光合作用、呼吸作用以及枯枝落叶的分解来影响GPP/NPP。温度对光合作用系统的影响包括两个方面：一是影响光合作用过程中的生物化学反应；二是影响叶片与大气之间的 CO_2 和水汽交换，也即对光合作用的物理过程产生影响（李世华，2007）。每种植物都需要在一定的温度条件下才能进行光合作用，并有其最低、最适合以及最高的温度（Larcher，1975）。当环境温度在短时间内偏离最适温度时，光合作用活性会降低，但当恢复到最适温度后，光合速率又恢复到最大值，光合速率与叶温多呈抛物线型关系。

兰德森（Randerson）等指出温度上升所导致的生长季的提前是北半球植被年NPP增加的主要原因，表明生长季温度的上升对于植被生长是有利的，能够增加植被碳汇（1999）。在秋季，植被衰老期的推迟是植被碳汇损失的一个重要原因，这表明温度的升高在植被生长的不同时间对植被生产力的影响是不同的（Piao et al.，2008）。研究表明，全球变化带来的极端温度上升会导致森林生产力的降低，而温度升高是造成全球植被净初级生产力减少的重要原因（Ciais et al.，2005; Zhao et al.，2010）。另外，梅利洛（Melillo）等认为温度对生产力的影响在不同地区不一样，温带和寒带的生态系统主要受温度的影响，温度的增加导致生产力增加，而热带地区生态系统对温度并不敏感（1993）。

从上述研究可以发现，当植物长时间处于偏离最适温度环境时，植物会适应环境温度的变化，使光合作用最适温度发生变化，但不同植物对环境温度的适应程度不同。高温环境可以使光合最适温度提高，低温环境会使光合最适温度降低，这就使得在不同的生长季节，随着温度的季节变化，植物进行光合作用的最适温度也会发生变化（Battaglia et al.，1996）。温度对光合作用的影响通常可以通过讨论光合作用模型中的关键参数来体现。温度对光合作用和光能利用率的影响模型通常以光合作用的最低温度（T_{min}）、最适温度（T_{opt}）和最高温度（T_{max}）为基础来建立。

本书采用陆地生态模型（terrestrial ecosystem model，TEM）中的方法来计算 T_s，这种方法被众多的植被生产力模型采用，成为计算温度胁迫的一种重要方法（Yuan et al.，2007；李世华，2007；王莉雯，2009）。

$$T_s = \frac{(T - T_{min})(T - T_{max})}{(T - T_{min})(T - T_{max}) - (T - T_{opt})^2} \quad (3-8)$$

式中，T 为大气温度（℃），T_{min}、T_{opt} 和 T_{max} 分别为光合作用的最低、最适合以及最高温度。如果大气温度低于 T_{min} 或高于 T_{max}，将 T_s 定为 0。在本研究中，T_{min} 和 T_{max} 分别被定为 0℃和 36℃（Yuan et al.，2007）。同时，假设植物已经适应了其所生长的环境温度，T_{opt} 可定为生长季的长期平均温度。

3.1.4.2 水分对光能利用率的影响

水分是光合作用的原料之一，水分缺乏会使光合速率下降，水分对光合作用的影响是间接的。土壤中的水分变化影响叶片含水量，从而影响叶片水势。水分胁迫可通过增加 CO_2 气孔传导阻力和降低与光合作用有关的生化过程的效率，使光合速率大大降低（Boyer，1976）。水分通过多个过程影响到 GPP/NPP，水分胁迫导致叶面积衰减、光饱和点降低、气孔关闭，蒸腾作用和光合作用强度显著下降，在防止叶子失水的同时也减少了干物质积累。不同植物种类表现出不同的适应特点，实验表明，不同植物生长对水分胁迫的敏感性不同，例如：玉米较高粱敏感，茄子和豇豆比前两者更为敏感，叶片在相对湿度较低的白天中午生长缓慢，甚至收缩（荆家海，肖庆德，1987）。

在植被生产力模型中，经常使用水汽饱和亏（vapor pressure deficit，VPD）作为参与变量来构建相应的计算函数（Running et al., 1999；Sims et al., 2008）。水汽饱和亏代表植被在大气中的蒸发需求量，水汽饱和亏的动态变化是表征叶片和冠层水分含量的主要因素，是植被蒸散的主要驱动力，与植被的蒸发及生物量密切相关，通过平均温度及水汽压等气象数据容易获取（Campbell & Norman, 1998）。因此，本研究主要采用这种方法计算水分胁迫因子，参考MODIS/PSN模型算法针对不同植被的特点给出其VPD的范围，饱和水汽压通常通过温度获取，传统的经验性的饱和水汽压通常通过Tetens方程获得（Buck，1981）：

$$e_s(T) = a \exp\left(\frac{bT}{T+c}\right) \tag{3-9}$$

$$D = e_s(T) - e_a \tag{3-10}$$

式中，T 为摄氏温度，a、b、c 为最优化参数，通常设置为 $a=0.611\text{kPa}$，$b=17.502$，$c=240.97℃$，D 为VPD，T 与 D 都可以通过气象数据获得。

表3-3　研究区各植被类型水汽饱和亏（VPD）参数值

植被类型	阔叶林	针叶林	草地	郁闭灌丛	玉米	小麦
VPD_max（Pa）	2500	2500	3500	3100	4100	4100
VPD_min（Pa）	650	650	650	650	650	650

表注：参考MOD17GPP算法，当VPD达到最大时，水分胁迫系数为0；当VPD达到最小时，水分胁迫为1（Heinsch et al., 2003）。

3.2 实验分析与数据处理

3.2.1 研究区概况

3.2.1.1 黑河流域

黑河流域位于欧亚大陆中部，是我国第二大内陆河流域，面积约有14.3万平方千米，位于37°41'N～42°42'N，97°24'E～102°10'E，该流域主要受中高纬度的西风带环流控制和极地冷气团影响，气候干燥，降水稀少而集中，多大风，日照充足，太阳辐射强烈，昼夜温差大。该地区具有全球独特的以水为纽带的"冰雪／冻土—森林—河流—湖泊—绿洲—荒漠"多元自然景观，从河流的源头到尾闾顺次分布着高山冰雪带、草原森林带、平原绿洲带和戈壁荒漠带等自然地理单元，是在流域尺度上开展寒区、干旱区水文和生态等陆面过程研究的理想场所（李新等，2008）。

黑河流域气候具有明显的东西差异和南北差异。南部祁连山区，降水量由东向西递减，雪线高度由东向西逐渐升高。中部走廊平原区，降水量由东部的250mm向西部递减为50mm以下，蒸发量则由东向西递增，自2000mm以下增至4000mm以上。南部祁连山区，海拔达2600～3200m，年平均气温为−2.0℃～1.5℃，年降水量在200mm以上，最高达700mm，相对湿度约为60%，蒸发量约为700mm；海拔1600～2300m的地区，气候冷凉，是农业向牧业的过渡地带。中部走廊平原，光热资源丰富，年平均气温为2.8℃～7.6℃，日照时间长达3000～4000小时，是发展农业的理想地区。南部山区海拔每升高100m，降水量增加15.5～16.4mm；平原区海拔每增加100m，降水量增加3.5～4.8mm，蒸发量减小25～32mm。该地区植被类型丰富，包括阔叶林、针叶林、多种栽培作物（玉米、小麦等）、灌丛、草原草甸等（陈正华，2006）。

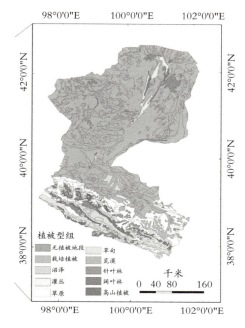

图3-2　黑河研究区及植被类型分布图

2007年9月及2008年5月至7月，在《国家重点基础研究发展计划（973计划）》项目"陆表生态环境要素主被动遥感协同反演理论与方法"的支持下，课题组在流域中游干旱试验区（张掖地区）进行了野外试验，测量了小麦、玉米等农作物及杨树、沙枣树等人工林树种的相关生理参数。本书主要以该数据及黑河综合遥感联合试验获得的其他数据开展相关研究。

3.2.1.2　河北怀来

怀来研究区位于河北省怀来县东花园镇，中国科学院遥感应用研究所怀来试验场（40°21'N，115°45'E）距离北京约80km。研究区内试验场配置了各类地面试验遥感设施和平台，便于开展各类地面和近地面遥感试验，为遥感模型建立、地空数据反演、尺度效应研究、遥感有效性检验等科研工作提供基础的实验数据和技术支撑。试验场位于官厅水库南侧，南北环山，局地气候明显，夏季多云雾天气，属于温带气候，平均年降水量为507.7mm，年平均温度为13℃。

官厅水库试验站一侧以种植一季玉米为主，而北侧则主要是以大片果园（葡萄园、桃树、梨树、杏树等）为主。2010年5—7月，课题组对于该地区的玉米开展了光学微波联合试验，获取多种地面观测数据、多尺度的卫星同步数据，为生态环境遥感主被动、光学微波协同定量遥感建模、反演、验证和示范应用提供有效的数据支持。

3.2.2　地面数据获取及处理

3.2.2.1 样区实测

在星地同步实验中，首先要根据定制的遥感影像覆盖范围划定大致的实验区域。在实验区内选择合适的样区进行叶片样品的采集和生理生化参数的测量。选择样区需要遵循以下几点：样区植被类型均一，尽量避免多种植被类型混合；样区需要达到一定的面积，通常以3倍遥感卫星影像图像空间分辨率为标准。

实验样区需记录的数据主要包括：采样时间和地点（周边环境描述）、样区编号、样区角点坐标（手持GPS完成）、样区植被类型等，同时进行叶片采集，选择代表性植株，对每植株分上、中、下三层进行叶片采集，将采集到的叶片装入不同的保鲜袋，贴好标签后迅速放到装有冰块的保温桶内低温保鲜，供实验室进行相关参数的测定（董晶晶，2009）。

（1）LAI的测量

LAI测量采用LAI-2000植物冠层分析仪（Li-Cor Inc., Lincoln，Nebraska，USA），利用在冠层之上和冠层之下的5个角度的太阳漫辐射的测量来估算有效LAI。LAI-2000并不需要利用太阳的直接辐射，所以不必等晴天或一定的太阳高度角度才工作，可以在多种天气条件下测量，最理想的天气是阴天，在太阳直接辐射较弱时进行。在具体的采样过程中，选取某一采样区内随机分布的三个点，利用LAI-2000分别测量其叶面积指数，取其平均值代表这一采样区内的叶面积指数。对于行播农作物（小麦、玉米），在利用LAI-2000进行具体采样测量时，一次的测量位置为冠层之上，四次测量位置为冠层之下，且这四次位置分别位于五米（或小麦）行上，离行1/4处、离行1/2处、离行3/4处，这样测量得到的数值能比较好地表征行播作物的LAI。

森林叶面积指数的测量通过LAI-2000冠层分析仪与相机拍照GLA软件处理两种方式进行（图3-3），也有研究认为，森林LAI的观测应该结合使用LAI-2000与TRAC进行，这样可以量化森林冠层叶片非均一分布带来的影响。但是由于TRAC仪器的限制，研究团队只是利用LAI-2000进行了测量，同时为了避免假设冠层叶片均匀分布带来的影响，在实验中使用拍照的方式来进行修正与验证。LAI-2000在测量时除了提供叶面积指数参数，还给出了平均叶倾角分布（leaf area density，LAD），供研究时参考。

图3-3 叶面积指数实地测量照片

（2）叶片叶绿素含量的测定

在野外可以使用SPAD-502（Konic Minolt，Japan）直接测量叶片叶绿素含量，可同时进行叶片采样（图3-4）。每个样区选择三个样点，每个样点取植被上、中、下不同高度的三个叶片进行叶片样本的采集后，利用SPAD测定叶绿素。SPAD-502是一种对植物无破坏性的叶绿素含量测量仪，通过测定植物叶子在两个波长区（蓝光400～500nm和红光600～700nm）的吸收率来确定叶子叶绿素的相对含量，该方法的优势在于简单快速，对被测植株无损害（袁金国，2008）。

图3-4　使用SPAD-502测量叶片叶绿素含量

（3）叶片含水量的测量

含水量是植物生理状态的一个指标，利用水遇热蒸发为水蒸气的原理，可用加热烘干法来测定植物组织中的含水量。植物组织含水量常用鲜重百分含量表示。叶片含水量（lear water content, LWC）的测定需要使用电子秤测得叶片自然鲜重（Wf），然后进行半小时85℃高温杀青、24小时60℃持续烘干，测得叶片干重（Wd）（图3-5）。叶片含水量的计算公式如下：

$$叶片含水量（\%）= \frac{Wf - Wd}{Wf} \times 100 \qquad (3\text{-}11)$$

图3-5　叶片含水量测量

（4）胸径、高度、密度的测量

对于农作物及人工林，高度、密度、胸径是植被机理模型重要的输入参数，对于农作物，根据1m×1m范围内植株的棵数得到密度，胸径、高度等参数则通过皮尺直接测量得到（图3-6）。

树高、密度、胸径是森林普查的重要参数，对于衡量森林的蓄积量及生产力必不可缺。研究团队使用适用于城区树木高度测量的测高测距仪进行测量，在一片人工林中，通过测量5～10棵树木得到树木的平均高度，通过测量典型区域10m×10m范围内的树木棵数得到密度，通过皮尺测量得到胸径。

图3-6　玉米高度、树胸径等参数的测量

（5）通量数据

研究团队使用通量数据作为模型的主要验证数据，在黑河流域共获得关滩森林站（38°32'N，100°15'E，2835m）和绿洲作物站（38°51'N，100°25'E，1519m）两个站的通量观测资料。所有10Hz的原始数据均通过数据采集器CR5000（Model CR5000，Campbell Scientific）记录并储存，同时记录并储存的还有以30min为间隔的CO_2通量数据的平均值。为了配合CO_2通量观测，辅以CO_2浓度廓线系统以及常规气象要素系统，其中常规气象要素主要包括辐射、温度、湿度等。

生态系统通过光合作用吸收大气CO_2而通过呼吸作用释放CO_2，光合作用和呼吸作用之间的平衡决定了该生态系统是碳源还是碳汇。生态系统呼吸包括自养呼吸（植被呼吸）和异养呼吸（土壤呼吸），NEE可通过CO_2湍流通量计算得到，而夜间的NEE通常被认为是生态系统呼吸（ecosystem respiration，Re），与温度密切相关。温度是一个影响呼吸作用的重要环境因素，两者通常呈指数相关关系。通过夜间的NEE与温度的关系，就可以估算白天的Re，从而估算GPP（Lee et al., 2004; Sims et al., 2006）。在探索夜间NEE与温度的相关关系中，我们选择以夜间22点到凌晨3点时间段内的数据建立关系，考虑到NEE与温度的关系受风速影响，只选择了摩擦风速大于$0.2m \cdot s^{-1}$的NEE数据。我们分别计算了绿洲站与关滩站在植被生长期的夜间NEE-T的关系（图3-7、图3-8），从而进行白天Re的估算，得到GPP的值。

$$GPP = Re - NEE \tag{3-12}$$

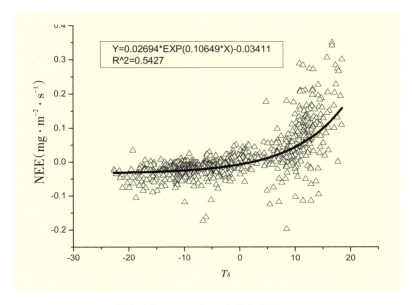

图3-7　关滩森林站夜间NEE与温度的相关关系（$u^* > 0.2$m/s）

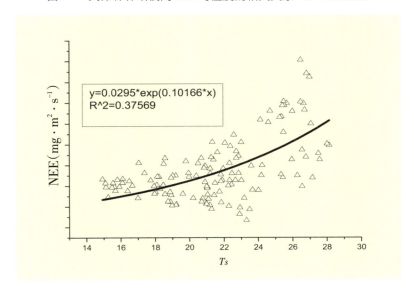

图3-8　盈科绿洲站夜间NEE与温度的相关关系（$u^* > 0.2$m/s）

3.2.2.2 气象数据

模型需要多个气象参数的输入，气象数据源自国家气象中心。将站点数据经KRIGING插值为空间栅格数据，然后赋予投影信息，进行投影转换，并使其投影参数与遥感数据保持一致。在本研究中，共获得黑河流域19个业务站的气象观测资料（图3-9）。气象要素包括这些站点的平均气温（0.1℃）、降水量（0.1mm）、平均空气相对湿度（%）、日照时数（0.1h）、气压（0.1hpa）、平均风速（0.1m·s^{-1}）。

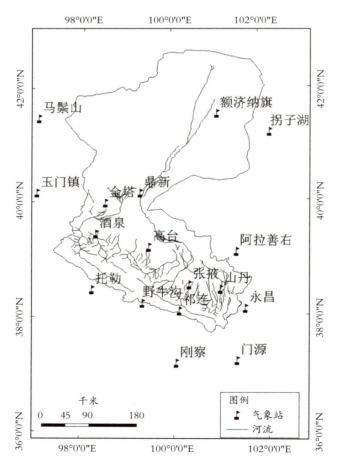

图3-9 研究区流域气象站分布

3.2.2.3 植被分类数据

植被分类数据直接使用项目提供的《黑河流域1:100万植被数据集》中的内容，该数据集包含一个植被图层，数据源是由中国科学院中国植被图编辑委员会编纂的《1:1,000,000中国植被图集》。该数据集中的植被属性包括：植被群系编号、新编号、植被群系和亚群系、植被型编号、植被型、植被型组编号、植被型组、植被大类，以及相应的英文属性信息。本研究从模型角度出发，针对黑河流域的主要植被类型进行建模。在此过程中，参考了MODIS-NPP产品中应用的马里兰大学的土地分类产品。

3.2.3 遥感数据获取及预处理

3.2.3.1 雷达遥感数据

（1）ENVISAT/ASAR

ENVISAT属于极轨对地观测卫星系列，于2002年3月1日发射升空。星上载有10种探测设备，所载最大设备是先进的合成孔径雷达（ASAR），ASAR能进行波段（5.3GHz）成像，可生成海洋、海岸、极地冰冠和陆地的高质量图像（ESA 2007）。ENVISAT卫星ASAR传感器共有5种工作模式，其特性如表3-4所示。

表3-4　ENVISAT卫星ASAR传感器的5种工作模式及其特性

模式	图像模式	交替极化模式	宽幅模式	全球监测模式	波模式
极化方式	VV或HH	VV/HH或VV/VH或HH/HV	VV或HH	VV或HH	VV或HH
幅宽（km）	58～110	58～110	405	405	5

模式	图像模式	交替极化模式	宽幅模式	全球监测模式	波模式
分辨率（方位向×距离向，m）	28×28	29×30	150×150	950×980	28×30
入射角（°）	15～45	15～45	—	—	—

本研究中使用的均为交替极化（alternating polarisation, AP）模式数据，主要覆盖绿洲地区，均为Level1B产品，具有两种极化方式，可以通过不同极化方式进行差异化的比较，相关参数如表3-5所示。

使用BEST（Basic ENVISAT SAR Toolbox）软件（ESA 2008）对影像进行辐射校正，得到其后向散射系数 σ^0。在使用BEST软件进行辐射校正时，首先需要进行头文件分析，确定ASAR数据的模式，进而提取完全分辨率，分别得到经过不同极化方式处理的数据，然后将幅度图像转化为强度图像，再通过软件自带的最新的定标系数，定标生成后向散射系数图像。在进行几何校正时，根据ASAR数据自带的几何控制点进行粗校正，在此基础上，以试验区地球探测试验卫星（Système Probatoired d'Observation de la Terre, SPOT）光学影像（分辨率2.5m）为底图，进行几何精校正。考虑到研究区多为绿洲平原地区，采用拟合二次多项式纠正，几何校正误差控制在1个像元之内。在完成上述辐射校正、几何校正后，对ASAR影像进行滤波处理，基于地物的均一性考虑，采用Lee增强滤波处理（3×3窗口），得到经过处理的强度图（Lee，1980）。

表3-5　研究中使用的ENVISAT/ASAR数据相关参数

成像时间	极化方式	入射角	分辨率（m）	像元大小（m²）
2008-6-19	VV/VH	AP/IS6（39.1°～42.8°）	30	12.5×12.5

成像时间	极化方式	入射角	分辨率（m）	像元大小（m²）
2008-6-25	HH/HV	AP/IS3 （26.0°～31.4°）	30	12.5×12.5
2008-6-28	HH/HV	AP/IS1 （15.0°～22.9°）	30	12.5×12.5
2008-7-5	VV/VH	AP/IS7 （42.5°～45.2°）	30	12.5×12.5
2007-9-17	HH/VV	AP/IS3 （26.0°～31.4°）	30	12.5×12.5

（2）RADARSAT-2

RADARSAT-2卫星于2007年12月14日在哈萨克斯坦的拜科努尔航天发射基地成功发射。作为RADARSAT-1的后续星，RADARSAT-2除延续了RADARSAT-1的拍摄能力和成像模式外，还增加了3m分辨率超精细模式和8m全极化模式，并且可以根据指令在左视和右视之间切换，由此不仅缩短了重访周期，还增加了立体成像的能力。此外，RADARSAT-2也运行于C波段（5.3GHz），可以提供11种波束模式及大容量的固态记录仪等，并将用户提交编程的时限缩短到4～12小时。RADARSAT-1号和RADARSAT-2号双星互补，加上雷达主动成像特点，可以在一定程度上缓解卫星数据源不足的情况，并推动雷达数据在国内各个领域的广泛应用和发展。

试验所用RADASAT-2数据成像时间为2010年7月，为河北怀来试验区数据，相关参数如表3-6所示。

表3-6 研究中使用的RADARSAT-2数据相关参数

成像时间	极化方式	入射角	分辨率（m）	像元大小（m²）
2010-7-25	全极化	37°	5.2×7.6	5×5

使用 PolSARpro（Polarimetric SAR Data Processing and Educational Tool）（Lee & Pottier, 2009）对影像进行辐射校正，该软件专门处理单视复数影像（single look complex, SLC）的图像数据，得到其后向散射系数 σ^0。在使用 PolSAPpro 进行处理时，首先针对图像的模式正确导入，进行完全分辨率的提取，得到 C4 矩阵，其中 C11、C22、C33、C44 分别对应 HH、HV、VH、VV 极化强度数据，之后将其转化为后向散射系数图像。在进行几何校正时，首先根据 RADARSAT-2 自带的几何控制点进行粗校正，在此基础上以试验区 SPOT 光学影像（分辨率 2.5m）为底图，采用拟合二次多项式纠正对其进行几何精校正，其校正误差控制在 1 个像元之内。考虑到研究使用的 RADARSAT-2 具有较高的分辨率，选用了 Boxcar 滤波方法进行去噪声处理（3×3 窗口），从而使空间分辨率尽量与原图像一致。

（3）ALOS/PALSAR

日本的先进陆地观测卫星（Advanced Land Observing Satellite，ALOS）是继日本地球资源 1 号卫星（JERS-1）和先进地球观测卫星（ADEOS）之后研制的卫星。ALOS 增强了陆地观测技术，可用于制图、区域观测、灾害监测和资源调查。相阵型 L-波段合成孔径雷达（the phased array type L-band synthetic aperture radar，PALSAR）是其中的雷达传感器，频率设置为 L 波段（1.27GHz），与 JERS-1 的合成孔径雷达相比，性能更高。PALSAR 的细分辨率模式是其常规模式，另外还有一种扫描合成孔径雷达（ScanSAR）模式，可获取宽度达到 250～350km 的合成孔径雷达图像，表 3-7 列出了 PALSAR 的相关模式及技术指标。

表 3-7　研究中使用的 ALOS/PALSAR 卫星传感器的工作模式及技术指标

模式	Fine		ScanSAR	Polarimetric
极化方式	HH 或 VV	HH+HV 或 VV+VH	HH 或 VV	HH+HV+VH+VV

模式	Fine		ScanSAR	Polarimetric
幅宽（km）	40～70	40～70	250～350	20～65
距离分辨率（m）	7～44	14～88	100	24～89
入射角（°）	8～60	8～60	18～43	8～30

研究使用了一景 ALOS/PALSAR 数据，主要覆盖黑河中游绿洲地区，成像时间为 2008 年 6 月 27 日，相关参数如表 3-8 所示。

表3-8　研究中使用的 ALOS/PALSAR 数据相关参数

成像时间	极化方式	入射角	分辨率（m）	像元大小（m²）
2008-6-27	L（HH/HV）	34.3°	30	30×30

因为没有适当的开源软件处理 PALSAR 数据，研究采用中国林业科学研究院研制的 SARINFORS 软件（田昕，2004）进行辐射校正处理，同时采用与处理 ASAR 数据相同的方法进行几何校正、滤波处理。

3.2.3.2　光学遥感数据

（1）环境与灾害监测预报小卫星星座（HJ-1）

环境与灾害监测预报小卫星星座是我国第一个专门用于环境与灾害监测预报的小卫星星座，也是我国第一个多星多载荷民用对地观测系统。HJ-1 由 2 颗光学小卫星（HJ-1A、HJ-1B）和 1 颗合成孔径雷达小卫星（HJ-1C）构成。HJ-1A 光学星有效载荷为 2 台宽覆盖多光谱相机和 1 台超光谱成像仪，HJ-1B 光学星有效载荷为 2 台宽覆盖多光谱相机和 1 台红外相机，HJ-1C 有效载荷为合成孔径雷达。

HJ-1 的重访观测周期为：宽覆盖多光谱相机 48 小时；红外相机 96 小时；超

光谱成像仪 96 小时；合成孔径雷达 96 小时。HJ-1 及 CCD 传感器分辨率为 30m，波谱范围为：0.43～0.52nm；0.52～0.60nm；0.63～0.69nm；0.76～0.9nm。其基本数据处理过程包括辐射校正、大气校正和几何校正三个部分。对于辐射定标，通过使用元数据中定标系数将图像转化为辐亮度图像。

大气校正可以通过遥感图像处理平台（the Enviroment for Visualizing Images, ENVI）光谱超立方体的快速视线大气分析（Fast Line-of-sight Atmospheric Analysis of Spectral Hypercubes, FLAASH）校正模块进行（Beck, 2003）。FLAASH 是一个从高光谱亮度影像提取波谱反射率的大气校正模拟工具，利用它可以精确地弥补大气效应。FLAASH 嵌入了 MORTRAN4 辐射传输代码，可以为影像选择标准 MORTRAN 模型的大气和气溶胶类型进行大气校正。FLAASH 不仅能够进行邻近像元校正，还能够计算影像的平均能见度，并采用先进技术处理一些大气条件，如云、卷云和不透光云的分类图，同时进行波谱平滑处理。FLAASH 可对高光谱传感器（如 HyMap、AVIRIS、HYDICE、HYPERION 和 CASI 等）和多光谱传感器（如 Landsat、SPOT、ASTER 等）数据进行校正。如果影像包含合适波长位置的波段研究，也可以提取水汽和气溶胶。而且，FLAASH 能校正垂直（天底点）和倾斜观测条件获取的影像（袁金国，牛铮，2009）。

在研究中使用河北怀来试验区的 2010 年 7 月 20 日的 HJ-1A/CCD 数据，主要探讨光学与雷达数据对植被的信号响应差异，研究原理性融合反演算法。

（2）高光谱传感器（Hyperion）

NASA 于 2000 年 11 月发射了地球观测卫星 EO-1（Earth Observing-1），高光谱传感器（Hyperion）是搭载在 EO-1 卫星上的 3 个仪器之一，另 2 个是高级陆地成像仪（Advanced Land Imager, ALI）和线性标准成像光谱阵列大气校正器（Linear Etalon Imaging Spectrometer Array, LEISA; Atmospheric Corrector, LAC）。EO-1 是 NASA 为接替 Landsat-7 而研制的新型地球观测卫星，提供新类

型的地球观测数据，356～2578nm范围共有242个光谱波段，空间分辨率为30m，波段宽度为10nm。其轨道与太阳同步，轨道高度为705km，通过赤道时的当地时间与Landsat-7仅相差1分钟，重访周期为16天，扫描宽度大约为7.7km。Hyperion是第一个星载高光谱仪器，以推扫方式获取可见近红外（VNIR，波段1～70）和短波红外（SWIR，波段71～240）的光谱数据。Hyperion也支持对ALI和LAC的详细评价以及与Landsant-7 ETM+的交叉对比。

研究区所用的Hyperion数据是黑河流域甘肃张掖地区的Hyperion高光谱数据，数据成像时间为2007年9月10日上午11:46，影像范围为38°28'33.96"N～39°23'35.80"N，100°17'34.79"E～100°39'35.05"E。其主要目的是与同时期的ENVISAT/ASAR影像相互配合研究LAI反演的融合算法。数据的处理过程包括辐射定标、大气校正、几何校正等几个部分。辐射定标是将原有的DN值数据转换为具有实际物理意义的辐亮度。可见光/近红外波段（第8～57）的放大因子为40，短波红外波段（第77～224）的放大因子为80。

研究区Hyperion影像的大气校正利用FLAASH大气校正模块进行。以研究区SPOT影像为参考，对Hyperion影像进行几何校正，选择40个地面控制点（GCP），采用二次多项式进行校正，重采样方法为最近邻点法，几何校正总RMSE为0.95（袁金国，2008）。

（3）中分辨率成像光谱（MODIS）

中分辨率成像光谱仪（moderate-resolution imaging spectroradiometer, MODIS）是搭载在大地卫星（Terra）和水卫星（Aqua）上的一个重要的传感器，其地面重访周期为16天。MODIS是卫星上唯一将实时观测数据通过x波段向全世界直接广播，可以免费提供数据的星载仪器，全球许多国家和地区都在接收和使用MODIS数据。其地面分辨率为250m、500m和1000m，扫描宽度为2330km。MODIS有36个离散光谱波段，光谱范围宽，从0.4μm（可见光）到14.4μm（热红外）全光谱覆盖。Terra和Aqua卫星都是太阳同步极轨卫星，

Terra 在地方时上午过境，Aqua 在地方时下午过境。Terra 与 Aqua 上的 MODIS 数据在时间更新频率上相配合，加上晚间过境数据，对于接收 MODIS 数据的研究者来说，每天最少可以得到 2 次白天和 2 次黑夜更新的数据。

MODIS 成像面积大，利于获取宏观同步信息，实时性强，成本低，不受地域条件限制，数据更新频率较高。同时，MODIS 提供了标准数据产品及相应的算法说明，对实时地球观测、森林和草原火灾监测和环境污染监测等研究有很大的价值。

本研究数据包括黑河流域研究区 2008 年 MOD15 产品及 MOD17 的 8 天合成 GPP 产品。MODIS 数据使用 SIN 投影，可以利用 MODIS 投影转换工具进行投影转换，转化为 GeoTIFF 文件，UTM 投影，同时根据研究区的经纬度裁切原始影像，得到研究区影像。

3.3 雷达估算植被叶面积指数研究

叶面积指数通常定义为单位面积地面上的叶片投影面积，是表征植被冠层结构最基本的参量。及时、准确地获取叶面积指数，有助于监测植被的生长状态和预测作物产量，改善农作物田间管理，提高森林蓄积量的估算精度。因此，在农业、生态及气象应用中发挥重要作用（Darvishzadeh et al., 2008）。

叶面积指数可通过收获法以及异速生长回归模型直接观测估计，或利用基于冠层辐射传输模型的观测仪器直接获得。这些方法不但费力，而且很难在较大的时间和空间范围开展，因此遥感技术基于其简单快速的特点，成为实时获取大范围叶面积指数的唯一手段（Chen & Cihlar, 1996）。传统的遥感方法主要基于光学遥感数据估算植被的叶面积指数，例如利用植被指数相关的统计方法，冠层辐射传输相关的模型方法及神经网络、回归树等混合方法（Liang,

2002）。但是光学遥感方法受手段、天气条件及光学信号的影响，其应用受到限制。因此，如何借助雷达遥感"全天时全天候"及主动成像的特点，研究雷达估算植被叶面积指数的方法，成为遥感工作的一大挑战。

本节基于相关雷达卫星数据及地面试验获得的农作物、人工林等参数，进行植被叶面积指数的反演研究。研究主要利用经验模型法、机理模型法进行，同时对各种方法进行比较验证，从而达到准确估算植被叶面积指数的目的。LAI反演结果的好坏将与植被生产力的估算紧密相关，因此本节中基于星载雷达数据的植被叶面积指数的反演是估算植被生产力的重要内容。

3.3.1　经验关系法

3.3.1.1 ENVISAT/ASAR估算人工林叶面积指数研究

经验关系方法就是建立不同植被类型雷达后向散射系数与实测的、有限的LAI之间的统计关系，从而估算大区域尺度上的LAI。光学遥感的研究往往利用植被指数，如比值指数（simple ration index, SR）、归一化植被指数（normalized difference vegetation index，NDVI）、土壤修正植被指数（soil-adjusted vegetation index，SAVI）等特征建立经验关系，从而发现和验证规律。而雷达遥感的研究往往利用不同极化、不同入射角的后向散射系数及比值进行研究。有研究人员分别利用机载雷达及地基散射计等开展了农作物的LAI经验模型反演研究（Paloscia, 1998; Inoue et al., 2002）。科研人员在中国南方水稻研究中利用了星载ENVISAT/ASAR卫星数据，通过对水云模型的修正，成功反演得到LAI的值（Chen et al., 2006）。

本研究采用星载ENVISAT/ASAR雷达数据和黑河地区人工林测得的相关参数进行研究，分别利用了2008年黑河试验提供的4景ENVISAT/ASAR数据（表3-5）和1景ALOS/PALSAR数据（表3-8），研究C波段、L波段不同极化、不同入射角雷达特征对于人工林LAI的响应情况。与其他常见植被生长区域相比，森林一般范围较大，可以有效减少农作物等面积较小带来的雷达噪声影响。同时，与山区森林相比，人工林地形平坦，可以有效减小地形的影响。

该地区人工林以白杨树（White Poplar）、沙枣树（Desert Date）等阔叶林为主，分布在黑河中游的张掖市、临泽县等地区，其中白杨树作为主要经济林，排列分布相对整齐，而沙枣树林主要作用是防风治沙，同一区域的沙枣树分布稀疏、差别较大，风沙及人为破坏相对严重。测量参数包括叶面积指数、胸径、树高、冠层直径、树密度及叶片含水量（表3-9）。

表3-9 样区测量白杨树与沙枣树参数的相关统计值

树种	统计量	LAI	胸径 (cm)	树高 (m)	冠层直径 (m)	树密度 (株/m²)	含水量 (%)
白杨树	样本数	21	20	6	14	21	9
	[Min, Max]	[0.6, 4.13]	[2.87, 13.54]	[14, 17.2]	[0.96, 6.15]	[0.03,6]	[0.54, 0.79]
	Mean	1.87	7.59	15.6	2.90	0.57	0.66
	MSD	1.07	3.40	1.17	1.48	1.29	0.08
沙枣树	样本数	15	15	5	15	15	5
	[Min, Max]	[0.44, 1.99]	[6.05, 28.11]	[3.83, 11.4]	[1.92, 11.03]	[0.02,0.12]	[0.65, 0.76]
	Mean	1.39	12.11	8.79	5.91	0.06	0.69
	MSD	0.48	5.36	3.27	2.35	0.04	0.05

研究提取研究样区对应的雷达影像的后向散射系数值，建立回归关系，从而分别分析人工杨树林及沙枣树的相关性大小。研究将雷达影像按照类型分为两类，2008年6月19日与7月5日的影像均为VV/VH极化，2008年6月25日与28日的影像均为HH/HV极化。从图中可以看出，就与LAI的相关性而言，

同极化后向散射要明显大于交叉极化后向散射（图3-10，图3-11），这种差异主要源于受到雷达散射次数、叶片的介电常数等的影响（Ulaby et al., 1986）。

对于白杨树林，HH极化与LAI的相关性（R^2）分别达到了0.56和0.58，比其他几种极化方式的相关性都要高。HV极化与这两种图像的相关性分别为0.13和0.27，VV极化和VH极化与白杨树LAI的相关性均较低。对于沙枣树来说，由于植被的不均一性的影响，雷达的后向散射比较复杂，各种相关关系均较低。对于同极化HH、VV极化来讲，其后向散射系数的均值一般在－10.00dB。HH极化的值随着LAI的增大而上升，但是VV极化的值却没有明显的变化，呈现一定的饱和趋势，在森林生长状态未发生明显变化的情况下，入射角因素对雷达后向散射与LAI的关系有重要的影响（Ulaby et al., 1990）。对于本研究中VV极化，入射角都大于40°，而当ASAR入射角较大时，其信噪比降低，同时对于较高的雷达入射角，植被冠层厚度增加，森林的后向散射系数可能饱和，这与光学遥感中植被指数随着LAI的增大饱和类似（Clevers & VanLeeuwen, 1996）。因此对于本章研究中的植被类型及状态，应该存在最佳的ASAR数据模式（入射角），尤其具备均一性的白杨树林更是如此。在利用ENVISAT/ASAR数据来估算森林的叶面积指数时，雷达入射角的选择尤其重要，在本章研究中，较小的雷达入射角最为合适。同时，除了受到后向散射强度的影响，极化比在某种程度上与LAI直接相关，尤其是HH/HV极化比（对数化后的比值）与杨树林的决定系数达到0.29/0.40。与单一极化方式相比，不同的极化比可以增强或者减弱某种雷达散射，因此在基于雷达数据的植被叶面积指数反演中也受到重视（Chen et al., 2009; Dente et al., 2008; Manninen et al., 2005）。尽管如此，在本章研究中，极化比也具有较大的不确定性，这可能是受到雷达入射角的影响，例如VV/VH极化比由于受到较大入射角的影响，与LAI的相关性并不明显。

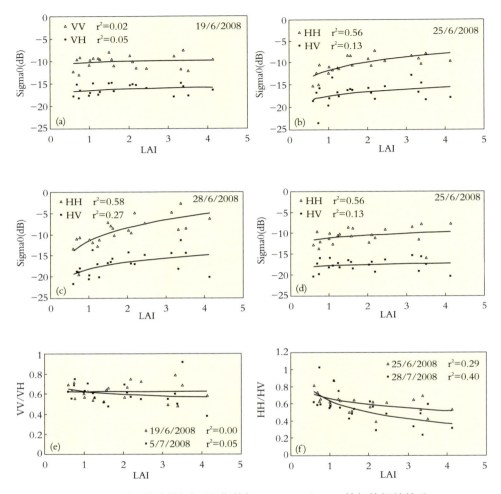

图3-10　实测杨树林叶面积指数与ENVISAT/ASAR特征的相关关系

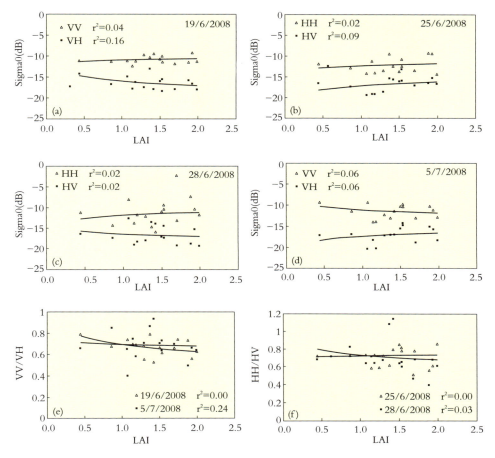

图3-11　实测沙枣树林叶面积指数与ENVISAT/ASAR特征的相关关系

森林植被的均一性在雷达后向散射系数与LAI的相关关系中具有重要作用，对于非均一沙枣树林，来自植被冠层、树干、地表的雷达后向散射组成尤其复杂，从而难以量化植被本身对雷达后向散射的影响。同时，基于ENVISAT/ASAR的雷达叶面积指数反演研究表明，由于受到雷达本身信噪比及森林本身冠层覆盖度的影响，在较大的入射角情况下其雷达后向散射对植被冠层的敏感性会降低，甚至有可能会饱和。因此，对于高覆盖森林地区，较小的雷达入射角可能更适合进行森林叶面积指数的估算。

3.3.1.2 ENVISAT/ASAR与ALOS/PALSAR估算人工林叶面积指数的比较

目前已经有很多基于多波段、多种入射角雷达数据进行植被叶面积指数估算的研究，但是这些研究的对象大多集中在地基或者机载雷达上（Inoue et al., 2002; Paloscia, 1998），其推广应用受到限制。在卫星尺度上，目前很少有研究比较不同波段雷达传感器对植被叶面积指数的响应。事实上，不同的雷达波段具有不同的穿透深度，造成其后向散射来源存在差异，从图3-12可以看出，典型的松树林对L波段的后向散射一般来自植被本身及地表的散射，而对C波段、X波段等，其散射一般来自植被冠层本身的散射。

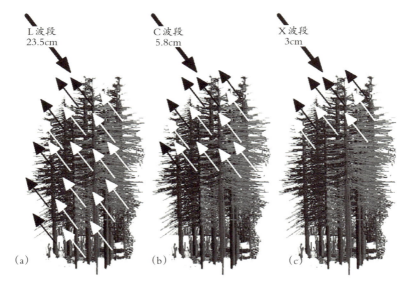

图3-12　典型的松树森林对于L波段（a）、C波段（b）、X波段（c）的后向散射响应

本节第一部的研究主要考虑了ENVISAT/ASAR C波段雷达对人工林的散射状况，发现对于较高雷达入射角，可能存在雷达后向散射饱和的问题，因此本研究引入了ALOS/PALSAR数据，从而分析波长较长的L波段的雷达后向散射随着LAI变化的情况，认对比分析波长对于人工林散射的影响。考虑到冠层含水量对雷达后向散射的重要作用，本研究也分析了含水量与后向散

射的关系。由于只有1景ALOS/PALSAR（表3-8）和2景具有相同极化方式的（HH/HV）的 ENVISAT/ASAR 数据（表3-5）覆盖研究区，研究以 MIMICS 模型的方法来弥补雷达数据量少的缺陷，在模拟时以人工杨树林为研究对象。

3.3.1.3　敏感性分析

我们先分析不同地面实测参数，包括叶面积指数、叶片含水量等与 ENVISAT/ASAR、ALOS/PALSAR 的后向散射强度的相关关系。研究表明，在接近相同的雷达极化条件下，ASAR 数据无论是同极化还是交叉极化都与 LAI 有较大的相关性（图3-13）；而对于 PALSAR 数据，在 LAI 增大的情况下，后向散射并没有明显的变化规律，与 LAI 没有明显的相关性（图3-14）。

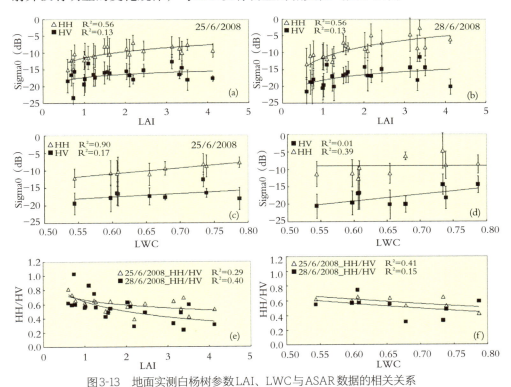

图3-13　地面实测白杨树参数 LAI、LWC 与 ASAR 数据的相关关系

注：（a）（b）（e）分别为 HH、HV、HH/HV 对 LAI 的敏感性；（c）（d）（f）分别为 HH、HV、HH/HV 对 LWC 的相关性。

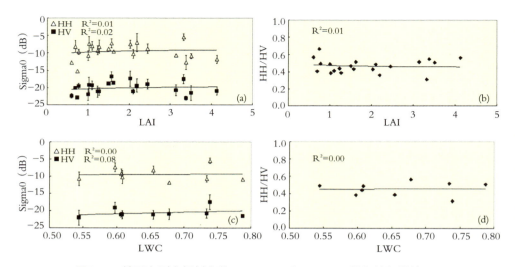

图3-14　地面实测白杨树参数LAI、LWC与PALSAR特征的相关关系

注：（a）（b）分别为HH、HV和HH/HV对LAI的敏感性；（c）（d）分别为HH、HV、HH/HV对LWC的相关性。

　　通常条件下，C波段的雷达后向散射主要来源于植被叶片的散射，但对于L波段雷达来讲，其穿透深度较C波段更强，因此含有很多树干层及地表的后向散射。因而，实测数据相关性研究表明，C波段对于植被的叶面积指数更加敏感，而相同极化条件下的L波段星载数据则不具备这种特点。因此，单纯从与LAI的相关关系来讲，C波段更加适合与植被本身特征相关的参数的估算研究。

　　除了叶面积指数，对植被后向散射有重要影响的另一个参数是植被的含水量。考虑到研究已经对LAI做了相关分析，故仅以实测的叶片含水量信息来表征冠层的含水情况。研究发现，对于ASAR数据，雷达后向散射随叶片含水量的变化趋势与LAI类似，除了HH极化与其有较大的相关性，交叉极化比HH/HV也与其有较大的相关性（图3-13）。但是对于L波段的ALOS/PALSAR来说，各种极化方式及极化比都没有发现与LWC有明显的相关性（图3-14），因为LAI、LWC等参数对树林冠层的散射有重要的影响，所以研究认为对于L波段雷达，来自树林冠层的后向散射贡献较少。

前文结果表明，入射角对后向散射有较大的影响，考虑到本研究中星载雷达数据较少，难以比较与入射角等其他因素的影响，研究中引入模型模拟的方法，对C波段、L波段雷达对森林参数的响应进行模拟分析。

3.3.1.4 MIMICS模型模拟

本研究基于MIMICS模型模拟ASAR、PALSAR数据对应的C波段和L波段的雷达后向散射情况。在参数设定上，入射角的变化范围为15°～40°，LAI变化为0.4～4.0，LWC为0.55～0.80，其他相关的输入参数主要来自地面实测数据及其他调查数据。

模拟表明总的雷达后向散射外主要包括冠层直接散射（direct crown, DC）和地面直接散射（direct ground, DG）（图3-15）。对于C波段来说，当入射角较小时，其总的后向散射主要来源于地面，随着入射角的增大，来自植被冠层的散射在总后向散射中的比重逐渐增加。通过比较C波段与L波段HH极化随LAI和LWC变化的情况，发现：C波段较L波段对这些参数更加敏感，这可能是由总散射中来自植被及地表的散射的差异造成的。当入射角为30°时，主要的散射来源是冠层直接散射（在LAI较小的情况下例外），因而C波段对于反映植被冠层的参数LAI和LWC等较敏感。然而，虽然冠层参数在变化，但是L波段对于总散射的影响较小，模拟结果表明，植被冠层的散射在L波段的雷达后向散射中占比重较小，散射主要来自非植被冠层，例如地表、树干等处。在C波段，HH/HV极化比随着LAI的增大，比值降低，LWC的变化情况也是如此。在L波段，这个比值随着LAI的增加有微弱的上升趋势。总体来说，这个比值的研究结果与前人的研究基本一致（Manninen et al., 2005），与实测雷达数据呈现较好的一致性。

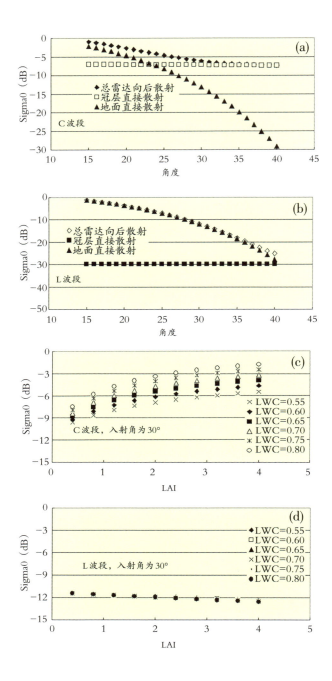

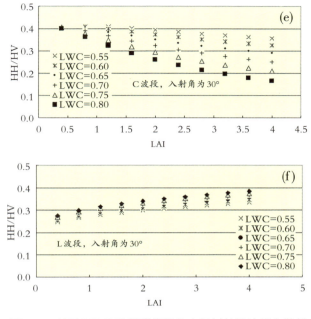

图3-15　基于MIMICS模型模拟的白杨树林雷达后向散射

注：（a）（b）LAI=2时，C波段、L波段HH极化随入射角变化；（c）（d）为不同叶片含水量条件下，C波段、L波段HH极化随LAI的变化；（e）（f）为不同LWC条件下，C波段、L波段HH/HV极化比随LAI的变化。

从上述模拟分析可知，在相同的雷达极化及入射角情况下，C波段雷达相对于L波段雷达在估算冠层LAI上具有一定的优势。对C波段来说，由于其穿透深度有限，其来自植被本身的散射在总散射中占重要的组成部分，尤其针对森林、高覆盖度的农作物更是如此，在一定的入射角情况下，来自地表的雷达后向散射可以忽略。而对L波段来说，其穿透性要强于C波段，即使在植被稠密的森林地区，来自树干、地表等非植被冠层的散射仍然是总散射中的重要组成部分，这一影响不能忽略。虽然较大的雷达入射角可以在一定程度上降低地面后向散射的贡献，但是入射角增大会带来较大噪声，同时增加几何处理的难度。研究表明，对于不同的极化情况，ENVISAT/ASAR HH极化的雷达后向散射与植被冠层LAI、LWC等参数具有较好的相关性，同时HH/HV极化比与

LAI之间也存在一定的相关关系；但是对PALSAR来说，由于L波段较C波段有较强的穿透能力，对冠层相关参数不敏感。模拟研究表明，这主要由不同波段的散射来源的不同造成，因此，对于冠层LAI的估算，通常情况下C波段星载雷达是较为理想的选择。

3.3.2 机理模型法

微波遥感的植被散射建模较早以农作物为研究对象，其中以水云模型为代表，但是植被的散射较为复杂，简单的经验或者半经验的植被散射模型并不能很好地刻画其散射状况。研究表明，在植被覆盖地区，植被类型、覆盖度、几何形状（包括高度、枝条和叶的形状、分布、密度等）、含水量等都会对雷达后向散射产生影响，从而影响不同频率、极化、入射角雷达波对植被层的散射情况（Chauhan et al., 1991; Ulaby et al., 1986）。因此，简单的经验模型已经不能满足复杂条件下模拟和应用推广的需要，对植被结构复杂的森林等区域来说更是如此。这主要是因为森林的散射有很多的来源，如森林叶片、树枝、树干以及地表等的散射，十分复杂。因此，本研究基于机理性的MIMICS模型进行估算（图3-16、图3-17）。

在之前的研究与讨论中发现，C波段雷达更适合LAI的估算，并且植被本身的散射对总的雷达后向散射具有重要影响，其中植被的叶面积指数、叶片含水量等表征植被粗糙度、介电常数的参数尤其重要；同时也必须考虑地表散射及雷达入射角等因素的影响。因此，基于MIMICS模型，本节研究了黑河试验区各种植被的雷达后向散射情况，通过模型模拟各种植被的散射情况，得到模拟数据库，之后通过查找表方法（look up table, LUT）来简化模型，利用基于概率密度函数分布的方法，对该地区植被的叶面积指数做定量的反演研究。

3.3.2.1 微波后向散射模拟数据集

查找表方法是一种加快解决传统反演问题的方法，该方法通过计算模型基于各种输入参数及组合得到在各种条件下的模拟值（Kimes et al., 2000）。利用这种方式，最优化反演中最消耗计算的部分，使之在反演之前完成，从而使得反演问题简化为从模型模拟反射率中查找最优匹配的问题。当然，在这期间也会遇到许多新的问题，例如，如何确定最优查找策略、离散化模型参数和计算机内存大小等。

基于黑河综合遥感试验取得的数据，本研究模拟了阔叶林、常绿针叶林、栽培作物（小麦、玉米）、灌丛、草地等植被C波段雷达的后向散射情况。为了优化反演策略及节省计算时间，研究仅仅对影响植被的结构参数的因子及水分含量等进行考虑，分别考虑了植被叶面积指数、叶片含水量、土壤含水量等表征植被的结构信息及影响介电常数的水分信息参数（表3-10）。研究表明，入射角对于雷达的后向散射具有重要的影响，因此研究在模拟时考虑了不同入射角的变化，从而得到了该地区较为详细的植被雷达后向散射数据集。

表3-10 黑河地区植被MIMICS模型模拟的主要输入参数

入射角	15°～45°					
频率	5.3GHZ					
植被类别	阔叶林	针叶林	草地	灌木	小麦	玉米
地表含水量（%）	0.1～0.4	0.1～0.4	0.1～0.4	0.1～0.4	0.1～0.4	0.1～0.4
地表相关高度（cm）	2.0	1.95	1.95	1.95	1.95	1.95
地表相关长度（cm）	16	16	12	12	12	12
叶片含水量（%）	0.4～0.8	0.4～0.8	0.4～0.8	0.4～0.8	0.4～0.8	0.4～0.8
叶片直径（cm）	3	3	16	3	3	3
叶片厚度（cm）	0.03	0.03	0.02	0.03	0.02	0.02
LAI	0.4～8	0.4～8	0.2～4	0.27～5.4	0.25～5	0.25～5

雷达后向散射模拟的关键是确定输入参数，及对模型中参数做适当的假设及调整，以此来模拟出与实际观测相一致的结果。将模拟结果与该地区4种模式（表3-5）获得的雷达数据比较，其模拟结果基本接近卫星数据的观测结果，同时，在此基础上，将草地及作物的散射结果与该地区车载微波散射计的相关结果做比较验证，确定模拟结果具有一定的可靠性（徐春亮等，2009）。研究将基于模拟的雷达后向散射数据集，利用查找表进行反演研究。

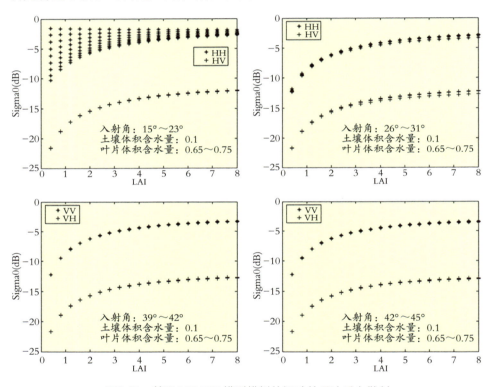

图3-16　基于MIMICS模型模拟的阔叶林雷达后向散射

注：本图模拟了阔叶林面积指数（LAI）与合成孔径雷达（SAR）后向散射系数之间的关系。

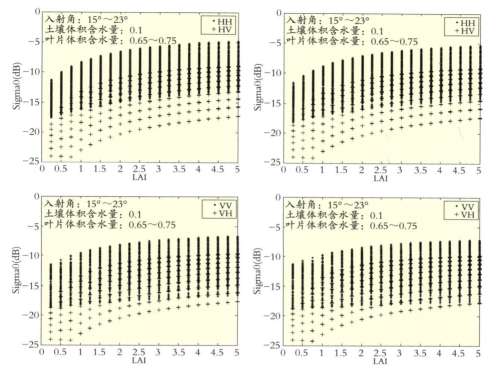

图3-17　基于MIMICS模型模拟的玉米雷达后向散射

注：本图模拟了玉米叶面积指数（LAI）与合成孔径雷达（SAR）后向散射系数之间的关系。

3.3.2.2　查找表反演

在利用查找表算法进行的反演设计中，有三种属性直接或者间接地包括在算法中，它们分别是传感器特定空间 D，代表所有可能的冠层后向散射系数；植被空间 P，包括植被类型、结构和在试验中的其他生长条件，这基本上与特定的反演技术相关；两者之间的关系 F，指 P 空间中的每一个元素 p 都对应于来自空间 D 的一个元素 $F(p)$。在本研究中这种关系 F 就是指MIMICS模型本身。如果以上三个条件均具备，那么接下来的关键就是反演策略的选择。例如，假设模拟输出值仅仅包括HH、HV两种极化后向散射系数，那么反演问题就变为解方程问题，即需对于 $d = (d_{HH}, d_{HV}) \in D$ 中的任意给定值，寻找值 $p \in P$ 满足下式：

$$F(p) = d \qquad (3-13)$$

如果式（3-13）具有唯一的确定值，那么求解式（3-14）中的反函数可以解决该问题，但是通常情况下存在多解情况，于是考虑使用解分布函数（solution distribution function）的方法来解决此问题。

$$p = F^{-1} \qquad (3-14)$$

假设 $S(d)$ 是所有解的集合，这个子集的大小随着 d 变化，同时假设 c 是我们想反演的一个参数，叶面积指数可以作为 c 的一个例子。这个参数并不一定包含在描述植被冠层的矢量 p 中。尽管如此，我们假设对于每一个矢量 p，它能够被准确地求取，这就是说，所求的参数是 p 的一个函数：

$$\chi = \zeta(p) \qquad (3-15)$$

求解需要借助解分布函数进行：对于每一个 $d \in D$，$N(d)$ 和 $N(x,d)$ 分别为 $\zeta(p)$ 不同值的个数和 $\zeta(p)$ 小于一个给定值 x 的解的个数，这里的 p 覆盖于整个数据集 $S(d)$。解分布函数 $\phi(d)$ 被定义成 $N(x,d)$ 与 $N(d)$ 的比值：

$$\phi(d) = \frac{N(x,d)}{N(d)} \qquad (3-16)$$

解分布函数被定义成反演问题的所有解，待求解的参数现在可以被当成权重均值，实际上与给定 χ 发生的频率一致，就是：

$$\bar{\chi}(d) = \int x \mathrm{d}\phi(x,d) \qquad (3-17)$$

式中，积分是对于 χ 可能变化的所有值而言，得到的多个解对于 $\zeta(p)$ 的值敏感，但是对于从冠层实现 p 得到的参数 χ 的值却不敏感。这就可以使用冠层结构模型来进行求解，即使反演的参数并不在模型参数列表中，χ 的离散分布也可以被认为是反演参数不确定性的度量：

$$D_d^2 = \int (\bar{\chi}(d) - x)^2 \phi(x,d) \qquad (3-18)$$

上述反演方程假设空间 P 和 T 以及它们的相互关系都已经精确地得到了。这就是说 $D = D^*$，空间 P 用来描述现实中遇到的所有冠层实现，F 提供了从冠层实现到冠层后向散射之间正确的对应关系。在现实中，任何模型模拟一个过程都是在某种精度范围内，同样，测量也不可能完全准确。这意味着，模型在 $F(p)$ 周围预测了一个域 O_F，其中包含有"真值"，这同样也对卫星获取的后向散射值适用。也就是说，我们仅仅能围绕一个测量的值 d，将其具体化为一个邻域 O_d，其中含有实测的真值，在这些域中具有高可能性的任何元素都可能是真值。O_d 和 O_F 分别是观测和模型模拟的不确定性域，通常以不确定性椭圆来表示。在本研究中不确定性域主要取决于雷达卫星后向散射观测误差及模型的不确定性，例如，在这里给定测量的冠层后向散射 d 及其不确定性域空间 O_d，去寻找所有 $p \in P$ 及其解分布函数 $\phi_\delta(x, p)$，模型函数 F 得到的后向散射与实测的雷达后向散射比较，需要满足下式：

$$F(p) \in O_d \tag{3-19}$$

域 O_d 可以被近似成一个具有长轴 δ_{HH} 和短轴 δ_{HV} 的椭圆。符号 d 表示的是矢量（d_{HH}，d_{HV}），于是上式可以被重新表述为：

$$\left(\frac{F_{HH}(p) - d_{HH}}{\delta_{HH}} \right)^2 + \left(\frac{F_{HV}(p) - d_{HV}}{\delta_{HV}} \right)^2 \leqslant 1 \tag{3-20}$$

式中，δ_{HH} 和 δ_{HV} 是在实地测量和模型模拟中的不确定性，一般情况下，不确定性假设已知并且作为反演输入条件，在本研究中可以通过传感器的辐射精度来获取。

如果得出反演问题的解依赖于数据的连续性，那么这个问题就可以解决。也就是说，描述冠层实现和冠层后向散射之间的关系 F 越精确，同时测量的信息也足够精确，那么算法的输出就会越准确；如果不是这样，那么这个问题的求解就是病态的（Kimes et al., 2000）。病态问题理论的基本要求是试图解决反演问题的所有技术手段都必须依赖于不确定性。为了避免数值不稳定性和提供更好的结果，不确定性必须作为反演问题的一个输入参数。上述提到的解分布函数依赖于不确定性，因此这个基本的要求得到满足。添加先验知识到反演技术是开发关于求解病态问题算法的一个基本方法。它可能通过限制植被冠层模型中的参数的变化来达到目的（定量的方法），或者将更多描述冠层内散射变化的方程添加到反演方法中来达到目的（定性的方法）。

考虑到概率分布无解的情况，利用简单代价函数的方法作为备份算法，当下式的代价函数取值最小时，对应模型的参数值即为所求。

$$COST(X) = \sum_{\lambda} W_{\lambda} * \left[Y_{M,\lambda} - Y_{OBS,\lambda} \right]^2 \qquad (3\text{-}21)$$

式中 $Y_{M,\lambda}$ 是模型模拟值的后向散射系数；$Y_{OBS,\lambda}$ 是卫星观测的后向散射系数；W_{λ} 是极化方式的权重值。

3.3.2.3 结果及验证

研究使用了黑河地区 2008 年获取的 4 景 ENVISAT/ASAR 卫星数据，结合相关的分类图进行反演，从而得到反演结果，并给出反演值不确定性的标准差（图 3-18）。

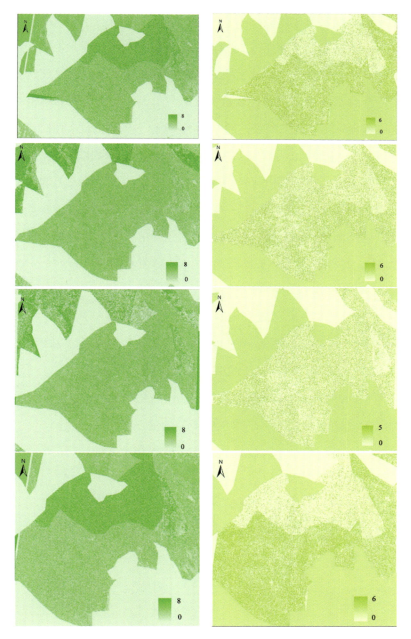

图3-18　基于查找表算法黑河地区LAI反演结果及标准差分布

注：从上至下，分别是基于2008年6月19日、25日、28日及7月5日数据分析所得结果。

研究发现，叶面积指数的值基本分布在较合理范围内，标准差较小，值在3～4之间，与小麦、玉米等的实测情况较为一致，而其标准差在1左右。在研究中，虽然设定了叶片含水量及土壤含水量，但是反演中，仅仅在试验的基础上给出了叶片含水量及土壤的含水量先验值的范围，并没有确切给出具体的先验值，这可能会带来一定的误差。同时反演发现，关于6月19日及7月5日数据的反演结果，小麦估算值明显偏高，这可能不仅与VV极化方式有关，还与数据模式相关。同时，概率密度函数分布表明，玉米、小麦及人工林等模拟较好的植被类型，利用概率函数的方法一般可以得到较为可信的值，而草地、灌木等植被类型的反演值大多利用代价函数得到，可信度较低。此外，基于黑河地区实测数据，本研究对 ASAR 反演结果与实测值及 MODIS 产品（MOD169、MOD177、MOD185）进行了比较验证。

图3-19为研究区玉米反演值与地面真实值的比较，其中卫星反演值包括研究区 ENVISAT/ASAR 数据反演值与 MODIS LAI 产品的值。从图中1:1线可以看出，ASAR 反演值基本在1:1线两侧，大都分布在2～3之间，与真实值较为一致；而 MODIS LAI 的值却明显偏低，分布在1～2之间。从上述结果可以看出，ASAR 反演值要好于 MODIS 相应产品的值。

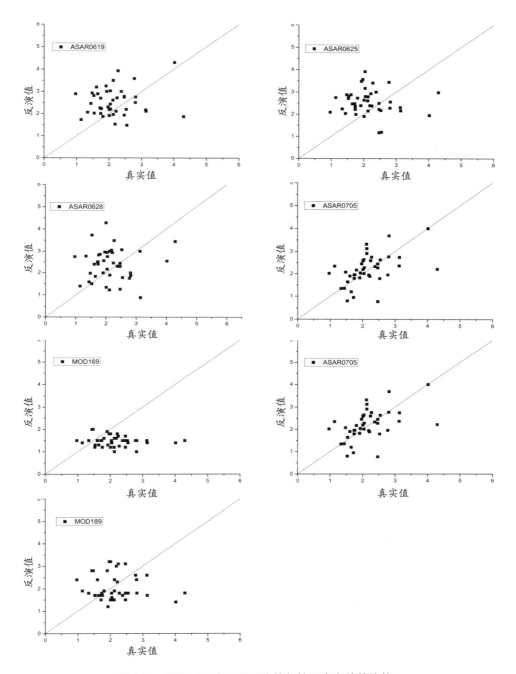

图3-19　研究区玉米卫星反演值与地面真实值的比较

但是，与MOD15 LAI产品相比，根据6月19日至7月5日数据进行反演后，ASAR反演值较为平均，没有体现作物随时间生长的特性，而MOD15 LAI则有较明显的时间变化特性。研究认为，这主要由于MOD15 LAI产品经8天数据反演合成，是一段时间内的综合结果，而ASAR数据反演值则以一天为时间单位，具有更大的不确定性。

ASAR数据的空间分辨率要明显高于MODIS数据产品，与真实值比较时尺度效应较小，而MODIS数据混合像元影响较大。MODIS原始数据分辨率为250～1000m，对于绝大多数地方，MODIS影像上的像元为混合像元，易造成MODIS分类的误差，从而给反演及验证带来较大的不确定性。ASAR数据尽管与真实值较为一致，但是具有较大的离散度，研究认为，这可能是受到了噪声的影响，同时研究在进行叶片、土壤等先验知识参数的输入时，并没有给出实际的真实值，而是给出了一定的范围，这可能也是误差较大的原因。如果结合地面或卫星数据给出植被生长的其他参数，对于雷达反演LAI具有重要意义。在对比玉米估算结果后，本研究也对研究区阔叶林（人工杨树林）的结果进行了对比验证，主要利用了地面真实值及MODIS产品进行。

图3-20为研究区杨树林反演值与地面真实值的比较，包括研究区ENVI-SAT/ASAR数据反演值与MOD15 LAI产品的值。与图3-19一样，ASAR反演值基本在1:1线两侧，其值大都分布在3左右，与实测真实值较为一致，而MOD15 LAI值分布在1～2之间，有较大偏差。同时，反演结果表明，尽管反演值较为接近真实值，但是将森林反演结果与玉米反演结果比较时发现，ASAR反演结果具有很大的不确定性，这主要是由于玉米的均一性程度要远好于森林，因此其反演值较为可靠，而森林影响参数较多，且需要较为可靠的输入参数。这可能是误差较大的一个原因，因此，必须加入先验知识，才能得到更为可靠的反演值。

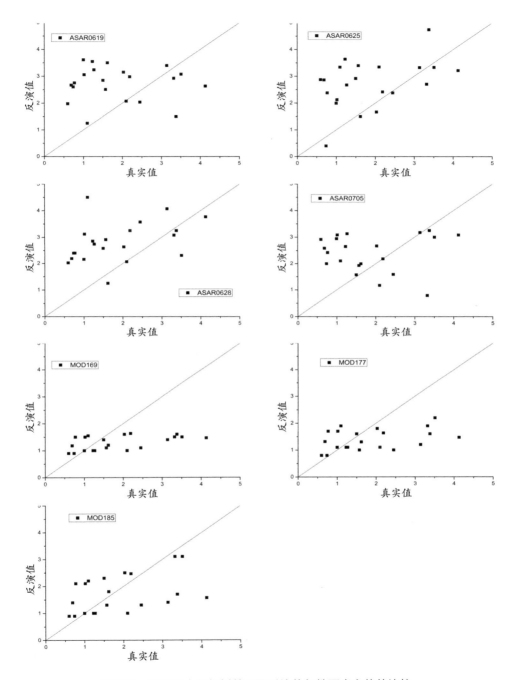

图 3-20 研究区人工杨树林卫星反演值与地面真实值的比较

3.3.3　分析与讨论

进行雷达反演LAI时，具有很大的不确定性。这可能与数据本身及处理模型等有关，因此需要在以后的研究中加以考虑。本研究在比较经验方法与机理方法后发现，经验方法由于影响因素多，需要针对不同的植被类型、生长状况，合理选择雷达的波段、入射角及极化方式等，而这样的选择具有很大的不确定性。而对于机理模型来讲，尽管其能够描述复杂的植被散射变化，但是难以获得大量的准确的输入参数。

在进行叶面积指数模型反演及验证过程中，需要大量实测数据对模型进行驱动，但是通常的观测仪器，例如LAI-2000对测量条件有一定的要求，LAI-2000最好的测量条件是在漫射光下（如阴天，或在近黎明、黄昏时），否则从冠层上层叶子反射的直接辐射会导致这些叶子与背景天空亮度不易区分，从而使感应系统低估总的叶面积（Welles & Norman, 1991）。同时，测量农作物与测量森林等有较大的不同，在测量森林时需要考虑聚集指数（clumping index）的分布，从而得到真实的叶面积指数（Chen et al., 1997），本研究由于仪器的限制，在森林LAI测量时没有进行聚集指数校正处理。同时，在驱动MIMICS模型过程中，需要大量的文献资料及历史数据，这些数据需要更多的验证。

同时，传感器本身信噪比的影响也不能忽略。无论是光学传感器还是雷达传感器，都不同程度地存在噪声，对成像质量有较大影响。同时，遥感图像处理方面的误差，如几何校正、辐射校正计算等都会带来一定的误差。几何校正方面，尽管选择了道路交叉点、建筑物角点等典型地物标志作为控制点，但是受到雷达数据噪声的影响，几何校正的结果存在误差。传感器的辐射校正误差将会影响到地表反射率计算及后向散射系数的提取。几何校正的结果会严重影响地面采样点的匹配，而辐射校正结果对于得到地面真实值、建立正确的地面观测值与影像间的对应关系存在显著影响。

同时遥感数据具有一定的时间和空间不确定性，表现为大部分光学产品为合成产品，而雷达数据尽管可以"全天时全天候"成像，但是其具有多种模式，不同模式之间入射角存在差异，模式之间会有一定的差别，从而造成空间的不确定性。

3.4 黑河地区植被GPP模拟及验证

本节基于本章第一节构建的GPP模型，通过气象数据计算光合有效辐射、光合有效辐射比、温度水分胁迫因子等，并结合本章第三节雷达反演植被叶面积指数的结果，估算黑河地区植被的GPP，再通过现有产品及地面数据进行模型验证研究。

3.4.1 光合有效辐射特征

3.4.1.1 空间分布

黑河地区由于海拔较高、空气稀薄，太阳辐射透过大气层的距离较短，被大气层所反射和吸收的部分也较少，因而到达地面的辐射量相对较多。年总辐射量高达 $6000 \sim 7400 MJ \cdot m^{-2}$，是我国太阳辐射量较高的地区之一（图3-21）。

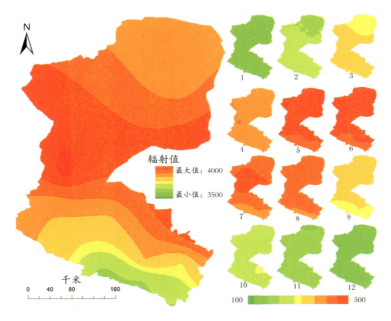

图3-21　黑河地区2008年光合有效辐射的分布（左：全年；右：每月　单位：MJ·m⁻²）

黑河地区，年度最大光合有效辐射值出现在黑河流域中部地区。而南部的祁连山地区，由于受到高海拔的影响，光合有效辐射较低。北部地区尽管纬度较高，但其处于沙漠地区，日照充沛，也具有较高的光合有效辐射值。

而本研究重点关注的张掖绿洲地区，由于处于接近中部的河西走廊地带，辐射量较高，尤其是小麦、玉米等作物生长的关键期间（5月～7月），光合有效辐射达到最大值，十分适宜植被生长。

3.4.1.2 时间变化

黑河地区的光合有效辐射随季节波动变化较大。按月统计最大值出现在5月、6月，大于400MJ·m⁻²。最小值出现在12月，其光合有效辐射均值为157.41MJ·m⁻²。就其标准差分布来讲，7月，在暖湿的西南气流控制之下，黑河地区云量增加，从而削弱了太阳辐射，雨水也较多，因此7月的光合有效辐射相对5月、6月较小，同时期标准差最大，波动明显（表3-11）。

表3-11 黑河地区光合有效辐射统计值（单位：MJ·m⁻²）

月份	最小值	最大值	均值	标准差
1	140.61	181.06	165.31	7.89
2	217.23	244.80	230.24	6.25
3	299.25	345.17	321.26	11.47
4	366.61	416.19	395.63	8.83
5	428.79	497.21	475.18	16.55
6	410.17	494.71	475.84	17.56
7	368.71	467.49	440.49	23.32
8	395.58	447.22	432.22	9.98
9	282.13	343.03	326.67	14.29
10	259.67	286.40	274.26	6.62
11	174.33	203.95	189.65	7.14
12	142.37	178.25	157.41	8.82

3.4.2 FPAR的特征

对研究区光合有效辐射比的估算采用了前文构建的LAI与FPAR之间的关系式，基于ENVISAT/ASAR的LAI反演值进行。由于受到数据获取及处理的限制，估算范围只覆盖黑河中游绿洲研究区，但已经包括该地区常见的各种植被类型。本研究对FPAR的结果空间分布进行分析，同时利用实测数据及其他数据对比了反演结果。

3.4.2.1 空间分布

根据研究区黑河中游绿洲地区2008年6月下旬与7月初的数据，计算得到该时段其平均的FPAR分布。6月正是当地辐射最强的时候，而且小麦接近成熟、玉米处于拔节期，生长旺盛，因此FPAR的值较大，在0～0.93之间，平均值为0.58，标准差为0.28。

植被对太阳光合有效辐射的吸收比例取决于植被类型和植被覆盖状况，而植物生理参数FPAR是生态系统功能模型、净初级生产力模型、大气模型、生态模型等重要的陆地特征参量。在研究区主要分布阔叶林、草地、灌木、玉米、小麦等植被，不同植被类型在6月平均FPAR有一定差异（表3-12）。其中，农作物的FPAR值最大，阔叶林的FPAR值最小。由本研究结果可以看出，在6～7月，植被处于生长旺盛期，FPAR值都较高，区别不大，但是一般来讲，农作物由于管理较好，FPAR值更大。

表3-12　研究区不同类型植被在生长期的平均FPAR

植被类型	平均值	标准方差
阔叶林	0.5847	0.1484
草地	0.6010	0.1025
灌丛	0.6754	0.1099
玉米	0.6680	0.1000
小麦	0.6420	0.1080

3.4.2.2 对比分析

基于气象站观测点与花寨子观测点的定点观测数据，研究比较了基于ASAR雷达数据获得的FPAR结果及MODIS/FPAR产品的结果（图3-22）。结果表明，6月底到7月初是当地植被生长旺盛期，植被具有较高的FPAR值。

经过比较气象站、花寨子的定点观测数据，本研究基于雷达数据获取的FPAR值与定点观测数据较为接近。在盈科气象站观测点，实测数据的FPAR的值为0.74，而ASAR数据反演值为0.63，MODIS反演值为0.57；在花寨子站点，FPAR的值为0.71，而ASAR数据反演值为0.68，MODIS反演值为0.39。同时，研究发现，与地面及MODIS数据相比，ASAR反演得到的FPAR值具有较大的波动性，这可能与雷达反演精度及噪声有关，而MODIS数据，由于是8天合成产物，经过一定的处理，其值较为平稳。

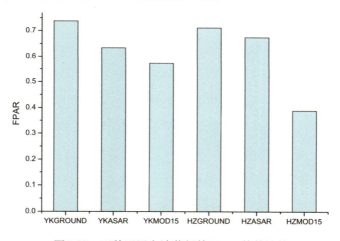

图3-22　三种不同方法获得的FPAR值的比较

注：YKGROUND：盈科气象站观测点地面真实值；YKASAR：盈科气象站观测点ASAR雷达数据；YKMODIS：盈科气象站观测点MODIS数据；HZGROUND：花寨子观测点地面真实值；HZASAR：花寨子观测点ASAR雷达数据；HZMODIS：花寨子观测点MODIS数据。

上述比较基于总的雷达FPAR反演结果的平均值，反演结果总体上与实测值较为接近，但是由于这是单独一天反演结果，而且数据是在不同的入射角及极化特征条件下获取的，结果具有较大的不确定性。因此，在缺乏类似MODIS数据合成产品的情况下，如果结合森林、农作物等的生长模型，可能降低反演结果的不确定性，提高反演产品的准确度和连续性。

3.4.3 环境胁迫因子特征

3.4.3.1 温度胁迫因子特征

黑河地区海拔较高，高寒与干旱伴生为主要气候特点，气温比我国东部地区低很多。在黑河上游的祁连山地区，海拔接近4000m，温度极低；而中游的河西走廊地区，温度适宜，灌溉农业发达。

计算表明，黑河地区温度胁迫因子值介于0～0.73，均值为0.5。从空间分布来看，南部的祁连山地区最低，温度胁迫因子年平均值在0.1左右，温度对植被生长有较大的限制，这与祁连山地区海拔高、温度较低有直接关系，在冬季其温度保持在-10℃以下，而在黑河流域中游的河西走廊地区，其温度胁迫因子年均值在0.6左右，温度因素限制小。

黑河地区温度胁迫因子随着季节变化比较明显，具有显著的四季变化特征。其中，1～2月温度胁迫因子值最小，主要原因是该地区在冬季温度经常保持在0℃以下，而在6月，温度最为适宜，其温度胁迫因素影响最小，尤其在河西走廊地区，日平均气温维持在20℃左右，其温度胁迫因子均值达到0.9，这表明温度胁迫因素在植被生长季对其生长的限制较小，适宜植被生长。

3.4.3.2 水分胁迫因子特征

本研究所估算的水分胁迫因子的大小体现了水分对光合作用的响应程度，而水分胁迫因子与温度胁迫因子无论从空间分布还是时间变化上都有显著的不同。水分胁迫因子值的高低主要受到水汽压差的影响，在空间上南部祁连山地区受到的胁迫较小，其水分胁迫因子年度平均值在0.8左右；中部河西走廊等灌溉农业地区，受到水分胁迫较大，水分胁迫因子年平均值在0.7左右；而整个黑河流域水分胁迫因子的平均值在0.7左右。

同时，该地区的水分胁迫受季节影响较大，四季变化显著。其中在冬季，水分胁迫较小，而在植被生长旺盛的季节，水分胁迫较大。尤其是在6月，该地区水分胁迫因子均值达到最小，这表明此时水分胁迫是影响该地区植被生长最主要的因素。在6月，黑河地区水分胁迫因子值介于0.22～0.88，其均值为0.38，中游的植被灌溉地区及北部的荒漠地区受到水分胁迫较大。

3.4.4　GPP估算结果与验证

3.4.4.1　黑河中游绿洲地区GPP估算结果及分析

基于上述计算结果，本研究计算了黑河地区的GPP值，由于受到雷达数据覆盖范围的限制，只对绿洲地区做了计算，但是研究区已经包括了本地区常见的农作物、阔叶林、草地、灌木等多种植被类型，具有一定的普适性。同时，利用雷达数据驱动了以天为时间尺度的GPP计算，为了与MODIS数据GPP产品比较，合成了以8天为时间单位的GPP值，并对本地区的各种植被类型的GPP值做了对比分析（图3-23）。

对黑河地区的光合有效辐射、温度等的分析表明，6月、7月是该地区光照最强、温度最适宜的时期，也是植被生长最旺盛的时期，对于研究植被年净初级生产力具有重要意义。

从图3-23看出，绿洲地区每天的GPP值在0～5之间，植被光合作用效率较高；同时，计算得到的6天GPP结果处于稳定且逐步增加状态，但是7月5日结果出现较大的波动，分析认为，这与当时的天气导致的光合有效辐射较低及FPAR的反演值较低有关。

图3-23　黑河绿洲地区2008年逐日GPP计算结果

注：左上：6月19日；右上6月25日；左下：6月28日；右下：7月5日　　单位：g·C·m⁻²·d⁻¹)

　　尽管利用雷达数据可以计算逐日的GPP值，但其在日时间尺度上存在较大的波动，因此在分析时我们通过累加得到研究期间计算得到的总的GPP值，取平均值分析各种植被的GPP。研究发现，阔叶林的GPP值最大，其均值为3.13g·C·m⁻²·d⁻¹；草地的GPP值最小，为1.87g·C·m⁻²·d⁻¹；灌木的GPP值为2.83g·C·m⁻²·d⁻¹；农作物玉米与小麦类似，其GPP值分别为2.23g·C·m⁻²·d⁻¹和2.29g·C·m⁻²·d⁻¹。研究还发现，阔叶林与灌木的值有较大的波动性，均方根误差较大，而农作物（玉米、小麦）及草地波动较小。

3.4.4.2 结果验证

（1）MOD17 GPP 结果的比较

MODIS能够提供全球范围内8天合成的总初级生产力、净光合速率以及全年的净初级生产力等产品（这些数据的空间分辨率为1km）。尽管产品精度受到限制，但是就目前来看，MOD17仍然是生产力研究中重要的卫星产品。

从表3-13可以看出，MODIS数据产品对于各种植被类型的GPP值均有不同程度的低估。对于阔叶林，ASAR数据反演的GPP值为20～30g·C·m^{-2}，而MOD17反演的GPP值在10g·C·m^{-2}左右。对于草地、灌丛等也是如此，但是其波动较大，这主要是受到LAI反演精度的影响。而对于农作物，ASAR数据反演的GPP值接近20g·C·m^{-2}，而MOD17反演的GPP值一般低于18g·C·m^{-2}。在最大光能利用率及其他胁迫参数基本一致的情况下，研究认为，这种低估主要是受到反演FPAR值的影响。从FPAR在绿洲、花寨子站点比较来看，ASAR反演值较高，较为接近地面真值，而MODIS/FPAR值偏低，从而导致其反演计算得到的GPP值偏低。因此FPAR的成功反演是保证GPP准确计算的基础。

表3-13 黑河绿洲地区ASAR数据反演GPP产品与MOD17GPP产品的比较（单位为g·C·m^{-2}·8d^{-1}）

树种	统计值	ASAR_GPP169	MOD17GPP169	ASAR_GPP*	MOD17GPP177	ASAR_GPP85	MOD17GPP185
阔叶林	平均值	33.20	10.91	20.75	8.55	21.25	8.95
阔叶林	最小值	9.44	4.00	5.99	3.10	4.23	4.00
阔叶林	最大值	51.21	17.60	34.11	16.60	36.20	15.90
阔叶林	标准差	13.53	3.22	9.23	3.10	9.61	2.86
草地	平均值	20.70	8.13	10.64	10.86	13.56	10.1
草地	最小值	3.58	4.30	2.20	5.30	2.39	6.10

树种	统计值	ASAR_GPP169	MOD17 GPP169	ASAR_GPP*	MOD17 GPP177	ASAR_GPP85	MOD17 GPP185
草地	最大值	33.54	19.50	23.84	20.40	20.64	15.70
草地	标准差	8.49	3.30	6.95	3.21	3.93	3.02
灌丛	平均值	31.48	15.25	17.31	13.92	20.66	12.63
灌丛	最小值	6.37	3.90	3.92	3.50	0.00	3.40
灌丛	最大值	44.21	26.30	30.47	22.80	30.54	23.2
灌丛	标准差	8.59	5.37	9.14	4.93	5.56	4.64
小麦	平均值	23.86	17.28	14.39	13.97	16.69	14.4
小麦	最小值	3.86	5.40	2.37	4.20	0.00	4.90
小麦	最大值	31.12	22.70	20.58	20.40	22.50	22.7
小麦	标准差	6.47	2.63	4.61	2.61	4.25	2.69
玉米	平均值	22.63	18.07	16.26	16.36	14.77	17.66
玉米	最小值	4.49	4.00	0.00	3.30	0.00	3.90
玉米	最大值	33.84	27.10	23.82	26.40	24.52	29.9
玉米	标准差	7.34	3.79	5.08	3.94	5.54	4.30

表注：ASAR_GPP 此列的值是基于6月28日ASAR数据计算得到。

（2）通量塔观测结果的比较

研究获取了黑河地区大野口关滩森林站和盈科绿洲站2008年的每天植被总初级生产力GPP的值，作为研究的地面验证数据（图3-24）。通量数据的质量会受到仪器情况、观测方式、处理方法等的影响，质量不佳，会造成有效数据的大量缺失，给数据处理及验证都带来了很大的困难。

涡动相关观测系统要求下垫面平坦、均质并有足够大的面积，但试验中采用的盈科绿洲通量塔其下垫面并不均一，包括小麦、玉米等作物，并且周围有10多米高的大树。在这种植被下垫面非理想的情况下，利用植被上部的通量观测数据来解释生态系统的CO_2收支和水热平衡面临许多不确定性因素。在关滩森林站，CO_2在植被层内的存储或者来自植被冠层外部以及向植被冠层外的平流/泄漏效应等对观测通量结果的影响，山地气候和局部空气内循环对通量观测值的影响等问题都会带来极大的不确定性（于贵瑞，孙晓敏，2006）。

通量观测数据时空扩展具有较大的不确定性，观测结果表明，年际间的通量值因环境条件的变化具有很大的波动性。而本研究中的通量站由于使用时间均不长，无论设备运行还是后期数据处理及质量控制都存在一定的问题，因此最终计算结果具有一定的不确定性。尽管如此，通量数据仍然是本地区GPP产品的唯一参考。

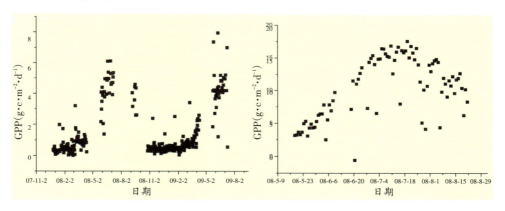

图3-24　黑河流域通量站GPP随时间变化（左图：关滩森林站；右图：盈科绿洲站）

从图3-24看出，在本研究的植被生长期，阔叶林每天的GPP值在3～4g·C·m^{-2}·d^{-1}，与森林站的观测较为相符，而MODIS17反演的GPP值在1g·C·m^{-2}·d^{-1}左右，明显低估了阔叶林的GPP值，但是因为本研究区内的阔叶林与关滩森林站较远，该情况仅作为参考，而基于其他站点的实测资料也表明，MODIS明显低估了研究区的森林GPP值（李世华，2007；李贵才，2004）。

绿洲站是农作物通量观测站，位于试验区内，因此本研究对每天的观测值及8天合成值分别实现了研究观测、MODIS计算与通量观测的比较（图3-25）。

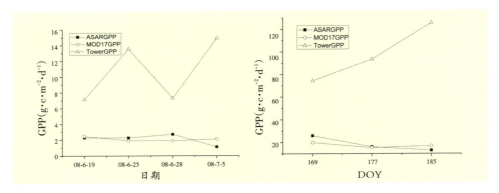

图3-25　盈科绿洲站ASAR数据反演、MOD17的GPP产品及通量塔数据的对比

（左图：每日结果；右图：8天合成结果）

从图3-25可以看出，ASAR数据反演值与MOD17的GPP产品较为接近，但是在总体上都偏离通量塔数据较远，分析表明这主要是由于MODIS最大光能利用率的值设定较低，同时通量数据处理难度较大。这也可能是对比误差较大的一个原因，尤其GPP值是根据夜间通量计算的，在夜间大气稳定层结条件下，几乎所有涡动相关技术的限制都会出现，一些是仪器本身的，另一些是气象的（于贵瑞，孙晓敏，2006）。夜间的NEE与温度的关系由于受到各种因素的影响，并非确定值，研究在利用这种关系计算白天的呼吸强度时容易受到影响，造成GPP计算误差，这也可能是通量塔观测值较大而且具有较大波动性的原因。

3.4.5　GPP估算的不确定性

从上述分析可以看出本研究利用雷达估算GPP基于光能利用率的原理：以植物对太阳辐射的利用率概念为核心，综合考虑了光照、温度和水分的影响。研究具有潜在的应用价值，但是也存在较大的不确定性，主要是由于光能利用率和FPAR等的不确定性。

3.4.5.1 光能利用率导致的不确定性

光能利用率研究的理论基础是功能性衰减假设（functional convergence hypothesis），即环境因子胁迫导致植被潜在最大光能利用率衰减，不同植物种受到的影响有很大差异（Ruimy et al., 1994）。光能利用率是决定 GPP/NPP 估算精度的重要变量，因此该值的估算成为光能利用率模型研究的焦点，光能利用率也被认为是导致模型结果不确定性的主要原因（Ruimy et al., 1999），主要体现在以下几方面：

（1）最大光能利用率

在模型估算中，光能利用率受潜在光能利用率和环境因子的影响。理想条件下，植被具有由其内在生物学机制形成的最大的光能利用率，受环境影响而表现出季节动态。相反的观点认为对于不同的生物群落或植被类型，根据光合生理学的经典研究，对于 C3 植物（包括大豆、小麦、水稻等），其最大光能利用率可以表示为温度的函数。而对于 C4 植物（包括高粱、玉米、甘蔗等），其光能利用率具有最大值，即 $2.76g \cdot C \cdot MJ^{-1}$。本研究使用了 MODIS 的查找表值，从结果来看，对于农作物最大光能利用率 $0.542g \cdot C \cdot MJ^{-1}$ 的值设定等存在明显的低估。

（2）环境因子的影响

不同植被的光能利用率差异很大，引起差异的原因除潜在光能利用率外，主要是光能利用率受气温、水分、土壤、营养、疾病等因素的影响（Prince，1991）。在 CO_2 光合同化过程中，对植物吸收的光合有效辐射的利用效率影响最大的环境因子是空气温度、土壤水分含量和饱和水汽压差，它们都会通过影响气孔导度进而影响 CO_2 同化（Bradford et al., 2005）。因此，环境因子对于光能利用率的影响十分复杂，仅仅使用温度、水分两个限制因子是否能准确模拟环境因素的影响还存在一定的不确定性。

3.4.5.2 FPAR导致的不确定性

FPAR是GPP/NPP计算中的一个重要因子，其估算方法有多种。本研究创新性地使用了雷达反演的LAI数据来进行FPAR的估算，这一方法存在一定的不确定性，主要源于以下两个方面：

一是利用雷达数据估算植被叶面积指数的研究中，反演精度受到模型限制的影响。以MIMICS模型为例，该模型需要输入多个参数，这些参数之间存在复杂的相互作用，难以准确地对植被的后向散射进行定量描述。此外，许多输入参数并非通过实测获得，且难以直接测量，导致模型模拟存在问题，从而直接影响利用查找表进行反演的准确性。同时，利用代价函数方法进行备选算法时，也存在一定的不确定性。

二是利用LAI来估算FPAR，各种算法之间有差异，虽然在研究中存在直接的相关关系，但是这种相关关系随着不同研究区域及研究时间植被类型会发生变化，从而可能导致FPAR的估算误差（Liang, 2002）。

3.5 雷达数据驱动的GPP模型研究总结

本章基于光能利用率原理，使用雷达数据进行GPP的建模。在考虑研究区域植被分布和环境因素的典型特点的基础上，利用雷达数据反演结果及气象数据等其他数据进行植被总初级生产力的估算。在对计算结果进行分析的基础上，将其与MODIS产品及实测通量数据结果进行了对比及验证，指出了模型的不确定性。

本研究利用雷达数据进行叶面积指数的反演，并以此为基础驱动GPP模型，得到了较好的效果。研究比较了现有星载雷达仪器的特点，系统分析了ENVISAT/ASAR,ALOS/PALSAR, RADASAT-2等在反演植被叶面积指数时的特点。在反演过程中，研究利用MIMICS机理模型模拟了研究区植被的后向散射，通过构造查找表建立数据集反演了各种植被的叶面积指数，进而利用光学辐射传输的原理得到植被的FPAR，驱动了GPP模型。本研究通过构建雷达数据驱动的光能利用率模型，估算了黑河地区2008年每月PAR、水分胁迫因子和温度胁迫因子，较深入地分析了研究时段内上述参数因子的空间分布和季相变化特征，为最终的模型建立及比较验证奠定基础。

由于受到各方面条件的限制，本章的研究还存在以下一些问题：

太阳辐射与光合有效辐射的关系、光合有效辐射和植物吸收的光合有效辐射的关系、植物的光能利用率、光合作用固碳与生物量的积累和分配的关系，对这些关系的理解，虽然基于一定的生理生态学理论，并借鉴了常用模型的特点，但仍然主要建立在统计分析的基础上，存在着一定的不确定性，使得现有的基于雷达数据的GPP估算模型还不够完善，有待今后进一步的研究。

本研究的GPP模型最大不确定性是最大光能利用率的选择，由于受到研究条件限制，最大光能利用率未能通过通量数据实测，研究表明选用的MODIS产品最大光能利用率值对于农作物等明显偏低，这一问题需要在以后的建模中加以考虑。

本研究在利用机理模型反演时，仅仅从机理模型本身出发，而模型的模拟需要较多的参数，这使得结果具有较大的不确定性；同时查找表方法缺少必要的先验知识的支持，造成了一定的误差；有时较多依赖不确定性更高的代价函数的方法，这使得精度降低。

由于受到数据限制，本研究仅仅在黑河绿洲地区进行分析与建模，在以后的研究中应该考虑选用大尺度的数据进行研究，这也可以减少几何校正等数据处理方面的问题。

第 4 章

基于数据驱动方法的全球陆地生态系统 GPP 估算研究

在全球碳循环中，陆地生态系统是十分重要的碳汇（Zhao et al.，2005），在不考虑土地利用变化的前提下，其固碳能力约为 $2.6\sim2.9$PgC·a^{-1}（Le Quéré et al.，2017）。陆地生态系统通过光合作用能够降低大气中 CO_2 的浓度，从而一定程度地缓解全球变暖趋势，它能够吸收 25%～30% 的人类活动所释放的 CO_2（Le Quéré et al.，2009）。GPP 反映了自然条件下陆地生态系统的生产能力（Smith et al.，1996）。GPP 作为陆地生态系统固碳的主要驱动力，在全球碳平衡中发挥着关键作用（Battin et al.，2009）。

目前的观测技术还不能实现对 GPP 的直接观测（Zhang et al.，2014）。涡动相关通量技术是一种能够直接测量生态系统与大气中气体、动量、能量等交换量的方法。目前全世界范围内有超过 900 个涡动相关碳通量塔站点用来测量生态系统与大气间的 CO_2 的交换（Aubinet et al.，2001），该方法可以直接获取 NEE，之后研究者通过应用一些分区方法可以将 GPP 从 NEE 中分离出来（Reichstein et al.，2005）。

自 20 世纪末以来，有越来越多的学者利用遥感数据做解释变量，采用一些数据驱动的经验模型，结合涡动相关通量数据去估算碳通量（Joiner et al.，2018；Shi et al.，2017；Wolanin et al.，2019；Yang et al.，2007）。例如，研究发现归一化植被指数（normalized difference vegetation index, NDVI）与碳通量站点观测的 GPP 显著相关，进一步增加了通量站点观测的碳通量数据向更大空间尺度扩展的潜力（Gilmanov et al., 2005）；利用 MODIS 增强植被指数（enhanced vegetation index, EVI）和陆地表面温度产品可以很好地估算 GPP（Rahman et al., 2005）；基于数据驱动方法估算碳通量，精度一般优于其他模型（例如光能利用率模型）（Ichii et al., 2017）。因此，本章的研究目标是结合多源遥感数据（MODIS 数据和 GLASS 数据）、土壤有机碳数据、全球碳通量站点观测的 GPP 数据，利用机器学习方法，对全球陆地生态系统几种典型植被类型 GPP 进行估算。期望把离散的单点尺度的碳通量观测数据扩展到区域乃至全球尺度上，为生态系统的可持续发展、更好地理解陆地生态系统碳循环的机理提供参考。

4.1 数据来源及方法概述

4.1.1 研究数据源

4.1.1.1 涡动相关碳通量数据

本研究选取全球共 186 个碳通量站点用于机器学习模型的模型训练和预测，选取的植被类型和碳通量观测站点分别是 6 个木本草原观测站点、8 个稀树草原观测站点、14 个灌丛观测站点、20 个农田观测站点、38 个草地观测站点、26 个落叶阔叶林观测站点、50 个常绿针叶林观测站点、15 个常绿阔叶林观测站点和 9 个混交林观测站点（碳通量站点观测数据通过网站 https://fluxnet.fluxdata.org/获取）。本研究所使用的是碳通量站点观测获取的 GPP 数据，最终共有 29223 条 GPP 数据。

本研究旨在生产时间分辨率为8天的GPP产品，因此对碳通量站点每天观测的GPP数据进行重采样，使时间分辨率为8天。为了匹配遥感数据以及碳通量站点观测数据，本研究对站点观测的GPP空值做了如下处理：若站点观测值在一年中连续出现大量空值，那么在处理过程中会将该年份获取的数值删除；若站点观测值在连续8天内仅出现部分空值，则用同月份前后8天非空缺值的平均值填补空值。

4.1.1.2 多源遥感数据产品

（1）MODIS地表反射率产品数据

本研究所采用的地表反射率数据是MOD09A1数据集，该数据的空间分辨率为500m，时间分辨率是8天，共有7个波段（Gao et al.，2006）。本研究使用的是波长范围为627～670nm的红波段、波长范围为841～876nm的近红外波段、波长范围为545～565nm的蓝波段和波长范围为1628～1652nm短波红外波段，可分别用来组合计算NDVI、EVI和地表水分指数（land surface water index, LSWI）。

NDVI定义为近红外波段反射率值、可见光红波段反射率值之差与此两波段反射率值之和的比值，可用来表征植被的光合作用活性以及植被绿度（Chen et al.，2004；Tucker et al.，2005；Wang et al.，2003；孟梦等，2018）。计算公式如下：

$$NDVI = \frac{\rho_{nir} - \rho_{red}}{\rho_{nir} + \rho_{red}} \tag{4-1}$$

NDVI在植被浓密区域易出现饱和现象，因此本研究同时选用了优化后的植被指数EVI，EVI在植被浓密区比较敏感，且降低了气溶胶以及土壤背景信号的干扰（Rahman et al.，2005；Sims et al.，2006；Sjöström et al.，2011）。计算公式如下：

$$EVI = 2.5 \times \frac{\rho_{nir} - \rho_{red}}{\rho_{nir} + 6.0 \times \rho_{red} - 7.5 \times \rho_{blue} + 1} \tag{4-2}$$

植被冠层内部水分的含量可用LSWI来表征（Bajgain et al.，2015；Chandrasekar et al.，2010；Dong et al.，2014；伍卫星等，2008）。其计算公式如下：

$$LSWI = \frac{\rho_{nir} - \rho_{swir}}{\rho_{nir} + \rho_{swir}} \tag{4-3}$$

上式中ρ表示不同波段的地表反射率。

（2）MODIS地表温度产品数据

地表温度（land surface temperature, LST）是驱动植被生长的主要因子（Wan et al.，2008；李娅丽等，2019）。本研究使用的LST数据（MOD11A2产品）空间分辨率为1km，时间分辨率为8天。数据集包含夜间和白天的地表温度（Frey et al.，2012；Li et al.，2014a）。本研究首先剔除原始的LST产品中的无效值，然后将各像素值乘以0.02，减去275.15，换算成以摄氏度为单位的数值。

（3）MODIS GPP产品数据

为了验证本研究所使用的机器学习模型估算GPP的精度，对比分析GPP估算结果与MODIS GPP产品。本研究使用的GPP产品（MOD17A2H产品）时间分辨率为8天，空间分辨率为500m（Zhang et al.，2009）。本研究所使用MODIS数据产品均在谷歌地球引擎云平台（Google Earth Engine，GEE）获取。

（4）GLASS GPP数据

本研究将机器学习估算结果与GLASS GPP产品做对比分析。GLASS GPP由袁文平团队通过EC-LUE模型生产，时间跨度为1982—2017年，数据分辨率为0.05°（Yuan et al.，2010）。

（5）GLASS PAR数据

太阳辐射是地球能量的重要来源，对植被生长具有重要意义（郭志华等，1999），PAR能有效表征热量变化。本研究使用GLASS PAR产品作为模型输入变量之一来模拟GPP。该产品基于查找表算法（Liang et al.，2013），分别建立有云和无云两种情况的辐射传输模型，使用MODIS波段数据以及云产品，通过合并两种MODIS观测传感器反演结果计算短波净辐射数据结果，同时使用GLASS反照率计算全球短波辐射数据，借助转换系数生产全球光合有效辐射产品。PAR产品将全面覆盖全球陆地表面，该数据集空间分辨率是0.05°，时间分辨率是1天（梁顺林等，2016）。本研究首先剔除PAR数据中的无效值，然后将每天的PAR数据时间分辨率重采样为8天，从而使其与其他遥感数据相匹配。

4.1.1.3 土壤有机碳数据

反映土壤状况最有效的指标之一就是土壤有机碳的含量，该指标能够反映土壤养分和土壤的化学属性，对研究植被生长以及全球变化具有重要意义（Lehmann & Kleber，2015；崔霞等，2017）。本研究使用欧洲土壤数据中心（European Soil Data Centre，ESDAC）在2012年公布的全球表层土壤（0～30cm）有机碳数据，该套数据空间分辨率是1km。由于只有一期土壤有机碳数据，本研究中同一种植被类型在不同年份的土壤有机碳值是相同的。

本研究获取的站点尺度遥感数据均通过"3×3像元"平均值法获得（Chen & Coops, et al., 2011）。此外，本研究对MODIS产品数据以及GLASS PAR数据均用Savitzky-Golay（SG）滤波算法进行了平滑处理，该方法被广泛应用于科学研究（Liu et al.，2017；Wang et al.，2017）。为了去除非植被区域对估算结果的不利影响，本研究去除了NDVI值小于0.1以及EVI值小于0.08的像元（Piao et al.，2011；Shen et al.，2014）。

4.1.1.4 气候分区数据

位于不同气候区域的植被生长驱动因子有所差异，为了后续进一步分析气候因素对GPP估算的影响，本研究采用IPCC在2006年发布的气候分类图。本研究使用的是在长时间序列（1986—2010年）降水和气温数据基础上得出的最新版本的气候分类图。全球气候类型复杂多变，主要包含的气候类型有热带潮湿气候（tropical wet）、热带湿润气候（tropical moist）、热带干旱气候（tropical dry）、暖温带湿润气候（warm temperate moist）、暖温带干旱气候

（warm temperate dry）、凉温带湿润气候（cool temperate moist）、凉温带干旱气候（cool temperate dry）、极地湿润气候（polar moist）、极地干旱气候（polar dry）、北方湿润气候（boreal moist）、北方干旱气候（boreal dry）以及热带季风气候（tropical montane）。

4.1.2　研究方法

4.1.2.1　随机森林算法概述

机器学习是一种从数据中提取知识的算法和技术，被认为是人工智能的一个分支（Haeberle et al.，2019）。机器学习从计算机科学中衍生，它尝试结合算法和数学来解决问题，从经验中学习和改善系统的性能。机器学习的基本形式是将样本数据集作为输入数据，经过学习和分析预测输出结果。

里奥·布莱曼（Leo Breiman）和阿黛尔·卡特勒（Culter Adele）结合随机子空间方法与集成学习理论，在2001年提出了随机森林算法。随机森林算法原理如图4-1所示。

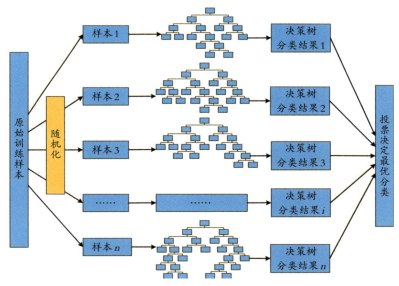

图4-1　随机森林算法原理

随机森林生成的过程可以分为以下四步：

（1）自助法重采样。假设有 N 个样本在训练集中，从这 N 个样本中随机抽拿 n 个样本（单次抽拿 1 个样本，并在记录结果后放回），将此作为训练样本输入到单颗决策树中。

（2）分裂属性集选择。从假设存在的 m 个特征变量中随机选取 m 个特征变量，在这些选取的特征变量中，我们选择分类效果最好的一个作为决策节点的分裂属性（变量）。在森林的生长过程中，即在构建每棵树时，保持 m 值恒定。

（3）随机数的生长。随机数的生长过程中，保证每棵决策树生长到最大并且不被剪枝。

（4）随机森林的生长。重复步骤（1）～（3），使多个决策树长出，形成随机森林。

随机森林算法相较于其他机器学习算法，对于数据集有较强的适应性，它的数据抗噪性能和拟合能力比较强（Chen, Schwender, et al., 2011），可理解性强，实现起来相对比较简单，并且可以完成并行处理任务。但如果有太多的噪声存在于样本集中，随机森林模型会有过拟合的缺陷。

4.1.2.2 梯度提升回归树算法概述

梯度提升回归树（gradient boosted regression tree，GBRT）也是常用的一种机器学习应用算法（Wei et al., 2019）。该算法由多棵回归树组成，每一棵回归树的构建目的是预测之前全部回归树的残差（韩忠明等，2018）。

假设用于训练的数据集 $N = \left\{ (x_i, y_i) \right\}_{i=1}^{N}$，损失函数假设为 $L\left(y, f(x) \right)$，输出回归树假设为 $f_M(x)$。GBRT 算法原理如下：

（1）初始化一棵仅有根节点的回归树为 $f_0(x) = \text{argmin} \dfrac{1}{N} \sum_{i=1}^{N} L(y_i, c)$。

（2）对 $m = 1, 2, 3, \cdots, M$：

① 对 $i=1,2,3,\cdots,N$，计算其负梯度值 $r_{mi}=-\left[\dfrac{\partial L\left(y_i,f\left(x_i\right)\right)}{\partial f\left(x_i\right)}\right]_{f(x)=f_{m-1}(x)}$；

② 对 $j=1,2,3,\cdots,J$，对 r_{mi} 拟合一棵回归树，从而得到第 m 棵回归树的节点区域 R_{mj}，并重新计算每个区域新的输出值 $c_{mj}=\arg\min\sum\limits_{x_i\in R_{mj}}L\left(y_i,f_{m-1}\left(x_i\right)+c\right)$；

③ 更新 $f_m\left(x\right)=f_{m-1}\left(x\right)+\sum\limits_{j=1}^{J}c_{mj}L$，其中 $\left(x\in R_{mj}\right)$。

（3）输出回归树 $f_M\left(x\right)$。

4.1.2.3 机器学习模型性能评价

为了评估两种机器学习模型的性能，本研究采用均方根误差（root mean square error，RMSE）、一致性指数（index of agreement，IA）、可决系数（coefficient of determination，R^2）和平均绝对误差（mean absolute error，MAE）四个模型性能评价指标，来评估机器学习模型训练的精度。

均方根误差指对应样本点预测值与真实值的偏差平方和的均值的平方根，可以用来确定预测值与真实值之间的偏差。通常情况下，RMSE的值越小，代表拟合的模型效果越好。其计算公式如下：

$$\mathrm{RMSE}=\sqrt{\frac{1}{N}\sum_{i=1}^{N}\left(y_i-\hat{y}_i\right)^2} \tag{4-4}$$

可决系数表示，在回归模型中表示为由自变量（预测变量）解释的因变量（相应变量）变异的比例，R^2 的取值[0，1]。通常情况下，R^2 值越接近于1，模型的性能越好。其计算公式如下：

$$R^2=1-\frac{\sum\limits_{i=1}^{N}\left(y_i-\hat{y}_i\right)^2}{\sum\limits_{i=1}^{N}\left(y_i-\bar{y}\right)^2} \tag{4-5}$$

预测值与真实值偏差的绝对值的平均为平均绝对误差，通常能够有效避免误差之间互相抵消的情况，因此可以较为真实客观地反映实际偏差。其计算公式如下：

$$MAE = \frac{1}{N}\sum_{i=1}^{N}\left|y_i - \hat{y}\right| \tag{4-6}$$

一致性指数是模型的均方误差与潜在误差之比。当估算模型对高值高估、低值低估时，可决系数模型不能客观反映模型精度。因为可决系数模型的计算方式是以平方值为基础的，所以本研究也运用了一致性指数评价模型的预测精度。该指数计算公式如下：

$$IA = 1 - \frac{\sum\limits_{i=1}^{M}\left(y_i - \hat{y}\right)^2}{\sum\limits_{i=1}^{N}\left(\left|y_i - \bar{y}\right| + \left|\hat{y} - \bar{y}\right|\right)} \tag{4-7}$$

在公式（4-4）、公式（4-5）、公式（4-6）以及公式（4-7）中，RMSE表示均方根误差，R^2表示可决系数，MAE表示平均绝对误差，IA表示一致性指数；N表示样本总数，y_i表示第i个样本点处的真实值，$\hat{y}_i$表示第i个样本点处的预测值，$\bar{y}$表示样本均值。

4.1.3　谷歌地球引擎云平台介绍

2010年，GEE的出现使遥感领域产生了巨大变革。GEE存储了全球尺度上长时间序列的多源遥感数据的开源数据集，这些数据集的存储量达到了PB级别。该平台的数据存储能力、管理能力以及数据处理能力均十分强大，使用于地理空间数据并行处理的Google计算基础构架得到了优化。GEE主要通过Python和JavaScript提供的应用程序编程接口（application programmig interface，API）实现功能。该API可以实现时间序列分析以及地图代数、变化监测等一系列复杂的地理空间分析，用户通过API可以完善、更新已有的算法，也可以提出新的算法。GEE平台上存储的遥感数据既有原始影像，也有得到一系列预处理后（例如辐射定标、大气校正）的数据集，用户也可根据需求生产新的数据集（孟梦等，2019）。

4.2 基于数据驱动方法的GPP估算模型构建

4.2.1 全球尺度陆地生态系统GPP估算模型构建

为了研究不同的解释变量对GPP的影响，本研究计算了全球尺度各个遥感解释变量与GPP之间的相关关系（表4-1）。结果表示植被绿度以及生长状况的VIs（EVI和NDVI）对GPP的指示性最强，两者均与GPP在99%置信水平上显著相关，两者的相关性系数分别为0.74和0.62。表征植被冠层水分的LSWI对GPP指示性也比较强，两者在95%置信水平上显著相关，相关性系数为0.36。PAR对GPP的指示性也较强，与GPP显著正相关，相关系数为0.44（$p<0.05$）。此外，可以发现地表温度和土壤有机碳对全球尺度GPP指示性较差，均呈现非显著相关关系。

表4-1 全球尺度陆地生态系统植被GPP与各个解释变量间的相关系数

变量	GPP (g·C·m²·d⁻¹)	EVI	NDVI	LSWI	LST_night (℃)	LST_day (℃)	PAR (mol·m²·d⁻¹)	SOC (g·kg⁻¹)
GPP	1							
EVI	0.74**	1						

变量	GPP (g·C·m⁻²·d⁻¹)	EVI	NDVI	LSWI	LST_night (℃)	LST_day (℃)	PAR (mol·m⁻²·d⁻¹)	SOC (g·kg⁻¹)
NDVI	0.62**	0.81**	1					
LSWI	0.36*	0.46**	0.39**	1				
LST_night	0.04	0.05	0.07	0.08	1			
LST_day	0.05	0.05	0.09*	0.10*	0.92**	1		
PAR	0.44*	0.30*	0.11*	-0.13*	0.82**	0.85**	1	
SOC	0.004	0.03	0.11*	0.10*	0.07	0.07	0.06	1

表注：*和**分别表示 p 值为0.05和0.01的相关性。

本研究共采用186个碳通量观测站点用于构建全球陆地生态系统植被GPP估算模型，经过数据清洗，最终有29223条数据用于构建模型。研究随机选取各解释变量数据的3/4的用于机器学习模型训练。研究对随机森林模型中输入的以下参数进行了调参，分别是 n_estimators、min_samples_leaf 和 max_features。n_estimators 表示决策树的个数，通常 n_estimators 越多越好，但是 n_estimators 数量过多会对模型的性能有不利影响。本研究将 n_estimators 的取值范围设置为10～500，步长设为5。min_samples_leaf 代表叶子节点最少样本数，本研究将 min_samples_leaf 的取值设置为1～50，步长设为2。max_features 指随机森林允许单个决策树使用特征的最大数量，一般来说，增加 max_features 对模型的性能会有一定程度的提高，但这样会对算法的运算速度有所影响，本研究将 max_features 的取值设置为1～100，步长设为2。最终得到的最优参数是 n_estimators=145，min_samples_leaf=1，max_features=2，R^2=0.76，RMSE=1.95g·C·m⁻²·d⁻¹，MAE=0.34g·C·m⁻²·d⁻¹，IA=0.92。

对于梯度提升回归树算法，其主要参数包含回归树个数 n_estimators，学习率 learning_rate 和 max_depth。学习率用于控制当前回归树对前一棵树错误的纠正强度，与回归树个数相关性比较强。max_depth 用于降低每棵回归树的复杂度，在 GBRT 算法中该值设置一般不超过 5。研究将 GBRT 算法中的 n_estimators 设置为 100～500，步长为 5；learning_rate 设置为 0.1～1，步长为 0.1；max_depth 设置为 1～5，步长为 1。最终，获得的最优模型参数为 n_estimators=300，learning_rate=0.2，max_depth=7，R^2=0.75，RMSE=1.97g・C・m^{-2}・d^{-1}，MAE=0.32g・C・m^{-2}・d^{-1}，IA=0.90。综合比较两种机器学习算法的评价指标，RF 和 GBRT 算法均能较好地模拟 GPP，解释了全球 70% 以上的 GPP 变异，但 RF 相对 GBRT 对全球陆地生态系统 GPP 预测精度更高。本研究最终选择随机森林模型对全球陆地生态系统 GPP 进行估算。

对随机森林模型进行训练后，研究进一步分析了所选取的解释变量对模型贡献率大小，如图 4-2 所示。发现 EVI 对模型最为重要，贡献率为 59%；其次是 PAR，对模型贡献率为 12%；SOC 和 LSWI 对模型重要程度相当，分别为 8% 和 7%；地表温度对模型贡献率最低，此结果与表 4-1 显示的解释变量与 GPP 的相关关系相符合。研究发现 NDVI 对模型贡献率仅为 6%，这与表 4-1 中 NDVI 和 GPP 的强相关性相冲突，可能原因是 EVI 和 NDVI 具有显著的相关性 [r（NDVI&EVI）=0.81]，解释变量之间共线性严重。为了验证该想法，研究将 NDVI 和 EVI 分别逐项移除，再次训练随机森林模型，发现模型 R^2 分别为 0.75 和 0.72，RMSE 分别为 2.05g・C・m^{-2}・d^{-1} 和 2.10g・C・m^{-2}・d^{-1}，去除变量 NDVI 对模型精度影响甚微，在一定程度上验证了以上猜想。

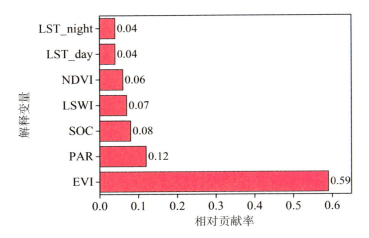

图 4-2　各解释变量对全球尺度 GPP 估算模型的相对贡献率

综上，我们可以看出利用机器学习算法估算 GPP 是可行的，但陆地环境差异较大、土质结构复杂多样，造成了全球植被类型种类繁多。本研究接下来利用机器学习方法针对不同的植被类型分别训练模型，进一步提高 GPP 的估算精度，并且明确解释变量对不同植被类型的影响机制。

4.2.2　全球陆地生态系统不同植被类型 GPP 估算模型构建

4.2.2.1　草地生态系统 GPP 估算模型构建

草地面积占陆地总面积的约 20%，该生态系统易受人为因素影响，例如土地覆盖的变化以及牧民的放牧等行为，均会对其结构和功能产生一定程度的影响。草地生态系统对气候变化响应敏感，并且有着比较脆弱的生境，近年来备受学者关注。草地碳通量站点主要分布在全球的温带地区，仅有少量站点分布在热带地区。

表 4-2 为草地 GPP 与 EVI、NDVI、LSWI、LST_night、LST_day 以及 PAR 之间的相关系数。整体上，EVI 和 NDVI 对草地指示性最好，两者分别与草地 GPP 显著正相关，相关系数分别为 0.82（$p<0.01$）和 0.76（$p<0.01$）。PAR 和

LSWI与草地GPP在95%显著水平上显著正相关，相关系数分别为0.36和0.48。LST以及SOC与草地GPP均不显著相关。以上表明全球草地的生长对水分响应更加敏感，光合有效辐射显著影响草地的生产力。EVI相对于易产生饱和效应的NDVI，对草地GPP有更好的指示效果。

表4-2　草地GPP与各个解释变量间的相关系数

变量	GPP (g·C·m⁻²·d⁻¹)	EVI	NDVI	LSWI	LST_night (℃)	LST_day (℃)	PAR (mol·m⁻²·d⁻¹)	SOC (g·kg⁻¹)
GPP	1							
EVI	0.82**	1						
NDVI	0.72**	0.93**	1					
LSWI	0.48*	0.52**	0.46*	1				
LST_night	0.02	0.05	0.04	0.08	1			
LST_day	0.03	0.07	0.06	0.10*	0.94**	1		
PAR	0.36*	0.23*	0.11*	0.10	0.82**	0.85**	1	
SOC	0.07	0.20*	0.11*	0.21*	0.10*	0.10*	-0.13*	1

表注：*和**分别表示p值为0.05和0.01的相关性。

本研究共使用27个草地碳通量观测站点，用于机器学习模型的训练和预测。经过数据清洗，共有4347条草地碳通量站点GPP数据，本研究随机选取草地GPP数据以及所有解释变量数据的3/4的用于机器学习模型训练。设置与全球GPP估算模型相同的参数变化区间，随机森林模型得到的最优参数是：n_estimators=125，min_samples_leaf=6，max_features=4，R^2=0.84，RMSE=1.55g·C·m⁻²·d⁻¹，MAE=0.23g·C·m⁻²·d⁻¹，IA=0.95。梯度提升回归树最优模型参数为：n_estimators=350，learning_rate=0.2，max_depth=5，R^2=0.82，RMSE=1.59g·C·m^{-2}·d^{-1}，MAE=0.33g·C·m^{-2}·d^{-1}，IA=0.93。综合比较各项精度评价指标，选择随机森林模型预测草地GPP。

图4-3为各解释变量对草地GPP估算模型的贡献率。由图4-3可知EVI对模型贡献率最大，为73%；其次是PAR，贡献率为10%；LST、NDVI和LSWI对模型贡献率都是3%。存在的现象是NDVI与草地GPP显著相关［r（NDVI&GPP）=0.72，$p<0.01$］，但是对估算模型贡献率较小。从表4-2发现草地NDVI与EVI、LSWI显著相关，本研究依次分别将NDVI、EVI和LSWI从模型中移除，重新训练新的模型精度分别为：R^2=0.83，RMSE=1.56g·C·m^{-2}·d^{-1}，MAE=0.27g·C·m^{-2}·d^{-1}，IA=0.95；R^2=0.82，RMSE=1.65g·C·m^{-2}·d^{-1}，MAE=0.28g·C·m^{-2}·d^{-1}，IA=0.94；R^2=0.82，RMSE=1.56g·C·m^{-2}·d^{-1}，MAE=0.27g·C·m^2·d^{-1}，IA=0.94，研究发现去除这三个变量后，模型精度均会有所降低。解释变量即使具有高度共线性，但每个解释变量对草地表征不同的物理意义，本研究最终选择输入所有解释变量预测草地GPP。

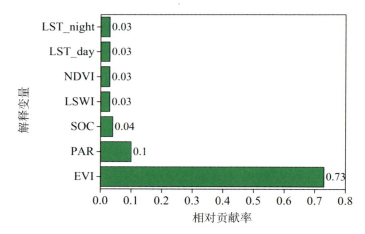

图4-3　各解释变量对草地GPP估算模型的相对贡献率

4.2.2.2 农田生态系统GPP估算模型构建

农田生态系统在区域碳平衡以及全球的粮食安全中发挥着显著作用。它对气候变化响应相当敏感，气候变化会影响农田自身的适应能力，从而也会影响农产品产量以及农产品供应等。农田碳通量观测站点主要分布在北美洲南部以及欧洲西南部，且主要位于温带气候区。

为了探究不同遥感解释变量对农田GPP的影响程度，本研究计算了农田GPP与所选择的各遥感解释变量之间的相关关系，如表4-3所示。可以看出，EVI相对NDVI更能刻画农田GPP的变化，两者与农田GPP相关系数分别为0.69和0.60，且均在99%置信水平上显著相关。LSWI和PAR也能比较好地表示农田GPP的变化，两者均与农田GPP在95%置信水平上显著正相关，相关系数分别为0.48和0.47。但农田GPP对地表温度和土壤有机碳响应不敏感，与两者相关性较低，且相关系数均不显著。

表4-3　农田GPP与各个解释变量间的相关系数

变量	GPP (g·C·m⁻²·d⁻¹)	EVI	NDVI	LSWI	LST_night (℃)	LST_day (℃)	PAR (mol·m⁻²·d⁻¹)	SOC (g·kg⁻¹)
GPP	1							
EVI	0.69**	1						
NDVI	0.60**	0.93**	1					
LSWI	0.48*	0.66**	0.64*	1				
LST_night	-0.03	0.41	0.03	0.02	1			
LST_day	-0.04	0.07	0.01	0.03	0.94**	1		
PAR	0.47*	0.01	0.25	0.10	0.82**	0.85**	1	
SOC	-0.03	0.08	0.03	0.03	-0.13*	0.10*	-0.13*	1

表注：*和**分别表示 p 值为0.05和0.01的相关性。

　　本研究共使用20个农田碳通量观测站点用于机器学习模型的训练和预测。经过数据清洗，共有4180条农田碳通量站点GPP数据，本研究随机选取农田GPP数据以及所有解释变量数据的3/4的用于机器学习模型训练。设置与全球GPP估算模型相同的参数变化区间，随机森林模型得到的最优参数是：n_estimators=120，min_samples_leaf=12，max_features=2，R^2=0.76，RMSE=2.65g·C·m^{-2}·d^{-1}，MAE=0.39g·C·m^{-2}·d^{-1}，IA=0.93。梯度提升回归树最优模型参数为：n_estimators=270，learning_rate=0.2，max_depth=5，R^2=0.77，RMSE=2.63g·C·m^{-2}·d^{-1}，MAE=0.33g·C·m^{-2}·d^{-1}，IA=0.94。综合比较各项精度评价指标，选择梯度提升回归树模型预测农田GPP。

　　图4-4为各解释变量对农田GPP估算模型的贡献率。由图可知，EVI对模型贡献率最大，为58%；其次是PAR，贡献率为14%。LST、NDVI、LSWI以及SOC对模型贡献率都在5%左右。同样存在的现象是NDVI与农田GPP相关性强，但是对估算模型贡献率较小。推测原因也有可能是EVI与NDVI相关性强，两者在99%置信水平上显著相关，相关系数为0.93，存在非常显著的共线性。LSWI和PAR对模型贡献率与表4-3中的相关系数也有冲突，可能也是变量之间的共线性引起的。为此，研究分别将NDVI、EVI和LSWI逐次从模型中移除，重新训练新的模型，发现移除变量得到的新模型精度均低于将所有变量输入进去所得到的模型，模型参数在此不赘述。最终，本研究选择输入所有遥感解释变量预测农田GPP。

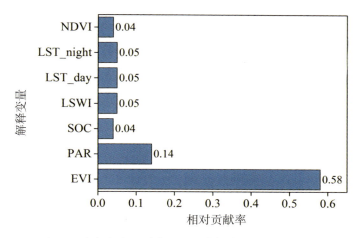

图4-4　各解释变量对农田GPP估算模型的相对贡献率

4.2.2.3 灌丛生态系统GPP估算模型构建

灌丛对森林恢复和碳平衡等具有非常重要的意义。灌丛碳通量观测站点在全球分布纬度跨越较大，总体来说，主要分布在北美洲中部、欧洲南部，此外，在亚洲东南部以及澳大利亚中部也各有一个站点分布。在气候带分布上，灌丛碳通量站点分布也比较分散，大部分站点位于温带气候区，也有少量站点位于极地气候区和热带气候区。

表4-4为灌丛GPP与各个遥感解释变量之间的相关系数。NDVI与灌丛GPP相关性最强，两者相关系数为0.60（$p<0.01$）。EVI也能比较好地能刻画灌丛GPP的变化，两者相关系数为0.42（$p<0.01$）。灌丛多生长在温带地区，相对于温度，其对水分的变化更加敏感，GPP与LSWI，相关系数为0.39（$p<0.05$），而与白天和夜间地表温度相关系数均为0.16。灌丛生长对土壤有机碳的变化响应敏感，两者相关系数为0.28（$p<0.05$）。PAR对灌丛生长影响相对较小，两者相关系数为0.18。

表4-4　灌丛GPP与各个解释变量间的相关系数

变量	GPP (g·C·m⁻²·d⁻¹)	EVI	NDVI	LSWI	LST_ night (℃)	LST_ day (℃)	PAR (mol·m⁻²·d⁻¹)	SOC (g·kg⁻¹)
GPP	1							
EVI	0.42**	1						
NDVI	0.60**	0.82**	1					
LSWI	0.39*	-0.03	0.17	1				
LST_ night	0.16	0.01	0.03	0.06	1			
LST_ day	0.16	0.02	0.05	0.07	0.94**	1		
PAR	0.18	0.06	-0.07	-0.09	0.82**	0.85**	1	
SOC	0.28*	0.30	0.55	0.24	-0.28*	-0.22*	-0.07	1

表注：*和**分别表示p值为0.05和0.01的相关性。

本研究使用13个灌丛碳通量观测站点用于机器学习模型的训练和预测。经过数据清洗，共有1396条灌丛碳通量站点观测GPP数据，本研究随机选取灌丛GPP数据以及所有遥感解释变量数据的3/4用于机器学习模型训练。考虑到本次实验数据量较少，本研究采用了10折交叉验证方法来评估机器学习模型的性能。10折交叉验证的思想是将数据集共分为10份，将其中9份数据集轮流着用于训练，留下1份数据集用于实现模型的验证工作，如此进行实验。之所以采用交叉验证，一方面是对模型参数进行调整，以使模型尽可能地反映训练数据的特征；另一方面是为了防止模型由于训练数据过少或者模型参数不合适产生过拟合现象。设置与全球GPP估算模型相同的参数变化区间，随机森林模型得到的最优参数是：n_estimators=55，min_samples_leaf=2，max_features=3，R^2=0.79，RMSE=0.65gC·m^{-2}·d^{-1}，MAE=0.12g·C·m^{-2}·d^{-1}，IA=0.94。梯度提升回归树最优模型参数为：n_estimators=76，learning_rate=0.2，max_depth=3，R^2=0.77，RMSE=0.68g·C·m^{-2}·d^{-1}，MAE=0.15g·C·m^{-2}·d^{-1}，IA=0.93。最终选择随机森林模型预测灌丛GPP。

图4-5为各解释变量对灌丛GPP估算模型的贡献率。NDVI对模型贡献率最大，为61%；其次是PAR，贡献率为11%。LST、LSWI、EVI和SOC对模型贡献率都在5%左右。从表4-4可以看出，PAR与灌丛GPP的相关性相对SOC以及EVI较小，但是PAR对随机森林模型贡献率相对以上变量都要大，间接证明了PAR对灌丛GPP预测的重要性。

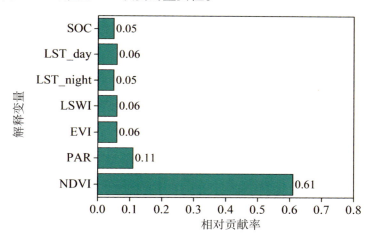

图4-5　各解释变量对灌丛GPP估算模型的相对贡献率

4.2.2.4 稀树草原生态系统GPP估算模型构建

稀树草原属于旱生草地植被的一种，多数生长在全球的热带干旱地区。不同地区稀树草原的形成原因是有差异的。例如非洲东部典型的气候型稀树草原植被，它属于热带荒漠植被和热带雨林植被之间的过渡类型；南美洲稀树草原的形成很大程度上是受当地土壤类型影响；还有一些稀树草原是人类活动破坏植被后所产生的次生类型，例如中国滇南河谷处的稀树草原。稀树草原碳通量观测站点主要分布在非洲和大洋洲的热带气候区。

表4-5为稀树草原GPP与各个遥感解释变量之间的相关系数。NDVI与稀树草原GPP相关性最强，两者相关系数为0.71（$p<0.01$）。EVI能较好地刻画稀树草原GPP的变化，两者相关系数为0.62（$p<0.01$）。稀树草原多生长在热带地区，对水分的变化比较敏感，GPP与LSWI相关性强，相关系数为0.69（$p<0.01$），与白天和夜间温度均为非显著相关关系。全球稀树草原生长总体上对土壤有机碳的变化响应不敏感，两者非显著相关，相关系数为0.01。PAR对稀树草原生长影响也相对较小，两者相关系数为0.18。

表4-5　稀树草原GPP与各个解释变量间的相关系数

变量	GPP (g·C·m^{-2}·d^{-1})	EVI	NDVI	LSWI	LST_ night (℃)	LST_ day (℃)	PAR (mol·m^{-2}·d^{-1})	SOC (g·kg^{-1})
GPP	1							
EVI	0.71**	1						
NDVI	0.62**	0.92**	1					
LSWI	0.69*	0.87**	0.84*	1				
LST_night	-0.01	-0.34*	-0.20*	-0.16	1			
LST_day	-0.05	-0.43*	-0.26*	-0.20*	0.94**	1		
PAR	0.18	0.06	-0.14	-0.01	0.82**	0.85**	1	
SOC	0.01	0.30	0.30	0.21*	-0.48*	-0.45*	-0.14	1

表注：*和**分别表示p值为0.05和0.01的相关性。

本研究共使用7个稀树草原碳通量观测站点应用于机器学习模型的训练和预测。经过数据清洗，共有876条稀树草原碳通量站点GPP数据。本研究随机选取稀树草原GPP数据以及各个解释变量数据的3/4的用于机器学习模型训练。考虑到本次实验数据量较少，本研究同样采用了10折交叉验证来评估模型的性能。设置与全球GPP估算模型相同的参数变化区间，随机森林模型得到的最优参数是：n_estimators=80，min_samples_leaf=1，max_features=9，R^2=0.82，RMSE=1.14g·C·m^{-2}·d^{-1}，MAE=0.21g·C·m^{-2}·d^{-1}，IA=0.95。梯度提升回归树最优模型参数为：n_estimators=75，learning_rate=0.3，max_depth=3，R^2=0.81，RMSE=1.17g·C·m^{-2}·d^{-1}，MAE=0.25g·C·m^{-2}·d^{-1}，IA=0.93。综合比较各项精度评价指标，选择随机森林模型预测稀树草原GPP。

图4-6为各解释变量对稀树草原GPP估算模型的贡献率。EVI和NDVI对稀树草原贡献率分别为57%和10%。LSWI对稀树草原GPP贡献率也比较高，为8%。白天地表温度对模型的贡献率相对是最低的，仅为5%。PAR和SOC对模型贡献率均为6%。

图4-6　各解释变量对稀树草原GPP估算模型的相对贡献率

4.2.2.5 木本草原生态系统GPP估算模型构建

木本草原碳通量观测站点主要分布在澳大利亚南部和北美洲的西部区域。在气候带上，木本草原碳通量观测站点主要分布在热带区域。

从表4-6可以看出，木本草原GPP对LSWI以及PAR响应敏感，相关系数分别为0.74（$p<0.01$）和0.33（$p<0.05$）。表示植被长势的植被指数也能很好地刻画木本草原GPP的变化，EVI和NDVI与木本草原GPP相关系数分别为0.84

和0.72，并分别在99%置信水平上显著相关。木本草原由于多分布在热带地区，地表温度对木本草原的生长起抑制作用，两者呈负相关。土壤有机碳含量对木本草原的生长影响较小，两者呈非显著正相关，相关系数为0.07。

表4-6　木本草原GPP与各个解释变量间的相关系数

变量	GPP (g·C·m⁻²·d⁻¹)	EVI	NDVI	LSWI	LST_night (℃)	LST_day (℃)	PAR (mol·m⁻²·d⁻¹)	SOC (g·kg⁻¹)
GPP	1							
EVI	0.84**	1						
NDVI	0.72**	0.92**	1					
LSWI	0.74**	0.87**	0.84*	1				
LST_night	-0.10	-0.34*	-0.20*	-0.16	1			
LST_day	-0.09	-0.43*	-0.26*	-0.20*	0.94**	1		
PAR	0.33*	0.06	-0.14	-0.01	0.82**	0.85**	1	
SOC	0.07	0.30	0.30	0.21*	-0.48*	-0.45*	-0.14	1

表注：*和**分别表示p值为0.05和0.01的相关性。

本研究共使用全球6个木本草原碳通量观测站点用于机器学习模型的训练和预测。经过数据清洗，共有1188条木本草原碳通量站点GPP数据。本研究随机选取木本草原GPP数据以及各个解释变量数据的3/4用于随机森林模型训练。考虑到本次实验数据量较少，研究同样采用了10折交叉验证来评估机器学习模型的性能。设置与全球GPP估算模型相同的参数变化区间，随机森林模型得到的最优参数是：n_estimators=25，min_samples_leaf=3，max_features=9，R^2=0.86，RMSE=0.88g·C·m⁻²·d⁻¹，MAE=0.18g·C·m⁻²·d⁻¹，IA=0.94。梯度提升回归树最优模型参数为：n_estimators=30，learning_rate=0.3，max_depth=3，

$R^2=0.84$，RMSE=0.91g·C·m^{-2}·d^{-1}，MAE=0.20g·C·m^{-2}·d^{-1}，IA=0.93。综合比较各项精度评价指标，选择随机森林模型预测木本草原GPP。

图4-7为各解释变量对木本草原GPP估算模型的贡献率。EVI对木本草原估算模型最为重要，贡献率为77%；其次是PAR，对模型贡献率为8%。其他解释变量对模型贡献率均为3%。

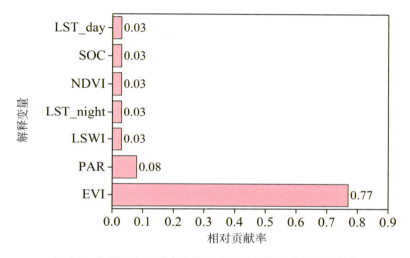

图4-7 各解释变量对木本草原GPP估算模型的相对贡献率

4.2.2.6 林地生态系统GPP估算模型构建

林地在森林资源中占有重要比重，提供了森林生态系统服务以及物质生产的原材料。本研究所选用的林地类型有落叶阔叶林、常绿针叶林、常绿阔叶林以及混交林。落叶阔叶林碳通量观测站点主要分布在全球的暖温带和凉温带地区，且集中分布在北美洲和欧洲地区；常绿针叶林碳通量观测站点在全球分布纬度跨越较大，主要分布在北美洲中部、欧洲西部，此外，在亚洲东南部以及澳大利亚中部也分布有常绿针叶林站点；在欧洲南部、亚洲南部以及澳大利亚南部的部分热带区域，分布有常绿阔叶林观测站点；混交林碳通量观测站点主要分布在全球的凉温带湿润地区，也有少量站点分布在暖温带干旱区以及暖温带湿润区，且混交林碳通量站点分别集中分布在北美洲、南美洲南部和欧洲西部。

陆地生态系统碳汇遥感估算技术研究

表4-7为林地GPP与所选取遥感解释变量之间的相关系数。植被指数能较好地刻画林地GPP变化，特别是EVI，与各林地GPP均呈显著正相关。植被冠层水分对混交林（MF）、常绿阔叶林（EBF）和落叶阔叶林（DBF）影响较大，LSWI与这三种类型林地GPP的相关系数分别为0.40（$p<0.01$）、0.63（$p<0.01$）和0.24（$p<0.05$）。林地的生长对温度响应不敏感，与白天和夜间地表温度均呈非显著相关。PAR对混交林、落叶阔叶林以及常绿针叶林有较大的影响，相关系数分别为0.34（$p<0.05$）、0.68（$p<0.01$）以及0.55（$p<0.01$）。混交林和常绿阔叶林对SOC的变化响应敏感，两者GPP与SOC的相关系数分别为0.34（$p<0.05$）和0.81（$p<0.01$）。

表4-7　林地GPP与各个解释变量间的相关系数

植被类型	解释变量	GPP (g·C·m⁻²·d⁻¹)	EVI	NDVI	LSWI	LST_night (℃)	LST_day (℃)	PAR (mol·m⁻²·d⁻¹)	SOC (g·kg⁻¹)
DBF	GPP	1							
	EVI	0.86**	1						
	NDVI	0.73**	0.89**	1					
	LSWI	0.63**	0.69**	0.52**	1				
	LST_night	-0.04	-0.04	-0.05	-0.07	1			
	LST_day	-0.04	-0.03	-0.04	-0.06	0.91**	1		
	PAR	0.68**	0.66**	0.50**	0.35*	0.85**	0.87**	1	
	SOC	-0.02	-0.07	-0.03	-0.06	-0.42**	-0.46**	0.07	1
ENF	GPP	1							

204

续表

植被类型	解释变量	GPP (g·C·m⁻²·d⁻¹)	EVI	NDVI	LSWI	LST_night (℃)	LST_day (℃)	PAR (mol·m⁻²·d⁻¹)	SOC (g·kg⁻¹)
ENF	EVI	0.64**	1						
	NDVI	0.58**	0.68**	1					
	LSWI	-0.07	0.07	-0.21	1				
	LST_night	0.08	-0.02	0.09	0.11	1			
	LST_day	0.07	-0.01	0.09	0.1	0.93**	1		
	PAR	0.55**	0.19	0.19	0.28*	0.88**	0.89**	1	
	SOC	-0.06	-0.09	0.01	-0.03	-0.17	-0.16	-0.01	1
MF	GPP	1							
	EVI	0.66**	1						
	NDVI	0.44**	0.81**	1					
	LSWI	0.24*	0.57**	0.37*	1				
	LST_night	-0.04	-0.01	-0.05	-0.07	1			
MF	LST_day	-0.06	-0.01	-0.03	-0.04	0.93**	1		
	PAR	0.70**	0.61**	0.37*	0.15	0.90**	0.91**	1	
	SOC	0.34*	-0.05	0.01	0.04	0.03	-0.03	0.03	1
EBF	GPP	1							
	EVI	0.74**	1						
	NDVI	0.65**	0.28*	1					

植被类型	解释变量	GPP (g·C·m⁻²·d⁻¹)	EVI	NDVI	LSWI	LST_night (℃)	LST_day (℃)	PAR (mol·m⁻²·d⁻¹)	SOC (g·kg⁻¹)
EBF	LSWI	0.40**	0.52**	0.53**	1				
	LST_night	0.52**	-0.15	-0.12	-0.12	1			
	LST_day	0.03	-0.15	-0.14	-0.12	0.90**	1		
	PAR	0.04	0.58**	-0.12	0.06	0.91**	0.90**	1	
	SOC	0.81**	0.74**	0.16*	0.55**	0.02	0.03	0.31*	1

表注：*和**分别表示 p 值为0.05和0.01的相关性。

本研究共将22个落叶阔叶林碳通量观测站点GPP数据应用于机器学习模型的训练和预测，经过数据清洗，共有4160条落叶阔叶林碳通量站点数据。本研究随机选取落叶阔叶林GPP数据以及各个解释变量数据的3/4用于模型训练。随机森林模型得到的最优参数是：n_estimators=120，min_samples_leaf=1，max_features=5，R^2=0.86，RMSE=1.79g·C·m⁻²·d⁻¹，MAE=0.30g·C·m⁻²·d⁻¹，IA=0.96。梯度提升回归树最优模型参数为：n_estimators=115，learning_rate=0.3，max_depth=5，R^2=0.88，RMSE=1.81g·C·m⁻²·d⁻¹，MAE=0.32g·C·m⁻²·d⁻¹，IA=0.95。最终采用随机森林模型预测落叶阔叶林GPP。

本研究共将44个常绿针叶林碳通量观测站点应用于GPP估算模型的训练和预测，经过数据清洗，共有8445条常绿针叶林碳通量站点GPP数据，随机选取常绿针叶林GPP数据以及各个解释变量数据的3/4用于模型训练。随机森林模型得到的最优参数是：n_estimators=75，min_samples_leaf=1，max_features=4，R^2=0.76，RMSE=1.62g·C·m⁻²·d⁻¹，MAE=0.29g·C·m⁻²·d⁻¹，IA=0.93。梯度提升回归树最优模型参数为：n_estimators=100，learning_rate=0.3， max_depth=3，R^2=0.75，RMSE=1.63g·C·m^{-2}·d^{-1}，MAE=0.31g·C·m^{-2}·d^{-1}，IA=0.93。因此使用随机森林模型预测常绿针叶林GPP。

本研究共将7个混交林碳通量观测站点用于机器学习森林模型的训练和预测，经过数据清洗，共有1451条混交林碳通量站点GPP数据，随机选取混交林GPP数据以及各个解释变量数据的3/4用于模型训练。考虑到本次实验数据量较少，采用了10折交叉验证来评估随机森林模型的性能。随机森林模型得到的最优参数是：n_estimators=145，min_samples_leaf=3，max_features=2，R^2=0.85，RMSE=1.49g·C·m^{-2}·d^{-1}，MAE=0.27g·C·m^{-2}·d^{-1}，IA=0.95。梯度提升回归树最优模型参数为：n_estimators=130，learning_rate=0.2，max_depth=3，R^2=0.86，RMSE=1.45g·C·m^{-2}·d^{-1}，MAE=0.25g·C·m^{-2}·d^{-1}，IA=0.95。最终使用梯度提升回归树模型预测混交林GPP。

本研究共将全球3个常绿阔叶林碳通量观测站点用于GPP估算模型的训练和预测，经过数据清洗，共有544条常绿阔叶林碳通量站点GPP数据，本研究随机选取常绿阔叶林GPP数据以及各个解释变量数据的3/4用于模型训练。同样采用了10折交叉验证来评估随机森林模型的性能。随机森林模型得到的最优参数是：n_estimators=65，min_samples_leaf=4，max_features=5，R^2=0.83，RMSE=1.34g·C·m^{-2}·d^{-1}，MAE=0.26g·C·m^{-2}·d^{-1}，IA=0.94。梯度提升回归树最优模型参数为：n_estimators=85，learning_rate=0.2，max_depth=5，R^2=0.81，RMSE=1.35g·C·m^{-2}·d^{-1}，MAE=0.28g·C·m^{-2}·d^{-1}，IA=0.93，因此使用随机森林模型预测常绿阔叶林GPP。

图4-8为各解释变量对林地GPP估算模型的贡献率。EVI和PAR对落叶阔叶林、常绿针叶林以及混交林的GPP估算模型贡献率较大。对于常绿阔叶林，SOC和EVI对其估算模型最为重要，特别是SOC，对常绿阔叶林GPP估算模型贡献率达到58%。SOC对混交林GPP估算模型也比较重要，贡献率为11%。LSWI对林地GPP估算模型贡献比率相对也比较大，例如对于混交林模

型和常绿针叶林模型，贡献率在10%上下浮动。白天和夜间地表温度对林地GPP估算模型影响较小。

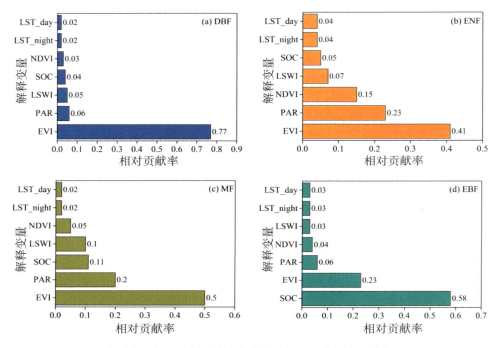

图4-8　各解释变量对林地GPP估算模型的相对贡献率

4.3　全球陆地生态系统GPP估算精度对比分析

4.3.1　机器学习模型预测GPP精度分析

4.3.1.1　全球尺度陆地生态系统GPP估算精度分析

为了验证所用机器学习模型估算GPP精度以及可行性，本研究将随机森林算法估算的陆地生态系统 GPP（GPP_sim）分别与 MODIS GPP 产品以及 GLASS GPP 产品做了对比分析，如图 4-9 所示。分析发现本研究估算的 GPP 在全球尺度上相对已有的 MODIS GPP 产品和 GLASS GPP 产品精度均略高。

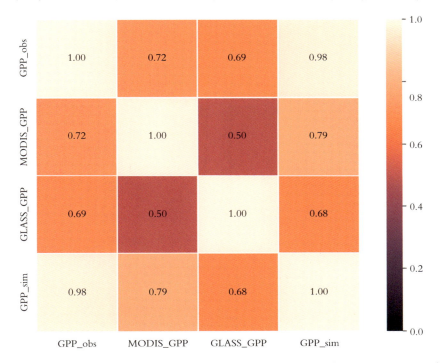

图 4-9　随机森林模拟的全球尺度 GPP（GPP_sim）、MODIS GPP 产品、GLASS GPP 产品与碳通量站点观测 GPP（GPP_obs）在站点尺度的相关性

　　由于全球植被类型复杂多样，本研究在前面内容中基于机器学习估算了不同植被类型 GPP，通过对比不同模型估算的全球植被 GPP 产品，得知 MODIS GPP 产品相对于 GLASS GPP 产品总体精度略高，接下来研究主要将站点尺度的 MODIS GPP 产品与机器学习估算的 GPP 做对比分析，从而探索在站点尺度上，这两种 GPP 产品针对不同植被类型的估算精度差异。

4.3.1.2　草地生态系统 GPP 估算精度分析

　　图 4-10 为碳通量观测站点观测的草地 GPP（GPP_obs）分别与 GPP_sim、

MODIS GPP 的关系。由该图可以看出，基于随机森林模拟的草地 GPP 产品相对于 MODIS GPP 产品有着更高的精度，证明本研究使用随机森林算法预测草地 GPP 是可行的。此外，由图 4-10（b）发现 MODIS GPP 产品显著高估了草地 GPP 低值区，且存在明显低估高值区的问题，但 GPP_sim 则不存在这类问题。

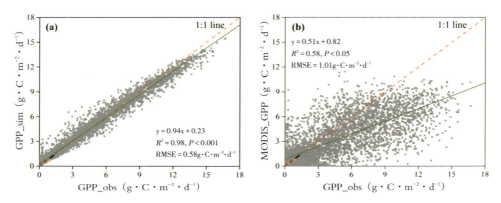

图 4-10　碳通量观测站点观测的草地 GPP（GPP_obs）与随机森林模拟的草地 GPP
（GPP_sim）（a）以及 MODIS　GPP（b）的相关关系

本研究根据气候带和地理位置选取了 5 个碳通量观测站点，进一步验证随机森林模型用于估算草地 GPP 的可靠性，选取的站点分别是位于北美洲的 US-VAR 和 US-GOO，位于欧洲的 IT-MBO、NL-HOR 和 DE-GRI。本研究对所选择的以上 5 个站点分别做了 GPP_sim、GPP_obs 在时间序列上的变化图，如图 4-11 所示，发现 GPP_sim、GPP_obs 总体保持着较好的一致性，但 GPP_sim 对生长季峰期的草地 GPP 低估较明显。

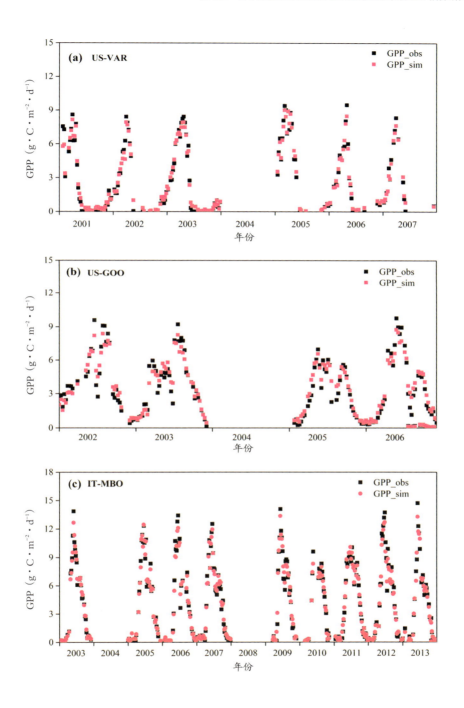

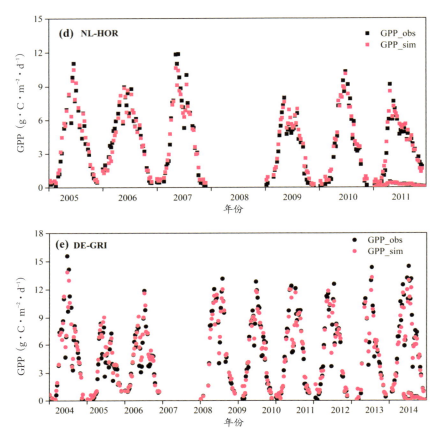

图4-11 随机森林模拟的草地部分站点GPP（GPP_sim）与碳通量观测站点观测的草地
GPP（GPP_obs）在时间序列上的变化

4.3.1.3 农田生态系统GPP估算精度分析

研究对比分析了碳通量观测站点观测的农田GPP（GPP_obs）分别与
GPP_sim、MODIS_GPP的关系，如图4-12所示。从图4-12（b）可以看出
MODIS GPP对农田GPP产生较为严重的低估，但是梯度提升回归树方法预测
的农田GPP［图4-12（a）］则未出现这类问题。因此，研究认为GPP_sim相
对于MODIS GPP产品有着更高的精度。

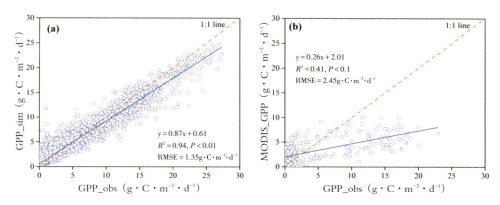

图4-12 碳通量观测站点观测的农田GPP（GPP_obs）与梯度提升回归树模拟的农田GPP
（GPP_sim）（a）以及 MODIS GPP（b）的相关关系

本研究随机选取了4个碳通量观测站点，进一步验证梯度提升回归树模型用于估算农田GPP的可靠性，选取的站点分别是BE-LON，DE-GEB，IT-BCI和US-NE2。对这4个站点的GPP_sim与GPP_obs分别做相关性分析，如图4-13所示。基于梯度提升回归树算法在单个站点尺度估算农田GPP的精度也较高。由图4-13（d）可以看出，梯度提升回归树对北美站点的低值区存在较明显高估情况。为了进一步研究梯度提升回归树算法对农田GPP估算精度，本研究对所选择的4个站点分别做了GPP_sim、GPP_obs在时间序列上的变化图，如图4-14所示，发现整体上GPP_sim、GPP_obs保持着较好的一致性，但是在农田生长顶峰期，本模型对农田GPP也存在低估，且在所选的部分站点均存在这一现象。

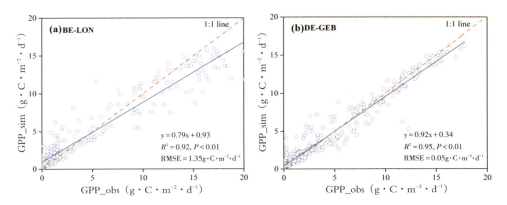

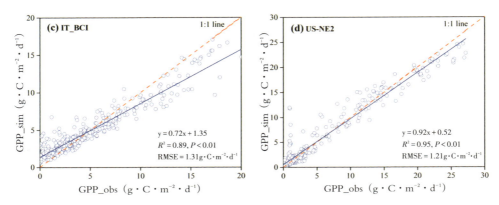

图4-13　部分站点碳通量观测站点观测的农田GPP（GPP_obs）与梯度提升回归树模拟的
农田GPP（GPP_sim）的关系

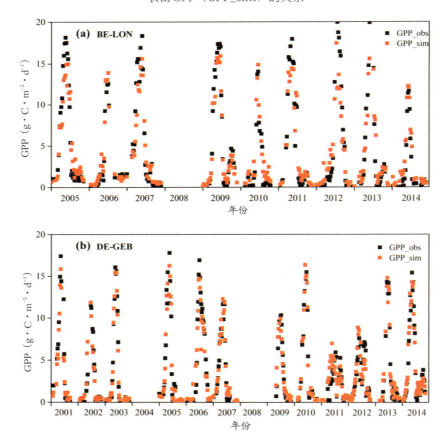

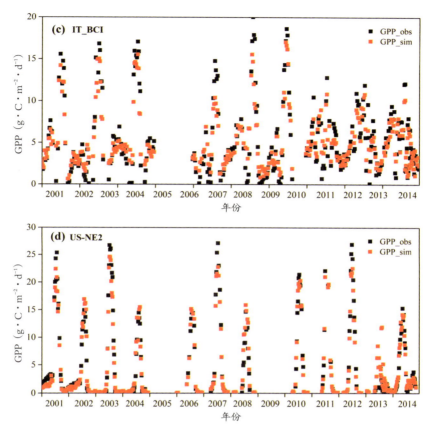

图 4-14　梯度提升回归树模拟的农田部分站点 GPP（GPP_sim）与碳通量观测站点观测的农田 GPP（GPP_obs）在时间序列上的变化

4.3.1.4　灌丛生态系统 GPP 估算精度分析

本研究基于训练的随机森林模型预测了灌丛的 GPP（GPP_sim）。研究对比分析了碳通量观测站点观测的灌丛 GPP（GPP_obs）分别与 GPP_sim、MODIS GPP 的关系，如图 4-15 所示。从图 4-15（b）可以看出 MODIS GPP 对灌丛 GPP 产生较为严重的高估，但是随机森林预测的灌丛 GPP［图 4-15（a）］则不存在这一问题。因此，本研究认为基于随机森林模型模拟的灌丛 GPP 相对 MODIS_GPP 产品有着更高的精度，证明本研究使用随机森林算法预测灌丛

GPP 是可行的。

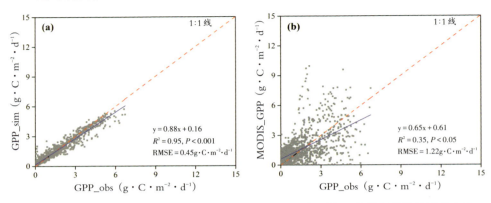

图 4-15 碳通量观测站点观测的灌丛 GPP（GPP_obs）与随机森林模型模拟的灌丛 GPP（GPP_sim）（a）以及 MODIS GPP（b）的相关关系

本研究选取了 3 个碳通量观测站点进一步验证随机森林模型估算灌丛 GPP 的可靠性，所选站点分别是位于欧洲的 ES-LJU、北美洲的 US-SRC 以及位于亚洲的 RU-COK。将所选站点观测的 GPP 与机器学习模型预测的 GPP 进行相关性分析，如图 4-16 所示。研究发现本研究所使用的模型对 3 个洲的灌丛 GPP 估算精度都比较高。

为了进一步探究随机森林对灌丛 GPP 的预测精度。本研究针对 ES-LJU、US-SRC 以及 RU-COK 这 3 个站点分别在时间序列上做了观测值与预测值的变化图，如图 4-17 所示。在 GPP 的时间序列变化图上，可以发现灌丛 GPP 拟合值和实测值变化趋势大体保持一致，这也进一步证明了本研究所使用的随机森林模型的可行性。此外，从图 4-17（a）和 4-17（c）可以看出机器学习对欧洲和亚洲地区部分站点的灌丛生长季 GPP 存在较为明显的低估。

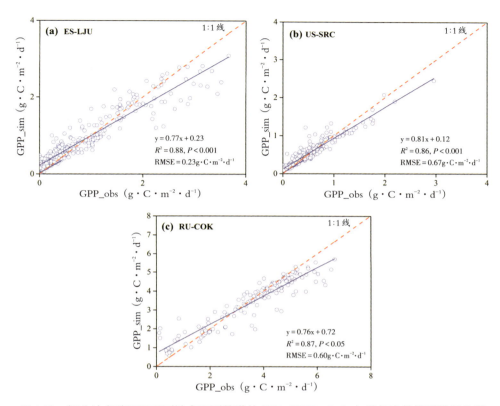

图 4-16　部分站点碳通量观测站点观测的灌丛 GPP（GPP_obs）与随机森林模型模拟的灌丛 GPP（GPP_sim）的关系

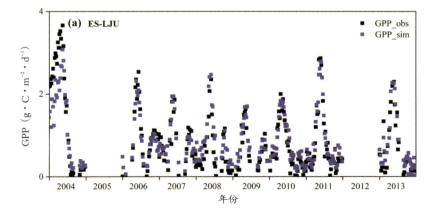

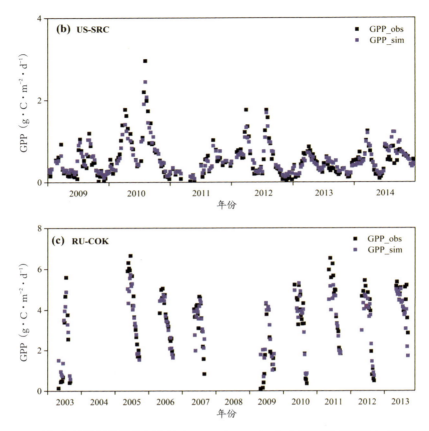

图 4-17　随机森林模拟的灌丛部分站点 GPP（GPP_sim）与碳通量观测站点观测的灌丛 GPP（GPP_obs）在时间序列上的变化

4.3.1.5 稀树草原生态系统 GPP 估算精度分析

本研究基于训练的随机森林模型预测了稀树草原 GPP（GPP_sim）。研究对比分析了碳通量观测站点观测的稀树草原 GPP（GPP_obs）分别与 GPP_sim、MODIS GPP 的关系，如图 4-18 所示。从图 4-18（b）可以看出 MO-DIS GPP 较为严重地低估了稀树草原 GPP，但是随机森林预测的稀树草原 GPP [图 4-18（a）] 则不存在这一问题。因此，本研究认为基于随机森林模型模拟的稀树草原 GPP 产品相对于 MODIS GPP 产品有着更高的精度。

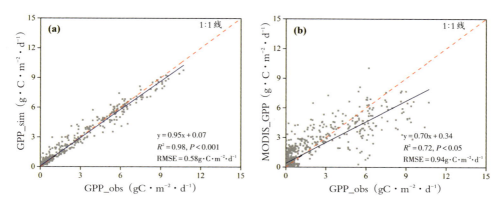

图4-18 碳通量观测站点观测的稀树草原GPP（GPP_obs）与随机森林模拟的稀树草原GPP（GPP_sim）（a）以及MODIS GPP（b）的相关关系

本研究选取了2个碳通量观测站点进一步验证随机森林模型估算稀树草原GPP的可靠性，所选站点分别是位于澳大利亚的AU-DAS和亚洲的ZA-KRU。将所选站点观测的GPP与随机森林模型预测的GPP进行相关性分析，如图4-19所示。研究发现，本研究所使用的模型对澳大利亚和亚洲的稀树草原GPP估算精度都比较高。为了进一步探究随机森林模型对稀树草原GPP的预测精度，本研究针对所选的2个站点分别在时间序列上做了观测值与预测值的对比图，如图4-20所示。在GPP随时间的变化图上，可以发现稀树草原GPP拟合值和实测值变化趋势大体保持一致，进一步证明了随机森林模型用于估算稀树草原GPP的可行性。

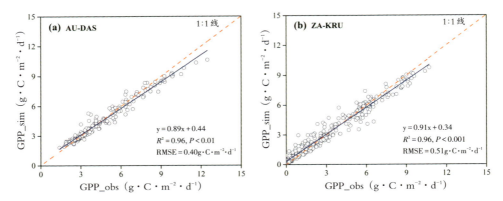

图4-19　部分碳通量观测站点观测的稀树草原GPP（GPP_obs）与随机森林模拟的稀树草原GPP（GPP_sim）的关系

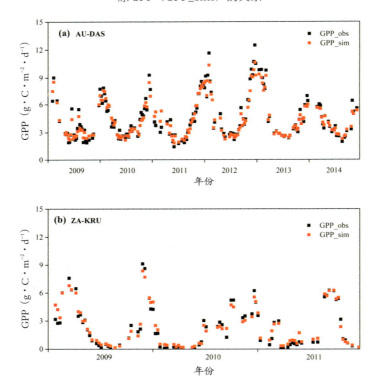

图4-20　随机森林模拟稀树草原部分站点GPP（GPP_sim）与碳通量观测站点观测的稀树草原GPP（GPP_obs）在时间序列上的变化

4.3.1.6 木本草原生态系统GPP估算精度分析

本研究基于训练的随机森林模型预测了木本草原的GPP（GPP_sim）。此外，为了评估模型的预测结果，研究对比分析了碳通量观测站点观测的木本草原GPP（GPP_obs）分别与GPP_sim、MODIS GPP的关系，如图4-21所示。可以看出GPP_sim和MODIS GPP对木本草原GPP低值区存在高估，且MODIS GPP产品对木本草原GPP高值区有一定的低估，总体来说，基于随机森林模型模拟的木本草原GPP相对于MODIS GPP产品精度更高。

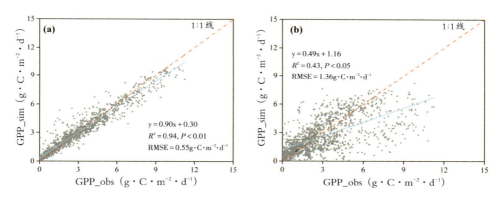

图4-21 碳通量观测站点观测的木本草原GPP（GPP_obs）与随机森林模拟的木本草原GPP（GPP_sim）（a）以及MODIS GPP（b）的相关关系

本研究随机选取了2个碳通量观测站点进一步验证随机森林模型估算木本草原GPP的可靠性，所选站点分别是位于澳大利亚的AU-HOW以及位于北美洲的US-SRM。将所选站点观测的GPP与随机森林模型预测的GPP进行相关性分析，如图4-22所示。为了进一步探究随机森林模型对木本草原GPP的预测精度，本研究针对所选的2个站点分别在时间序列上做了观测值与预测值的变化图，如图4-23所示。可以发现木本草原GPP拟合值和实测值变化趋势大体保持一致，但对生长季峰期的木本草原GPP低估明显。

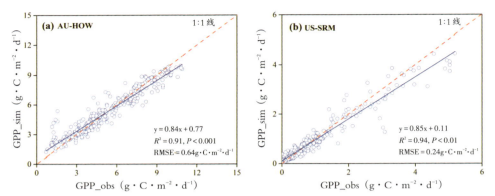

图 4-22　部分站点碳通量观测站点观测的木本草原 GPP（GPP_obs）与随机森林模拟的木本草原 GPP（GPP_sim）的关系

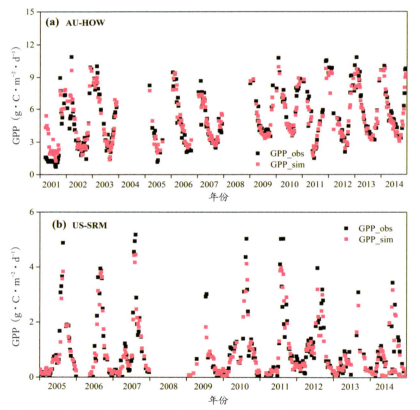

图 4-23　随机森林模拟木本草原部分站点 GPP（GPP_sim）与碳通量观测站点观测的木本草原 GPP（GPP_obs）在时间序列上的变化

4.3.1.7 林地生态系统GPP估算精度分析

本研究共涉及四种林地类型，以下将分别对每种林地GPP估算结果进行分析。图4-24展示了落叶阔叶林碳通量站点观测的GPP（GPP_obs）与随机森林模拟GPP（GPP_sim）、MODIS GPP的相关关系，发现落叶阔叶林GPP_sim与GPP_obs有良好相关性。

本研究选取位于不同地理位置的碳通量站点进一步验证随机森林模型估算落叶阔叶林GPP的可行性，所选站点分别为欧洲的DE-HaI和北美的US-Ha1。图4-25为随机森林模型预测的DE-HaI和US-Ha1站点GPP（GPP_sim）分别与此两个站点观测的GPP（GPP_obs）具有相关关系。为了进一步验证估算GPP与站点观测GPP的拟合程度，研究分析了DE-HaI和US-Ha1站点GPP_sim与GPP_obs在时间上的变化，如图4-26所示，发现随机森林方法模拟的落叶阔叶林GPP与碳通量站点观测的GPP整体上保持着良好的一致性，但模型对落叶阔叶林高值区GPP（生长季顶峰期）存在较为显著的低估，特别在US-Ha1站点这一问题更为显著（图4-26b）。

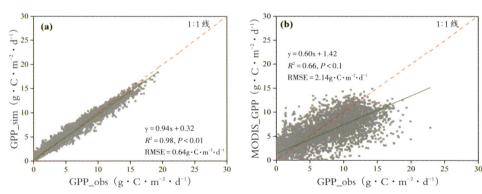

图4-24 碳通量观测站点观测的落叶阔叶林GPP（GPP_obs）与随机森林模拟的落叶阔叶林GPP（GPP_sim）（a）以及MODIS GPP（b）的相关关系

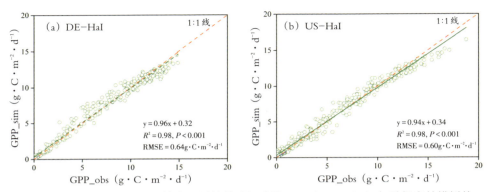

图4-25 DE-HaI和US-HaI站点观测的落叶阔叶林GPP（GPP_obs）与随机森林模拟的
GPP（GPP_sim）的关系

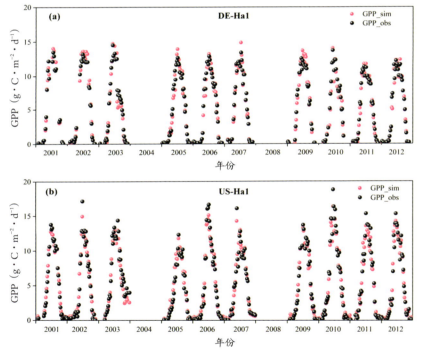

图4-26 随机森林模拟的落叶阔叶林DE-HaI和US-HaI站点GPP与碳通量观测站点观测的
GPP在时间序列上的变化

研究对比分析了碳通量观测站点观测的混交林GPP（GPP_obs）分别与梯
度提升回归树模型模拟的GPP（GPP_sim）以及MODIS GPP的关系，如图4-27

所示。可以看出MODIS GPP产品对混交林GPP低值部分显著高估。

本研究选取了位于欧洲的BE-BRA和位于北美洲的US-PFA碳通量站点来验证提升回归树模型对混交林GPP的估算精度，如图4-28所示。为了进一步验证GPP_sim与GPP_obs在时间序列上的拟合程度，本研究分别对选取站点的GPP_sim与GPP_obs做了长时间序列变化图，如图4-29所示，发现BE-BRA和US-PFA站点的GPP_sim与GPP_obs拟合效果较好，GPP_sim能形象刻画混交林GPP在生长季期间的GPP变化，证明用提升回归树方法估算混交林GPP是可行的。

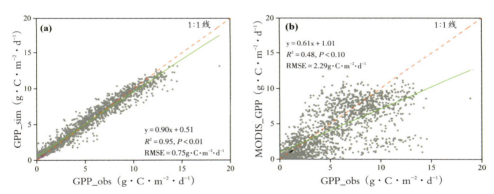

图4-27 碳通量观测站点观测的混交林GPP（GPP_obs）与梯度提升回归树模拟的混交林GPP（GPP_sim）（a）以及MODIS GPP（b）的相关关系

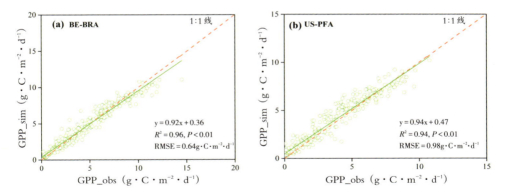

图4-28 BE-BRA和US-PFA碳通量观测站点观测的混交林GPP（GPP_obs）与梯度提升回归树模拟的混交林GPP（GPP_sim）的关系

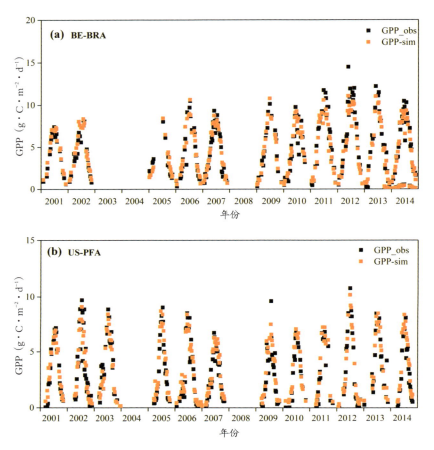

图4-29　梯度提升回归树模拟的混交林BE-BRA和US-PFA碳通量观测站点GPP与碳通量观测站点观测的混交林GPP在时间序列上的变化

图4-30展示了碳通量观测站点观测的常绿针叶林GPP（GPP_obs）与GPP_sim以及MODIS GPP的关系。MODIS GPP对常绿针叶林GPP高值区域有较明显的低估，对其低值区域有较明显的高估，研究认为随机森林方法估算的GPP相对于MODIS GPP产品对常绿针叶林GPP模拟精度更高。

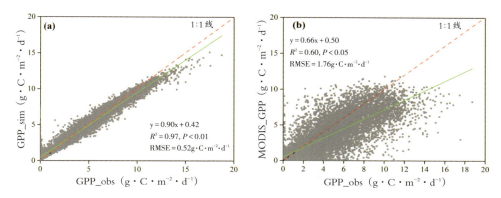

图4-30　碳通量观测站点观测的常绿针叶林GPP（GPP_obs）与随机森林模拟的常绿针叶林GPP（GPP_sim）（a）以及MODIS GPP（b）的相关关系

本研究选取了位于澳大利亚的AU-ASM和位于北美洲的US-NR1碳通量站点来验证随机森林模型对常绿针叶林GPP的估算精度，如图4-31所示。本研究同样对选取站点的GPP_sim与GPP_obs做了长时间序列变化图，如图4-32所示，发现AU-ASM和US-NR1站点的GPP_sim与GPP_obs整体拟合效果较好，但在生长季峰期，GPP_sim对常绿针叶林GPP拟合较差。常绿针叶林的冠层绿度无显著的季节性变化，使得常用的一些植被指数难以有效捕捉其生长信息，本研究所使用的随机森林模型以植被指数作为主要输入变量，这也是影响模型对常绿针叶林GPP的估算精度的重要因素。

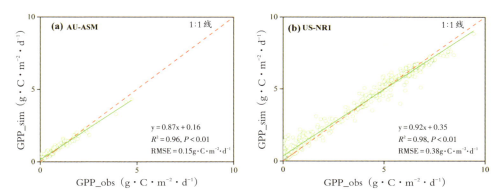

图4-31　AU-ASM和US-NR1碳通量观测站点观测的常绿针叶林GPP（GPP_obs）与随机森林模拟的常绿针叶林GPP（GPP_sim）的关系

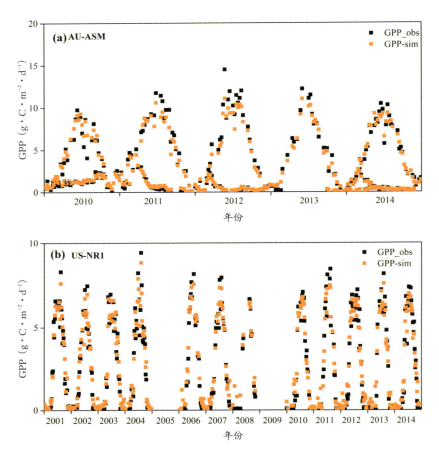

图4-32　随机森林模拟的常绿针叶林AU-ASM和US-NR1站点GPP与碳通量观测站点观测
的常绿针叶林GPP在时间序列上的变化

图4-33为碳通量观测站点观测的常绿阔叶林GPP（GPP_obs）与GPP_sim以及MODIS GPP的关系。由图4-33（b）可以看出MODIS GPP产品对常绿阔叶林GPP高值部分有较明显的低估，对其低值区域有较明显的高估。落叶阔叶林观测站点较少，本研究不再具体分析随机森林算法对单个落叶阔叶林站点GPP的估算精度。

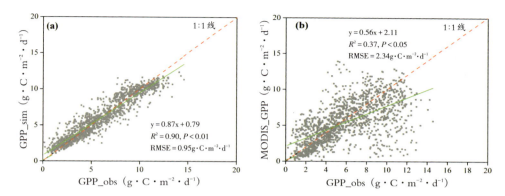

图4-33 碳通量观测站点观测的常绿阔叶林GPP（GPP_obs）与随机森林模拟的GPP
（GPP_sim）（a）以及MODIS GPP（b）的相关关系

4.3.2 不同机器学习方法估算GPP对比

GBRT和RF算法均为以集成学习为基础的决策树模型，该类模型稳定性高，能有效处理连续、偏态、稀疏等变量类型，且对变量间的交互作用也能有良好的预测。本研究分别采用这两种机器学习预测模型，通过调整模型参数，从而预测全球尺度以及不同植被类型GPP，以上研究表明GBRT和RF算法均能有效预测全球尺度以及不同植被类型的GPP，且预测精度均优于MODIS GPP产品和GLASS GPP产品。先前也有很多研究采用机器学习算法估算GPP以及其他碳通量，均取得了较高精度的估算结果（Peng et al.，2019；Sun et al.，2019；Wolanin et al.，2019）。本研究发现，RF算法对植被GPP的估算精度普遍高于GBRT算法。RF算法对草地GPP、灌丛GPP、稀树草原GPP、木本草原GPP、落叶阔叶林GPP、常绿针叶林GPP和常绿阔叶林GPP估算精度均比GBRT算法高，GBRT算法相对于RF算法对农田和混交林的估算精度较高。可能原因是RF算法采用多次投票决定最终的输出结果，但是GBRT算法则将所有结果累加或者加权累加，从而决定最终的输出结果（Chen et al.，

2019）。此外，GBRT估算多数植被类型GPP的能力较差，也有可能因为该算法对变量中的噪声更加敏感（Wei et al.，2019）。

4.3.3　机器学习方法估算GPP的利弊

本研究发现机器学习方法对草地、农田、木本草原、落叶阔叶林和常绿针叶林在高值部分的GPP存在较为明显的低估，对木本草原低值部分的GPP存在高估。模型估算的不确定性主要源于以下几点：（1）模型估算GPP的不确定性可能来自MODIS地表反射率产品，本研究使用MODIS地表反射率产品计算了EVI、NDVI和LSWI。在本研究使用的碳通量观测站点中，例如落叶阔叶林观测站点，EVI、NDVI和LSWI呈现了比较大的波动，在生长季期间，EVI平均最大值和最小值分别为0.86和0.52；NDVI平均最大值和平均最小值分别为0.91和0.65；而LSWI在生长季平均最大值为0.75，平均最小值为0.36。这些基于MODIS地表反射率产品所计算的GPP估算解释变量可能会导致估算GPP时产生不确定性。特别是云的影响，会增大GPP低值部分的估算偏差。（2）有研究人员发现不同空间分辨率的遥感数据产品也会对GPP估算产生影响。本研究使用的地表温度空间分辨率为1km，NDVI、EVI以及LSWI空间分辨率是500m，PAR数据分辨率为0.05°，空间分辨率为0.05°的PAR或许不能有效捕捉GPP的变化。（3）在生长季初期，气温较低，可能只有少量叶片参与植被的光合作用，在叶片的生长发育过程中，叶绿素含量的增加速率可能大于植被的固碳能力的增大速率，植被指数在一定程度上可以反映植被绿度的变化，这也可能会导致基于植被指数估算的GPP在生长季初期估计值较高。（4）低值GPP的高估可能与高值GPP的低估有关系。因为模型估算的是GPP的平均水平，为了将高值区GPP低估的误差抵消甚至消除，模型会高估GPP的低值区，从而提高模型的整体估算精度。（5）在采集站点尺度的遥感数据时，本研究均是以通量观测站点为中心的"3×3"像元值来计算的，这种简化方法忽略了景观异质性，可能导致模型对植被光合作用和呼吸过程的非线性过程表达不足，也会增加模型估算GPP的不确定性。（6）在估算全球尺度的GPP时，本研究所使用的186个碳通量站点所采集的数据不能完全代表实际GPP的时空变化。（7）本研究所使用的空值填充方法不一定适用于所有的碳通量观测站点观测的GPP。（8）碳通量观测站点观测的GPP值可能存在一些误差，这对模型的估算能力也会产生影响。

机器学习模型在陆地生态系统植被生产力估算中的不确定性是客观存在的，但机器学习模型均用遥感数据作为输入数据，相对过程模型，该模型能更加细致地监测地表不均一性。此外，机器学习模型不需要地面气象数据作为输入数据，因此后续研究可以使用机器学习方法估算的GPP对一些生态系统模型进行独立测试，这为碳循环研究提供了新的思路。

4.3.4　土壤有机碳对GPP估算精度的影响分析

以上研究可以看出，土壤有机碳（SOC）对灌丛、混交林以及常绿阔叶林生长影响较大，SOC与三者GPP相关系数分别为0.28（$p<0.05$）、0.34（$p<0.05$）和0.58（$p<0.01$），且SOC对估算三者GPP的机器学习模型贡献率分别为5%、11%和58%。先前研究发现，土壤与植被的碳密度比值随着纬度的升高而逐渐增大（Lal et al.，2005），由前文可知，灌丛、混交林和常绿阔叶林主要生长在全球的中高纬度地区，因此其植株内部碳含量可能相对较少，土壤碳含量对这些植被的生长至关重要。SOC对其他土地覆盖类型影响则比较小，本研究采用"3×3"像元法获取的站点尺度SOC值，因此可能也存在采样的随机性。

4.4 基于数据驱动方法的GPP估算研究总结

GPP在全球碳平衡中发挥着重要作用，GPP的精确估算对帮助人类对了解全球碳收支以及陆地生态系统在全球碳循环中起到的作用具有十分重要的意义。遥感数据和碳通量观测数据结合的数据驱动方法为精确估算GPP提供了可能。本研究结合多源遥感数据和碳通量观测数据，采用RF和GBRT这两种机器学习算法对全球陆地生态系统以及全球不同植被类型的GPP进行了估算，并将机器学习方法估算的站点尺度GPP与基于光能利用率模型生产的MODIS GPP产品和GLASS GPP产品做了对比分析。针对本研究取得的一些结论，未来的研究可以从以下几个方面开展：

（1）本研究选取了7个解释变量用于GPP的估算，但所选变量在很大程度上依赖于人为经验，且各解释变量间具有相关性，因此所选变量或许并不能完全解释GPP的变化，这对后期的估算结果会有一定的影响。以后的研究可以更多地参考物理机制去选取估算GPP的相关变量，从而为建模提供依据。

（2）通过对不同植被类型GPP估算的分析发现，机器学习方法对农田和常绿针叶林GPP估算精度较低。农田生态系统易受人类活动影响，后续关于农田GPP估算的研究可以考虑将人为因素视为变量之一。常绿针叶林生态系统相对稳定，植被绿度变化小，常用的植被指数不能有效捕捉其生长季的变化，未来的研究可以考虑添加其他环境因子，从而提高对常绿针叶林GPP估算的精度。

（3）本研究在提取站点尺度遥感数据作为解释变量时，没有考虑到尺度差异对估算结果的影响。本研究所选用的异常值剔除和"3×3"像元取均值方法在一定程度上可以弱化甚至消除空间分辨率差异导致的尺度误差，但不可排除仍然存在尺度误差。因此，下一步研究可以考虑采用更加精确的尺度转换算法来削弱或者消除尺度差异对估算结果带来的影响。

第 5 章
大数据驱动的陆地净生态系统
生产力估算研究

陆地生态系统在全球碳循环中发挥着重要作用。陆地生态系统的净生态系统生产力（NEP）是生态系统光合作用固定的碳与生态系统呼吸损失的碳之间的差值，或者为生态系统净的碳积累速率。NEP的准确计量对科学评估陆地生态系统的固碳能力，更好地制订气候变化应对措施具有重要意义（Eshel et al., 2019; Jung et al., 2020）。然而，由于NEP是植被总初级生产力与生态系统呼吸这两个较大碳通量的较小差值，其估值还存在很大的不确定性。

全球陆地生态系统NEP的估算模型包括陆地生态系统过程模型、大气CO_2反演模型和数据驱动模型。其中，陆地生态系统过程模型考虑光合作用和呼吸作用对环境条件（例如气候因子和大气CO_2浓度）的响应机理（Chen et al., 2000），包含了许多复杂的生物化学过程和参数，这导致不同陆地生态系统过程模型估算的NEP之间存在较大差异（Huntzinger et al., 2012）。大气CO_2反演模型使用地面观测的大气CO_2浓度数据和大气传输模型，估算大气与陆地生态系统之间CO_2的交换量（Gurney et al., 2002）。这种方法不能精确地估算点上的值，但可以快速获取大范围区域的值。与上述两种模型相比，数据驱动模型基于NEP与其影响因子之间的机理，通过构建统计模型来估算NEP，是一种相对简单而有效的方法。数据驱动的机器学习模型可以从大量数据中提取隐含在其中的有用信息和知识，并根据先验知识和观测数据不断改进其性能来获得精确的学习器，因此，该模型在陆地生态系统碳循环领域得到了广泛应用。

20世纪90年代至今，基于涡动相关技术的全球长期碳水通量观测网络（简称全球通量网）已建成，该网络具有准确、连续、非破坏性等优点，监测数据广泛应用于各种碳循环模型的构建和检验（Baldocchi，2020）。很多数据驱动的机器学习模型，如人工神经网络、随机森林、模式树集合和支持向量机回归等，被成功地应用于站点、区域和全球尺度的陆地生态系统碳通量估算，包括植被总初级生产力、生态系统呼吸和净生态系统生产力。研究者们也利用数据驱动模型，结合全球通量网的观测数据、卫星遥感数据、格网化的气象数据，获取了全球CO_2通量的空间分布图（Bodesheim et al., 2018; Liang et al., 2020）。这些空间图可以为陆地生态系统过程模型的模拟和大气CO_2反演模型的估算提供交叉一致性检验（Jung et al., 2020），但是这些空间图的可靠性受到机器学习模型预测能力的限制。

在使用数据驱动的机器学习模型估算的碳通量中，NEP是估算精度最低的通量，且关键预测变量的缺失被认为是导致NEP估算精度低的重要原因。本章针对NEP估算精度低的问题，利用数据驱动模型、全球通量网的观测数据、多源遥感数据、气象数据以及其他各种全球空间数据产品（土壤碳通量、地形、土壤有机碳、大气CO_2浓度），分析全球通量站点尺度上NEP时空变化的影响因子，生产了1981—2020年全球NEP产品，并分析了全球尺度和中国区域NEP的时空变化。

5.1 大数据驱动的全球NEP估算方法与产品生产

5.1.1 参数定义

5.1.1.1 净生态系统生产力

净生态系统生产力是陆地生态系统与大气系统之间的净碳交换量，在不考虑各种自然和人为扰动的情况下，NEP定量描述了陆地生态系统碳源/汇的能力。NEP为正值，说明生态系统为碳汇；NEP为负值，则表明生态系统为碳源。

5.1.1.2 净生态系统碳交换量

净生态系统碳交换量（NEE）是生态系统呼吸作用与生态系统总初级生产力的差值，其与NEP互为相反数关系（NEP=－NEE），可以通过涡动相关技术直接测定NEE。

5.1.2 算法描述

5.1.2.1 算法原理

全球通量网采用多种手段和方法，对土壤、植被和大气的各种要素以及生态系统碳循环关键过程进行综合观测，为开展陆地生态系统碳循环过程的综合研究提供了长期、连续、有效的数据集。该网络的212个观测站点广泛分布于全球不同的气候区，几乎覆盖了所有的植被类型。每个站点均采用涡动相关技术直接测定陆地生态系统—大气之间的碳交换量。因此，全球通量网的观测数据为采用数据驱动的机器学习方法估算NEP提供了可靠的数据支撑。本研究中，年NEP的估算思路为：（1）结合全球通量网观测的NEE数据和影响NEE时空变化的环境因子数据，利用数据驱动的机器学习模型估算全球站点尺度的月 NEE；（2）利用站点尺度构建的数据驱动模型，结合空间网格化的预测变量数据，获得全球尺度的月 NEE；（3）将月 NEE 累加到年，并取其负数，得到年 NEP。

5.1.2.2 机器学习算法选择

与人工神经网络、支持向量机回归相比，随机森林回归模型（简称随机森林模型）具有运算高效、结果准确、能生成特征的重要性度量等优点，在环境学、生态学等领域都有着广泛的应用。基于全球碳通量观测数据、多源遥感数据和气象数据，研究人员对比分析了 11 种机器学习模型，估算全球 NEE 的精度，发现关键输入变量的缺失是导致 NEP 估算精度低的重要原因，而各种机器学习模型的估算能力差别不大。因此，本研究选择在环境学、生态学等领域都有着广泛应用的随机森林模型进行全球站点尺度上 NEE 的估算。针对前人研究中 NEE 关键预测变量缺失的问题，本研究除了考虑目前比较常用的遥感和气象参数，尝试加入更多与土壤水分、土壤碳排放和地形相关的预测变量。

5.1.2.3 数据源

（1）全球通量网观测数据

本研究使用了全球通量网（FLUXNET2015）数据集中的子集数据产品（Tier 2）。该产品包括 212 个全球通量塔观测的 NEE 数据，这些数据通过标准算法进行了质量检查和处理（Pastorello et al.，2020）。基于以下标准对全球通量网的日 NEE 观测数据进行筛选：① 删除可信度低于 80% 的日数据；② 基于昼夜分离法计算的 GPP 与 RE 存在显著差异的日数据；③ 目视删除异常高或低的日数据。在日数据筛选的基础上，将每月内的日 NEE 观测数据进行平均，以获得每月的 NEE 观测数据，用于站点尺度上随机森林模型的训练和验证。

（2）**备选预测变量数据**

① MODIS 数据产品

本研究使用了 2000—2019 年 8 天时间分辨率的 MODIS 陆地产品，包括白天和夜间的地表温度（LST，MOD11A2，1km）、叶面积指数（LAI）和光合有效辐射吸收比率（FPAR，MCD15A2H，500m）、band1—band7 地表反射率（MOD09A1，500m）、总初级生产力（GPP，MOD17A2H，500m）、地表蒸散发（ET）、潜在蒸散发（PET，MOD16A2，500m）和土地覆盖类型（MCD12Q1，500m）。

基于以上 MODIS 陆地产品，进一步计算以下预测变量，具体如下：为了更好地反映水胁迫条件，我们计算了白天和夜间地表温度的差值（LST_diff）、地表水分指数（LSWI）以及 ET 与 PET 的比率（ET_PET）；对地表反射率数据进行处理，计算了归一化差值植被指数（NDVI）和增强植被指数（EVI），并将这两项指数作为植物生长状况的指示因子。

② GLASS 数据产品

本研究使用了 1981—2018 年 8 天时间分辨率的 5km GLASS 数据产品。这些产品包括 LAI、FPAR、ET 和 GPP。

③ 气候数据

本研究使用了如下 3 种气候数据：1981—2019 年 ERA5 再分析气候数据集中 2m 空气温度和总降水量数据（空间分辨率为 0.25°，时间分辨率为小时）；1981—2019 年标准化降水蒸散指数（SPEI）数据，该数据表征了地表的干旱状况，时间分辨率为月，空间分辨率为 0.5°，3 个时间尺度（1 个月、3 个月和 12 个月）的 SPEI 代表不同时间尺度的干旱状况；全球 1km 气候分区数据（Beck et al.，2018），包括 5 种气候类型（热带、干旱、温带、寒冷和极地）和 30 种亚气候类型。

④ 土壤碳排放相关数据

本研究使用了如下 3 种与土壤碳排放相关的数据：2000—2019 年全球 1km 分辨率年土壤呼吸产品；2000—2016 年全球 0.5° 分辨率年土壤异养呼吸产品；全球 1km 网格化土壤有机碳密度数据，包括土壤表层土（0～30cm）和下层土（30～100cm）。

⑤ 全球森林高度与地形数据

本研究使用的全球 500m 空间分辨率的森林冠层高度数据（Wang et al., 2016），是结合 2005—2006 年激光高度计数据以及 13 个辅助变量（7 个气候变量和 6 个遥感变量）获取的。高精度（赤道处约 90m）地形参数（包括高程和坡度）通过全球 DEM 数据获取，该 DEM 数据消除了现有全球 DEM 数据中的主要误差，并重新采样至 1 arcmin（赤道处约 2km）的空间分辨率。

针对以上备选预测变量，我们首先利用变量数据的质量层，将低质量的数据设置为无效值，然后对小时、日和 8 天时间分辨率的数据，通过取平均值的方法计算得到月时间尺度的值。对只有一个测量时期的数据进行平均处理，以获得月时间尺度上的值。对于不同年份月数据存在变化的数据，计算同一个月份在不同年份（$n \geq 2$）的平均值得到平均季节特征参数（mean seasonal cycle, MSC），并统计 MSC 对应的最大值、最小值、变化幅度和标准偏差，以及每一个月的观测值与其 MSC 值的差值（即距平值）。此外，我们还利用每个备选变量数据的 MSC 值对缺失的月值数据进行了插补。在此基础上得到的所有参数都作为随机森林模型的备选预测变量。

本研究需要生产两种不同时间段（1981—1999 年、2000—2019 年）、不同空间分辨率（2000 年之前为 5km，2000 年之后为 500m）的 NEP 产品，5km NEP 产品的生产主要使用了 GLASS 数据作为输入，而 500mNEP 产品则使用了 MODIS 数据作为主要数据源。因为全球通量网每个站点直接测量了 NEE，所以本研究先生产 500m 和 5km 的 NEE 产品，然后利用 NEE 与 NEP 互为相反数的关系，得到 500m 和 5km 的 NEP 产品。本研究确定了 88 个变量作为 5km NEE 产品生产的备选预测变量，删除各备选预测变量的无效数据后，共有 187 个通量站点的 14666 条记录用于训练随机森林模型，该模型用于生产 5km NEE 产品；研究将 209 个变量作为 500m NEE 产品生产的备选预测变量，删除各备选预测变量的无效数据后，共有 168 个通量站点的 11389 条记录用于训练随机森林模型，该模型用于生产 500m NEE 产品。

5.1.3 站点尺度随机森林模型构建

我们根据筛选出来的全球通量站点的经纬度和年份信息，分别从 88 和 209 个备选预测变量中，选择站点尺度的数据作为随机森林模型的备选预测变量数据集，以通量站点观测的月 NEE 数据作为随机森林模型的目标变量。本研究中随机森林模型使用的是 Python 3.6 中的随机森林包 [Python Software Fund (2016)]，其中，随机决策树的数量设置为 350。因为我们在初步测试中发现，随着决策树数量的增加，随机森林模型的预测精度会出现饱和。随机决策树数量以外的其他参数均设置为默认值，因为改变这些参数，随机森林模型的预测精度仅发生非常小的变化。

为了最小化计算成本，我们从备选预测变量中选择了一小部分变量。这部分变量的选择依据为：先计算完整备选预测变量数据集中所有变量的重要性，然后在移除 20% 具有最小变量重要性度量的预测变量后，依次重新计算变量重要性。重复上述步骤，直到随机森林模型的平均交叉验证误差达到最小值。在预测变量选择的过程中，我们在保证随机森林模型预测精度的情况下，还删除了高度相关的预测变量（即皮尔逊相关系数大于 0.9）。最终确定 13 个变量（表 5-1）用于 500m NEE 的估算，11 个变量（表 5-2）用于 5km NEE 估算。

表5-1　全球500mNEE预测变量列表 *

预测变量[a]	缩写词	变量类型	空间分辨率	单位[b]
叶面积指数	LAI	月	500 m	—
总降水量	PRE	月	0.25°	mm
band 4地表反射率	band4	月	500 m	—
增强植被指数	EVI	月	500 m	—
白天和夜间地表温度差值	LST_{diff}	月	1 km	℃
土地覆盖类型	PFT	年	500 m	—
土壤呼吸	R_s	年	1 km	$g \cdot C \cdot m^{-2} \cdot year^{-1}$
潜在蒸散量季节变化特征	PET_{msc}	月,年尺度上为静态	500 m	$kg \cdot m^{-2} \cdot month^{-1}$
蒸散量季节变化特征	ET_{msc}	月,年尺度上为静态	500 m	$kg \cdot m^{-2} \cdot month^{-1}$
band 6地表反射率季节变化特征	$band6_{msc}$	月,年尺度上为静态	500 m	
增强植被指数距平值	EVI_{ano}	月	500 m	—
地表水分指数	LSWI	月	500 m	—
地表水分指数季节变化特征的平均值	$LSWI_{ave}$	静态	500 m	

表注：① 变量中总降水量来自ERA5气候数据，土壤呼吸来自文献（Huang et al., 2020），其他变量数据都来自MODIS陆地产品;

② "-"表示无单位。

表5-2　全球5kmNEE预测变量列表

预测变量	缩写词	变量类型	空间分辨率	单位
干旱指数[a]	SPEI	月	0.5°	
叶面积指数[b]	LAI	月	5km	—
总降水量[c]	PRE	月	0.25°	mm

预测变量	缩写词	变量类型	空间分辨率	单位
空气温度[c]	TEM	月	0.25°	℃
土地覆盖类型[d]	PFT	年（2000年之前），静态（2000年之后）	500m	—
总降水量季节变化特征[c]	PRE$_{msc}$	月，年尺度上为静态	0.25°	mm
空气温度季节变化特征[c]	TEM$_{msc}$	月，年尺度上为静态	0.25°	℃
干旱指数季节变化特征的最大值[a]	SPEI$_{max}$	静态	0.5°	—
蒸散量季节变化特征的标准偏差[b]	ET$_{sd}$	静态	5km	mm
蒸散量距平值[b]	ET$_{ano}$	月	5km	mm
土壤呼吸[e]	R$_s$	静态	1km	$g \cdot C \cdot m^{-2} \cdot year^{-1}$

表注：① 变量来自标准化降水蒸散指数数据；

② 变量来自GLASS数据产品；

③ 变量来自ERA5气候数据；

④ 变量来自MODIS数据；

⑤ 变量来自2000—2019年平均的土壤呼吸数据（Huang et al., 2020）。

5.1.4　随机森林模型精度验证

本研究采用5折独立交叉验证的方法进行随机森林模型的精度验证，具体方法是将所有数据分成近似大小的5份，每次4份训练，1份验证，保证每个站点的观测数据完全在1份数据中，这种方法更能说明模型对完全未知地点的预测能力。模型的评价指标包括可决系数（R^2）和均方根误差（RMSE）。除了关注随机森林模型预测所有通量站点观测月数据的能力，我们还分析了该模型对站点尺度（各站点平均的NEE）、季节尺度（各站点的MSC值）和距平值（观测值与其MSC值的差值）NEE的估算精度。

5.1.5　精度检验结果

5.1.5.1 随机森林模型最优预测变量

在选择的13个用于500m NEE估算的预测变量中（表5-1）：有6个变量与地表植被状况相关（PFT、LAI、EVI、band4、EVI_{ano}、$band6_{msc}$），有5个变量与地表水分状况相关（PRE、LST_{diff}、ET_{msc}、LSWI、$LSWI_{ave}$），有1个变量与地表土壤碳排放相关（R_s），有1个变量与地表温度相关（PET_{msc}）。在选择的11个用于5km NEE估算的预测变量中（表5-2）：有2个变量与地表植被状况相关（LAI、PFT），有5个变量与地表水分状况相关（$SPEI_{max}$、ET_{sd}、PRE、SPEI、ET_{ano}），有1个变量与地表土壤碳排放相关（R_s），有3个变量与地表温度相关（TEM_{msc}、TEM、PRE_{msc}）。这些最优预测变量的重要性分析结果表明：与地表植被状况相关的变量具有最高的重要性，其次是与水分状况和土壤碳排放状况相关的因子（图5-1和图5-2）。

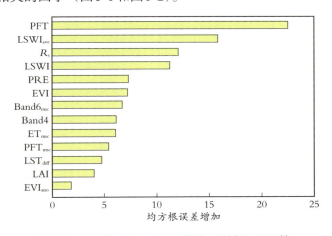

图5-1　应用于500mNEE估算的预测变量重要性

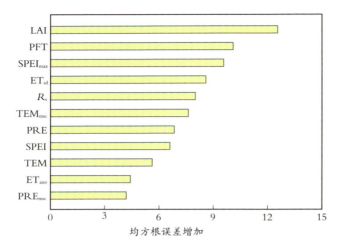

图5-2　应用于5kmNEE估算的预测变量重要性

5.1.5.2 随机森林模型精度验证

利用随机森林模型和选择的最优预测变量（表5-1和表5-2），对全球通量站点的NEE进行估算。站点尺度上独立交叉验证的结果表明，不论是针对500m NEE构建的随机森林模型，还是针对5km NEE构建的随机森林模型，两者对全球通量站点的月NEE的时空变异均具有较好的预测能力，见（图5-3a和图5-4a）。这两个模型对各通量站点间NEE的变化（图5-3b和图5-4b）和各通量站点季节尺度NEE的变化（图5-3c和图5-4c）也具有很好的预测能力，特别是对季节尺度NEE预测的R^2大于0.84。相比之下，这两个模型对月NEE的距平预测能力都较差（图5-3d和图5-4d），这可能是由于距平信息是弱信号，很容易受到输入变量误差的影响。本研究选择的预测变量（表5-1和表5-2）空间分辨率变化很大，分辨率差异可能会给随机森林模型的预测带来较大误差。

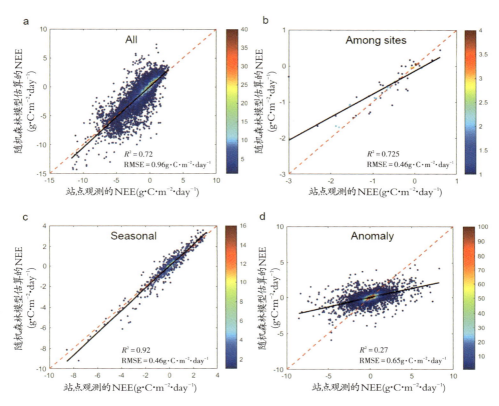

图5-3 不同时空尺度下随机森林模型估算的500mNEE（随机森林模型估算的NEE）与站点观测的NEE（站点观测的NEE）之间的关系

注：All使用了所有站点观测的月数据，Among sites使用全年均有连续有效月观测数据的站点数据，Seasonal使用了每个站点所有年份平均的月数据，Anomaly使用了每个站点观测的月数据与其多年平均月数据之间的差值数据。

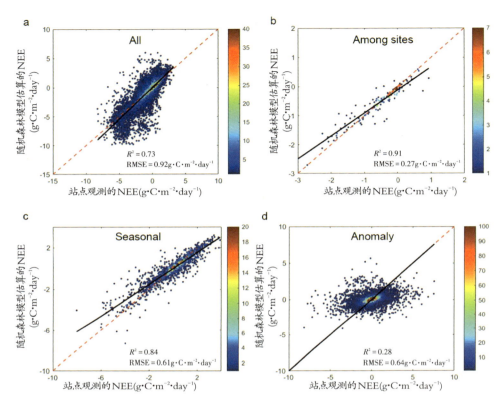

图5-4　不同时空尺度下随机森林模型估算的5kmNEE（RF predicted NEE）与站点观测的NEE（Observed NEE）之间的关系

注：All使用了所有站点观测的月度数据，Among sites使用了全年均有连续有效月观测数据的站点数据，Seasonal使用了每个站点所有年份平均的月数据，Anomaly使用了每个站点观测的月数据与其多年平均月数据之间的差值数据。

通过将通量站点尺度上月NEE预测值累加到年，并取NEE的负数，得到站点尺度上预测的年NEP。其中，站点观测数据为2000年以前的，其NEE值从5km NEE产品中获取；站点观测数据为2000年以后的，其NEE值从500m NEE产品中获取（图5-5）。以相对误差作为预测NEP的精度评价指标，相对误差为26%。

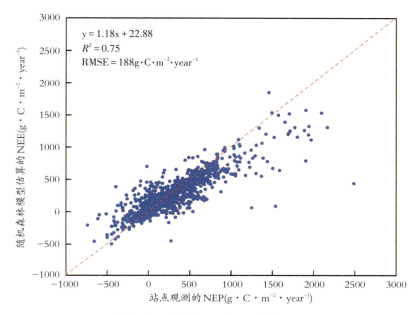

图5-5　通量站点上预测的年NEP与观测的年NEP之间的关系

5.1.6　全球陆地NEP产品生产方法

全球NEP产品生产方法如下：

（1）输入数据预处理

根据原始MODIS数据的质量层信息，删除质量不好的像元。针对每一个缺失值像元，先利用该像元前后2年同一时期质量好的像元的平均值来填补，对于未补上的缺失值，再基于全球168个通量站点上建立的MODIS数据与相关GLASS数据之间的转化关系，利用时空相对连续的GLASS数据对缺失的MODIS数据进行插补；采用最近邻采样方法，对表5-1和表5-2中列出的预测变量进行重采样：2000年以前输入预测变量重采样成空间分辨率为5km的数据，数据维度为3600×7200（数据总行数×数据总列数）；2000年以后输入预测变量重采样成空间分辨率为500m的数据，数据维度为40076×80152，数据类型均为

float型，时间分辨率为月。

（2）全球NEE产品生产

运行利用通量站点数据构建的不同预测变量（表5-1和表5-2）驱动的随机森林模型，以全球网格化的对应变量作为输入，生产全球月时间尺度的NEE产品。该产品2000年以前的空间分辨率为5km，数据维度为3600×7200；2000年以后的空间分辨率为500m，数据维度为40076×80152，数据类型均为float型，时间分辨率为月。

（3）全球NEP产品生产

利用NEE与NEP互为相反数的关系，即NEP=−NEE，将月时间尺度的NEE产品累加到年，得到1981—2019年NEP产品。该产品2000年以前的空间分辨率为5km，数据维度为3600×7200；2000年以后的空间分辨率为500m，数据维度为40076×80152，数据类型均为float型，时间分辨率为年。

5.2 全球不同陆地净生态系统碳交换量产品精度对比分析

5.2.1 精度检验数据集

为了分析本研究生产的全球NEE产品与现有全球NEE产品在模型验证精度、NEE时间变化趋势和空间变化趋势等方面的一致性和差别，本研究选择2020年发布的2种全球NEE产品。这2种NEE产品均使用了数据驱动的机器学习模型，模型的输入数据均为遥感数据和气象数据，生产的NEE产品具体信息如下：（1）全球NEE产品Jung-2020，该产品的时间分辨率为月，空间分辨率10km，时间覆盖范围为2001—2015年（Jung et al., 2020）；（2）全球NEE

产品 Zeng-2020，该产品的时间分辨率为 10 天，空间分辨率为 0.1°，时间覆盖范围为 1999—2019 年（Zeng et al., 2020）。

5.2.2　精度检验方法

本研究中生产的 500m NEE 产品（简称 NEE_500），其时间分辨率为月，空间分辨率为 500m，时间覆盖范围为 2000—2019 年。为了与 Jung-2020 和 Zeng-2020 两种产品进行比较，本研究重点分析了 2001—2015 年（三个产品共同覆盖的时间范围）月时间尺度上三种产品在模型验证精度、NEE 空间变化趋势和时间变化趋势等方面的差异。在进行不同产品模型验证精度对比分析时，由于 Zeng-2020 和 Jung-2020 分别采用了不同的精度评价指标，本研究分别采用对应相同的评价指标来进行对比分析。

5.2.3　不同 NEE 产品精度检验结果

通过对比本研究使用的随机森林模型的验证精度与现有另外两种 NEE 产品（Jung-2020 和 Zeng-2020）的模型验证精度（表 5-3 和表 5-4），我们发现，虽然对比的精度评价指标不同，本研究中随机森林模型的验证精度要高于现有的两种产品。例如，相比 Jung-2020 产品，NEE_500 对月 NEE 的时空变化、站点之间的变化、季节变化以及距平变化等的预测都具有较高的可决系数和较低的均方根误差；相比 Zeng-2020 产品，NEE_500 预测精度较高的站点占总体的比例更大。

表5-3　不同时空尺度下 NEE 产品站点验证精度统计*

NEE产品	All	Among sites	Seasonal	Anomaly
NEE_500	0.72(0.96)	0.75(0.46)	0.92(0.46)	0.27(0.65)
Jung-2020	0.46(1.24)	0.48(0.61)	0.61(0.83)	0.13(0.56)

表注：NEE_500 为本研究生产的 500m NEE 产品，Jung-2020 年为 Jung et al.（2020）生

产的 NEE 产品；不同时空尺度所对应的数据如下：All 使用了所有站点观测的月数据，Among sites 使用全年均有连续有效月观测数据的站点数据，Seasonal 使用了每个站点所有年份平均的月数据，Anomaly 使用了每个站点观测的月数据与其多年平均月数据之间的差值数据；精度评价指标以独立交叉验证得到的可决系数（R^2）和均方根误差（RMSE）表示，表格中的数据括号外的为 R^2，括号里的为 RMSE（单位：$g \cdot C \cdot m^{-2} \cdot day^{-1}$）。

表5-4　不同 NEE 产品站点验证精度统计*

NEE 产品	$R^2 > 0.75$	$0.5 < R^2 \leqslant 0.75$	$0.25 < R^2 \leqslant 0.5$	$R^2 \leqslant 0.25$
NEE_500	55%	26%	13%	7%
Zeng-2020	23%	27%	27%	23%

表注：NEE_500 为本研究生产的 500m NEE 产品，Zeng-2020 年为 Zeng 等人（2020）生产的 NEE 产品；站点精度可以通过模型验证得到，具体表示为不同决定系数（R^2）范围内的站点百分比。

在全球 168 个通量站点上，本研究生产的 500m NEE 产品在月的时间尺度上均与 Jung-2020 和 Zeng-2020 具有良好的线性相关关系，但对于 NEE 的低值区，Jung-2020 和 Zeng-2020 存在一定程度的高估（图5-6）。

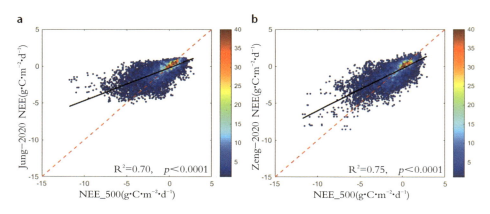

图5-6　本研究生产的 500mNEE 产品与 Jung-2020 和 Zeng-2020 在全球 168 个通量站点上的关系

5.3　2000—2020年全球陆地NEP时空变化分析

我们基于自主生产的2000—2020年全球陆地500m空间分辨率的NEP产品，分析了这20年全球陆地NEP在像元和区域尺度上的空间格局，并采用Theil-Sen斜率估算和Mann-Kendall检验相结合的方法分析了其时间变化趋势。综合考虑气候和土地覆盖因素，我们进一步采用偏相关分析的方法对2000—2020年这20年全球陆地NEP变化的驱动因素以及其在全球不同生态分区的差异进行了分析。

5.3.1　全球陆地NEP的空间分布格局

2000—2020年全球陆地年平均NEP的空间分布格局存在明显差异，其中，热带NEP总量最大，占全球总量的69.9%，其次是温带（20.6%）、寒带（7.8%）和极地（1.4%），最小的是干旱气候区（0.3%）。具体来说，NEP的高值区位于热带、亚热带和寒温带的森林分布区；低值区广泛分布于全球的干旱半干旱区，包括美国中西部、哈萨克斯坦、蒙古国北部和澳大利亚。

5.3.2　全球陆地NEP的时间变化趋势

2000—2020年，全球陆地NEP总量呈显著增加趋势，其中热带NEP增加幅度最大，其次是干旱区、寒带和温带，极地NEP呈现非显著减小趋势（图5-7）。近20年，全球陆地NEP增加区域的面积大于减少区域的面积，其中显著增加区域占总面积的22%，显著减少区域仅占总面积的10%，除了极地区，其他气候区NEP具有不同变化趋势，总体呈现与全球尺度相似的变化规律（图5-7a）。在空间尺度上，全球NEP的增加区域集中分布于全球的森林生态区，包括热带湿润森林、热带干燥森林、热带山地、亚热带湿润森林、亚热带干燥森林、温带大陆森林、温带山地和北方针叶林，而减少区域集中分布于热带雨林、北方山地、北方冻原林地和极地等生态区（图5-7b）。

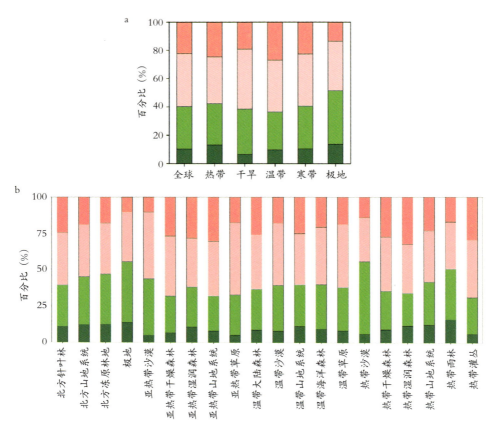

图5-7　2000—2020年全球陆地NEP时间变化趋势统计

注：a 全球和不同气候区（热带、干旱、温带、寒带和极地）陆地NEP变化趋势类型所占面积百分比统计；b 全球不同生态分区陆地NEP变化趋势类型所占面积百分比统计。

5.3.3　全球陆地NEP时空变化的驱动因素分析

在全球尺度上，NEP与空气温度和森林覆盖率之间呈显著相关（图5-8），表明这20年全球陆地NEP增加主要是由于全球温度升高和森林覆盖率增加。在区域尺度上，NEP与气候和土地覆盖因子之间的关系呈现明显的空间异质性（图5-8）。通过偏相关系数的对比分析，研究发现热带地区和干旱地区NEP的变化更多受到气候因子影响，极地气候区更多受到土地覆盖因子影响，而温带气候区受到气候和土地覆盖因子的共同影响。

在生态环境脆弱的生态区，如全球的沙漠区、温带草原区、北半球和热带的山地区，由于植被生长受到水热条件限制较大，其NEP与气候因子（空气温度、降水量和干旱指数）的相关性要明显强于NEP与土地覆盖因子的相关性（森林覆盖率、低矮植被覆盖率和裸地覆盖率）（图5-9）。这表明这些生态区这20年NEP的变化主要受到气候变化影响，而其他生态区NEP的变化同时受到气候和土地覆盖因子影响。

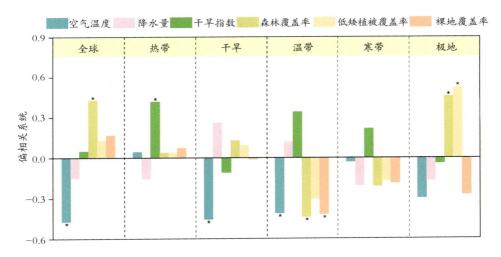

图5-8　全球和不同气候区陆地NEP与气候因子（空气温度、降水量和干旱指数）和土地
覆盖因子（森林覆盖率、低矮植被覆盖率和裸地覆盖率）之间的偏相关关系

注：*表示两个因子之间的偏相关关系达到了统计上的显著性水平（$p < 0.05$）。

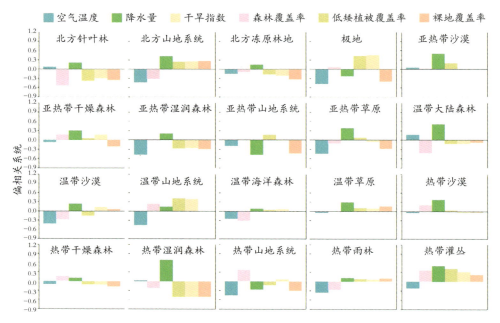

图5-9　全球不同生态分区陆地NEP与气候因子（空气温度、降水量和干旱指数）和土地覆盖因子（森林覆盖率、低矮植被覆盖率和裸地覆盖率）之间的偏相关关系。

注：*表示两个因子之间的偏相关关系达到了统计上的显著性水平（$p<0.05$）。

5.4　1981—2018年中国陆地NEP的时空格局分析

基于自主研制的1981—2018年全球5km空间分辨率，研究通过由多源遥感数据驱动的随机森林模型估算得到全球陆地NEP产品，并采用与分析全球陆地NEP时空变化相同的方法，分析了近40年中国陆地NEP的时空格局及其对气候变化的响应。

5.4.1　1981—2018年平均中国陆地NEP的空间分布格局

1981—2018年NEP年均值的高值区广泛分布于较低纬度的热带、亚热带地区（云南、广东、福建和江西等省），低值区集中分布于华中、华东地区的北部（河南、河北、山东、安徽等省）以及东北地区的中部和青藏高原的东部地区。总体上，中国不同植被区的NEP呈现出较大区域差异。NEP高值区主要分布于中国南部的亚热带常绿阔叶林区及热带季风雨林区，占中国陆地NEP总量的82.75%；其次是以东北东部、内蒙古地区为主的温带草原区（9.53%），以大兴安岭为主的寒温带针叶林区（6.00%），以东北西部平原区为主的温带针叶、落叶阔叶混交林区（1.71%）。NEP低值区广泛分布于中国华北平原地区的暖温带落叶阔叶林区（65.95%），其次是青藏高原高寒植被区（27.25%）、位于西北的温带荒漠区（6.80%）。不同植被区NEP的空间分布格局与杨元合等人（2022）、杨延征等人（2016）研究的结论相一致。

5.4.2　1981—2018年中国陆地NEP的时间分布格局

1981—2018年，中国陆地NEP年总量的均值为（397.02±42.72）×10^{12}g·C·$year^{-1}$（平均值±标准偏差），总体呈显著增加趋势：1991年最低，为318.95×10^{12}g·C·$year^{-1}$；2017年最高，为462.96×10^{12}g·C·$year^{-1}$。本文的研究结果与过去20年来中国科学家利用多种不同方法对中国陆地碳汇进行估算的结果相当（朴世龙等，2022；赵宁等，2021）。1981—2018年，中国陆地NEP年总量整体上呈显著增加趋势，由1981年的351.54×10^{12}g·C·$year^{-1}$波动增加至2018年的449.99×10^{12}g·C·$year^{-1}$。2000—2018年全球陆地NEP总量的增加速率（1.32×10^{12}g·C·$year^{-2}$）要稍小于1981—1999年的增加速率（1.47×10^{12}g·C·$year^{-2}$），这说明在不考虑扰动的情况下，1981—2018年来中国陆地生态系统的

碳汇是显著增加的，但2000年前后19年的增加幅度不尽相同，且2000年前碳汇增加的幅度更为显著。综上所述，1981—2018年中国的NEP总量呈现出显著的增加趋势，说明20世纪80年代以后，随着一系列森林保护政策的实施，中国陆地生态系统NEP逐步增加。

本研究中2000年前后19年中国陆地NEP变化趋势之间存在较大差异，且1981—1999年NEP增加的区域明显多于2000—2018年。1981—1999年，占国土面积52.67%的地区年NEP值呈增加趋势，而呈下降趋势的地区占国土面积的47.26%。2000—2018年，中国大部分地区年NEP呈增加趋势（60.42%），其中显著增加的地区占国土面积的7.66%，而呈下降趋势的地区占国土面积的39.52%，其中显著下降的地区占4.39%。

从区域分布看，1981—1999年，年NEP显著增加的区域主要分布在陕西南部和湖北西部交界地区以及东南沿海地区，显著下降趋势的地区集中在黄土高原北部以及东北的中部地区。2000年后的19年间，年NEP显著增加的区域主要分布于黄土高原的南部地区、河南的南部地区以及东北中部地区，而显著下降的地区主要分布于中国东北的大兴安岭、小兴安岭和三江平原地区以及河北的中部。

对变化显著的区域进行分析可以看出，东北东部的三江平原区域在2000年前NEP整体呈上升趋势，但在2000年后NEP整体呈下降趋势。东北中部平原地区的NEP则在2000年前呈现下降趋势，而在2000年后呈现显著上升趋势。李正国等（2011）在对东北地区耕地变化的研究中提出，1998—2009年间，松嫩平原以及三江平原的部分区域存在水田和旱地作物的转换，这可能是导致东北平原地区NEP变化的主要原因。大兴安岭地区的NEP在2000年前后上升和下降的面积占总面积的比例变化不大，但2000年前呈现下降趋势的地区主要集中在大兴安岭的北部，而到了2000年后，呈现下降趋势的地区则主要集中在大兴安岭的南部，大兴安岭北部NEP则呈现上升趋势。张清雨等（2013）的研究表明，大兴安岭南部草原区受到人类活动的正向影响，这可能是导致2000年前大兴安岭大部分地区NEP显著上升的原因，而王雪（2015）的研究指出，2000年后大兴安岭植被整体没有明显变化趋势，可能是因为该研究时间跨度较短，故得出的结论与本研究不相一致。2000年前，黄土高原NEP呈现显著下降趋势面积占总面积的70%以上，但在2000—2018年，黄土高原NEP呈现上升趋势的面积达到了63.11%，这是由于退耕还林（草）等生态工程的实施使得黄土高原植被状态得到明显改善，与李依璇等（2021）的研究结果相符合。

5.4.3 1981—2018年中国陆地NEP时空变化的驱动因子分析

在空间尺度上，采用偏相关分析方法对中国NEP与降水量、空气温度之间的响应进行分析，结果表明，中国陆地NEP同时受温度、降水的影响，且受降水影响的面积更大。例如，中国近40%的地区NEP与降水量呈显著相关，其中NEP与降水量呈显著正相关的区域约占18%，主要分布在温带草原区，如中国东北西南部、内蒙古中部、新疆北部以及黄土高原地区（Zhang et al., 2018；Zhou et al., 2020）。NEP与降水量呈显著负相关的区域占18%，2000年后略少于2000年前，主要分布在中国东北的耕地区域、东部沿海地区、中部平原地区、四川西部以及青藏高原地区（金凯等，2020）。李洁等（2014）的研究结果表明，1961—2010年东北地区NEP与降水呈极显著正相关关系的面积占研究区域总面积的91.5%，这与本研究所得出的中国东北的耕地NEP与降水量呈显著负相关的结论相矛盾，可能是该研究与本研究采用的时间段不同造成的。2000年前中国陆地NEP受温度影响的地区面积明显大于2000年后，表现最明显的是黄土高原的西北部。2000年前黄土高原的西北部NEP与空气温度呈显著负相关，其他负相关区域零星分布于新疆北部草原区及青藏高原高寒植被区；2000年后NEP与空气温度呈显著负相关的区域占3.76%，零星分布于大兴安岭地区及青藏高原高寒植被区。2000年前后中国陆地NEP与空气温度呈显著正相关的区域均不足2%且分布零星，可见中国大部分区域NEP与温度变化的相关性均不显著。降水变异性在中国NEP年变率中占主导地位；有研究认为中国NEP的空间变化主要与年平均气温有关（Yu et al., 2013），该结论与本研究的结果相矛盾，可能是因为该研究将某个年份的离散数据直接进行回归得到结果，仅能说明不同空间位置由于气候条件不同导致了NEP的空间分布不均，而本研究是对每个像元进行时间序列上的偏相关分析。这说明尽管在空间上NEP的分布格局受到温度的影响，但是在同一空间位置的时间尺度上，温度并不是影响NEP变化的主要因子。

进一步将受温度影响和受降水影响主导的像元区分开，1981—1999年，中国陆地NEP只受降水影响的像元约占31.93%，只受温度影响的像元约占5.05%，同时受温度、降水影响的像元占5.24%。2000—2018年，中国陆地NEP只受降水影响的像元约占33.91%，只受温度影响的像元约占2.93%，同时受温度、降水影响的像元占2.28%。由此可见，降水是中国陆地生态系统NEP变化的主要影响因子。值得注意的是，1981—1999年，黄土高原地区只受降水影响的区域由30.77%增长至72.91%，只受温度影响的区域则由7.89%降到了1.06%，同时受到温度、降水影响的地区由30.79%下降至5.52%。李依璇等（2021）的研究发现，2000—2018年整体上黄土高原植被覆盖度与年降水量呈显著正相关趋势，但与年平均气温的偏相关系数较低，与本研究的结果相符合。

5.5　大数据驱动的陆地NEP估算研究总结

　　本章的研究内容依托地球观测大数据技术，采用数据驱动方法估算了1981—2018年全球陆地NEP，并分析了2000—2020年全球以及1981—2018年中国陆地NEP的时空变化及其驱动因子。研究发现，2000—2020年全球陆地NEP总量呈显著增加趋势，且温度升高和森林覆盖率增加是导致全球陆地NEP增加的主要原因。1981—2018年，中国陆地NEP总量呈显著增加趋势，且热带、亚热带地区增幅很大。部分地区NEP由于人类活动的影响表现出下降趋势。此外，由于生态工程的实施，黄土高原NEP增加趋势明显，说明中国自然恢复政策的实施取得了良好的效果。中国陆地NEP空间分布呈现明显的异质性，而且不同地区NEP对气候因子的响应也不尽相同。相比温度因子，NEP对降水量变化的响应更为显著。此外，不同时间段NEP对温度、降水量的响应也不尽相同，2000年前后，NEP受到气候因子显著影响的地区存在明显差异，如东北地区、新疆北部草原区以及川西地区。

　　本研究使用了全球通量站点上观测的数据构建数据驱动模型，由于通量站点设置的地方通常不受采伐、火灾等干扰因素的影响，因此通过通量站点数据尺度上推估算的全球陆地NEP数据存在高估，也会导致NEP时空变化分析具有不确定性。此外，影响全球陆地NEP时空变化的因子较多，本研究只分析了气候和土地覆盖因子的影响，但大气CO_2浓度、氮沉降等也会影响全球陆地NEP的变化，未来需要加以考虑。

第 6 章
近海海洋生态系统碳汇计量案例分析

6.1 近海海洋生态系统叶绿素a浓度遥感反演研究

6.1.1 SeaWiFS反演中国陆架海的叶绿素a浓度

近海海洋生态系统碳汇计量方法已逐步应用于多尺度、多维度的海洋生态系统碳汇的高精度估算，尤其是遥感技术已经成为近海海洋碳汇大范围估算的最新手段。在本书第二章近海海洋生态系统碳汇计量方法的基础上，本章系统分析不同近海海洋碳汇计量方法的应用案例。本章的案例分析包含对近海海洋叶绿素、初级生产力、固碳量等碳汇要素的计量应用案例，具体方法参见第二章的介绍。

6.1.1.1 中国各海区叶绿素a的年际变化

（1）南黄海海区

代表海区位于35.0°N～36.0°N和123.0°E～124.0°E之间。该海区在1998年到2003年，各月叶绿素a最低值为0.385mg·m^{-3}，最高值为2.603mg·m^{-3}，平均值为0.961mg·m^{-3}。海区各年叶绿素a浓度变动的趋势基本一致。叶绿素a浓度每年出现一个比较明显的高峰期，主要在3月或4月，而且春季叶绿素a

浓度值普遍比较高。相关研究认为，4月南黄海中央海域真光层中含有高浓度的叶绿素 a，最高达 2.6mg·m⁻³；4月之后，黄海水体分层加强，上混合层中浮游植物的生长由于缺乏营养盐而受到限制，表层叶绿素 a 含量下降，并一直持续到秋末冬初温、密跃层消失。

（2）东海海区

该代表海区位于 31.0°N～32.0°N 和 124.0°E～126.0°E 之间。在1998年到2003年，此东海海区各月叶绿素 a 浓度最低值为 0.826mg·m⁻³，最高值为 5.564mg·m⁻³，均值为 2.432mg·m⁻³。叶绿素 a 浓度变化基本反映了海域内浮游植物的变化。各年海区叶绿素 a 浓度变化的总体趋势基本一致，但某些月份年际变化相对较大，第一个高峰期除1999年外，其余各年基本出现在2月，次高峰期出现月份有早有迟，1998、1999和2002年次高峰出现在8月，2000年拖后到9月，2003年则提前到7月，年际变化较明显。但2001年与其他年份明显不同，叶绿素 a 浓度在7月、8月、9月没有出现次高峰值，相反却达最低值。

（3）南海海区

这里研究的代表海区位于 20.0°N～21.0°N 和 113.0°E～114.0°E 之间。结果显示，各年海区叶绿素 a 浓度变动大体接近，叶绿素 a 浓度每年基本出现两个高峰期，一个出现在1月或2月，另一个出现在12月，峰值浓度差不多。在5月、6月、7月达1年中的最低值，然后逐渐回升。这是由于在春季和冬季，海温较低，适合藻类生长，而夏秋季温度过高，影响藻类生长，光合作用较慢。唯有2001年比较特殊，即在6月和8月未呈现低值，反而分别出现高峰值，6月的峰值为当年最高值，其他月份大致与其他年份变化趋势一致。在东海和南海海区，同在2001年出现异于其他年份的变化趋势，相应的影响因素有待进一步研究确认。此南海海区在1998年到2003年，各月叶绿素 a 浓度最低值为 0.105mg·m⁻³，最高值为 2.522mg·m⁻³，均值为 0.254mg·m⁻³。这跟很多学者在太平洋海域调查研究结果比较接近（黄良民和陈清潮，1989；齐雨藻和钱宏林，1992）。本海区各年在1月、2月和9月、10月年际差异相对较大。

6.1.1.2　中国陆架海叶绿素a浓度月份变化

以2003年各月份中国陆架海叶绿素a浓度分布为例进行分析。图6-1是2003年各月中国陆架海海域叶绿素a浓度分布图。

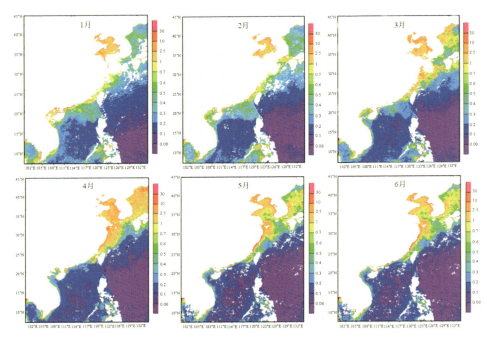

图6-1　2003年上半年SeaWiFS反演中国近海叶绿素a浓度分布图（单位：mg·m^{-3}）

整体看来，中国陆架海叶绿素a的浓度分布呈现由近岸向外海递减的趋势，沿岸最高，而且内湾的叶绿素a浓度要明显高于外海。渤海海域叶绿素a的浓度最高，黄海和东海次之，南海最低。在长江口外侧有一块很大呈三角形向外海伸入的高值区，在123°E附近，这是因为长江冲淡水的作用带来大量营养盐，使长江口外形成高营养盐区域，为藻类生长提供了有利条件。从图上可以看出，长江径流出长江口后转向东北现象明显。中国台湾地区和菲律宾吕宋岛连线以东的西太平洋海域值明显偏低，以吕宋岛为界东西海域差别明显。这说明巴士海峡两侧的水文和化学特征是十分不同的，黑潮在巴士海峡向西入侵有限。

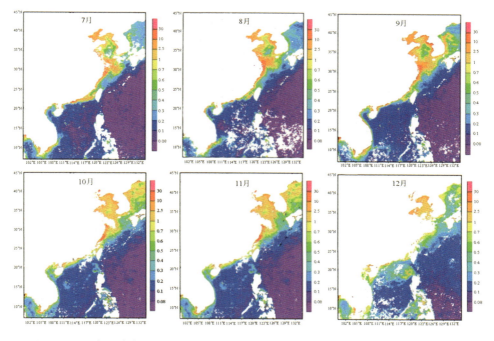

图6-2　2003年下半年SeaWiFS反演中国近海叶绿素a浓度分布图（单位：mg·m⁻³）

中国台湾地区和济州岛连线以北海域叶绿素a浓度明显高于连线南部海域。在南黄海中央北纬35°附近出现一块较大的低值区，在5月左右出现，9月—10月渐达最大，到11月的时候减小，12月完全消失。2000年，黄海中部、长江口外的现场调查证实该海区附近有明显的温跃层存在。温跃层的产生主要源于黄海冷水团的影响，在跃层上下，温度、盐度差别很大，这就导致浮游植物在种类组成和数量上的差别。苏纪兰认为黄海冷水团是夏季表层水变暖，再加上风混合作用很弱，进而层化的结果。黄海层化通常在5月出现，在11月消失。卫星结果完全验证了这一说法。夏秋季垂直涡动作用较弱，使跃层形成，即黄海冷水团作用，导致该海区营养盐缺乏，浮游植物不能充分繁殖，叶绿素a浓度低值区形成；到冬季时混合均匀跃层消失，因而整个黄海海区叶绿素a的浓度均较高。黄海冷水团是局地生成和维持的一块稳定的冷水区，它是北、南黄海中部下半年的主要水文特征，即中国陆架浅海北部主要受黄海冷水团控制，经历它生成、发展和消衰的全过程。冷水团伴生的逆时针环流一方面可以将部分黑潮陆架混合水带入黄海，形成高盐黄海暖水，同时也以补偿形式促使夏季朝鲜沿岸水以直接形式驱动中国陆架沿岸水。

6.1.2 MODIS反演中国陆架海的叶绿素a浓度

除了采用SeaWiFS数据，研究还利用MODIS – AQUA数据对2002年7月—2005年3月中国陆架海的叶绿素a浓度的变化进行了研究。

6.1.2.1 中国各海区叶绿素a的年际变化

（1）南黄海海区

代表海区位于35.0°N～36.0°N和123.0°E～124.0°E之间。该海区在2002年7月—2005年3月间，各月叶绿素a最低值为0.376mg·m⁻³，最高值为2.81mg·m⁻³，平均值为0.911mg·m⁻³。各年海区叶绿素a浓度变动的趋势基本一致（图6-3）。叶绿素a浓度每年出现一个比较明显的高峰期，峰值主要出现在4月，而且春季叶绿素a浓度值普遍比较高。这跟前面SeaWiFS反演结果所反映的现象基本一致，也是在4月之后，黄海水体分层加强，上混合层中浮游植物的生长由于缺乏营养盐而受到限制，表层叶绿素a含量下降，并一直持续到秋末冬初温、密跃层消失。

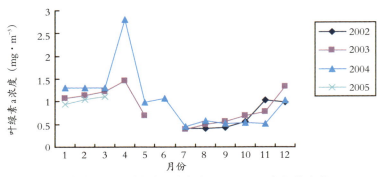

图6-3　南黄海海区叶绿素a浓度在2002—2005年间的变化图

（2）东海海区

该代表海区位于31.0°N～32.0°N和124.0°E～126.0°E之间。此东海海区在2002年7月到2005年3月间，各月叶绿素a浓度最低值为0.707mg·m⁻³，最高值为3.81mg·m⁻³，均值为2.02mg·m⁻³。图6-4叶绿素a变化基本反映的是东海海域内浮游植物的变化。各年海区叶绿素a浓度变动的总体趋势变化不大。第一个高峰期除2005年外，其余各年基本出现在2月，不同年份之间相差较大。次高峰期基本上出现在7月。相对而言，东海海区叶绿素浓度年际变化较大，由于数据涉及年份较少，规律不是非常明显。

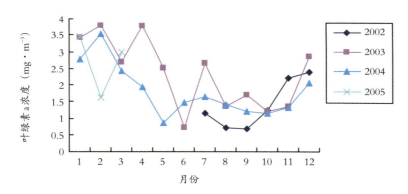

图6-4　东海海区叶绿素a浓度在2002—2005年间的变化图

（3）南海海区

本文所研究的代表海区位于20.0°N～21.0°N和113.0°E～114.0°E之间。由图6-5可见，各年海区叶绿素a浓度变动大体接近，每年中各月份叶绿素a浓度的值比较接近，年内变化相对不大，变化比较平稳。叶绿素a浓度每年基本没有明显的峰值出现。但2004年2月叶绿素a浓度突然增高约3倍，这可能是由于该海域藻类突然爆发激增，引发赤潮。海区在2002年7月到2005年3月间，各月叶绿素a浓度最低值为0.11mg·m⁻³，最高值为0.89mg·m⁻³，均值为0.24 mg·m⁻³。这也跟黄良民和陈清潮（1989）、齐雨藻和钱宏林（1992）等学者在太平洋海域调查研究结果比较接近。

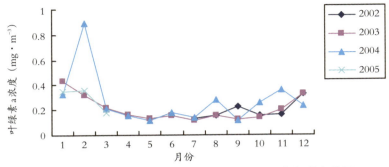

图6-5　南海海区叶绿素a浓度在2002—2005年间的变化图

6.1.2.2 中国陆架海叶绿素a浓度空间变化

MODIS反演整个陆架海叶绿素结果跟前面SeaWiFS反演结果类似，因此这里仅以2003年5月和9月数据为基础，用MODIS反演叶绿素a的结果为代表加以说明，如图6-6、图6-7。

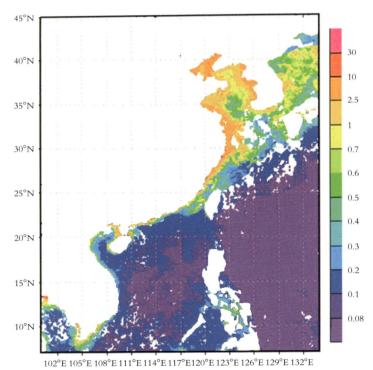

图6-6　2003年5月MODIS反演中国近海叶绿素a浓度的区域分布结果（单位：mg·m⁻³）

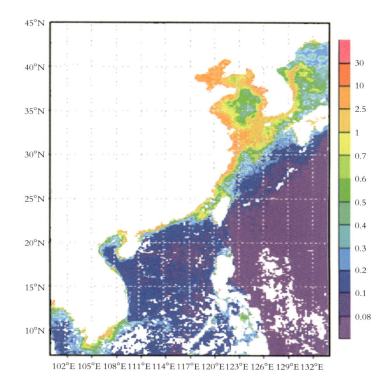

图6-7　2003年9月MODIS反演中国近海叶绿素a浓度的区域分布结果（单位：mg·m⁻³）

可以看出，MODIS反演中国陆架海叶绿素a浓度的区域分布结果跟用Sea-WiFS反演叶绿素a的结果非常类似。在空间分布上也呈现由近岸向外海递减的趋势，沿岸最高，而且内湾的叶绿素含量要明显高于外海。渤海海域叶绿素a的浓度最高，黄海和东海次之，南海最低。

6.1.2.3 不同遥感技术叶绿素反演结果对比

从2002年7月到2004年8月，总体比较，SeaWiFS和MODIS反演的叶绿素a浓度范围比较一致，值很接近，见表6-1。其中，南海海域两者吻合最好，相关系数为0.954；南黄海海域次之，相关系数为0.887；而东海海域相对较差，相关系数为0.699。

表6-1　三个海区SeaWiFS和MODIS叶绿素a反演值的比较（单位：mg·m^{-3}）

	南黄海		东海		南海	
	swfnhh	modisnhh	swfdh	modisdh	swfnh	modisnh
平均值	1.00	0.92	2.37	2.03	0.25	0.23
最大值	2.60	2.81	5.56	3.80	0.72	0.89
最小值	0.39	0.38	0.83	0.71	0.11	0.12
中位数	0.89	0.87	2.26	1.83	0.20	0.16

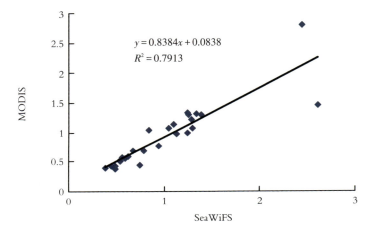

图6-8　南黄海海区SeaWiFS和MODIS反演的叶绿素a浓度比较（2002年7月—2004年8月）

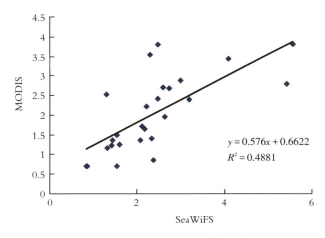

图6-9　东海海区SeaWiFS和MODIS反演的叶绿素a浓度比较（2002年7月—2004年8月）

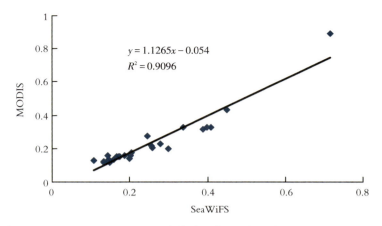

图6-10　南海海区SeaWiFS和MODIS反演的叶绿素a浓度比较（2002年7月—2004年8月）

　　从卫星反演的叶绿素a浓度季节变化来看，2002年7月—2004年8月Sea-WiFS和MODIS反映的叶绿素a浓度变化比较一致，周期性变化明显。在南黄海，叶绿素a浓度从每年11月开始逐渐上升，高峰期出现在每年的5月，变化较突然，叶绿素a浓度要明显高于其他月份，7月后开始下降。在东海，叶绿素a浓度年内起伏较大，变化明显。每年11月开始一路攀升，到2月、3月达最大值，此时峰值非常高，然后逐渐下降，到7月降至很低水平然后又上升，8月左右形成小峰值后又回落，一直再到11月爬升。在南海，每年高峰期出现在2月或3月左右，和邻近月份差别不大，变化整体比较平稳，见图6-11。其中，东海的值要明显高于其他两个海区，而南海的值最低。MODIS和Sea-WiFS反演叶绿素a浓度在东海海区吻合最差，南海最好。这是因为东海海域受长江冲淡水影响较大，海水较浑浊；而南海水深，水质较清，两种算法都表现较佳。

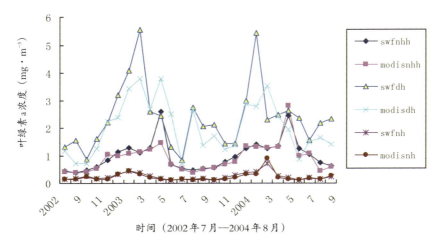

图6-11　2002年7月—2004年8月三个海区叶绿素a浓度变化情况

注：图例中swf代表SeaWiFS反演结果，nhh代表南黄海，dh代表东海，nh代表南海。

　　图6-12是以2003年10月为例，SeaWiFS和MODIS反演中国陆架海叶绿素a浓度的结果。可以看出，MODIS和SeaWiFS反演叶绿素a浓度在空间分布上也相当一致。从西太平洋到渤海，不同海域表现出明显的区域特征，这说明叶绿素a浓度分布受不同海域环境下气候、海流和营养盐的影响较大。

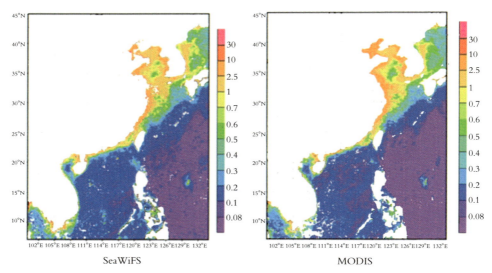

图6-12　2003年10月SeaWiFS和MODIS反演中国近海叶绿素a浓度的比较图

6.1.3　人工智能反演

6.1.3.1　研究区和数据介绍

（1）研究区概况

环渤海经济区是我国北方经济最发达的地区，在经济快速发展的同时，渤海所承载的资源与环境的压力日益加重。渤海是一个半封闭的浅海内海，水体交换能力差，自净能力低。据不完全统计，目前，每年由陆地排入渤海的污水总量达28亿吨，这些河水所携带的污染物约70万吨，加之其他污染，不仅使渤海水质下降，生物资源减少，还导致渤海近岸及滩涂的自然环境条件恶化。根据2004年大连市海洋环境质量公报统计结果，大连市中度污染海域面积约为62 km²；严重污染海域面积约为15 km²，基本集中在大连湾附近。这些海域环境污染严重，致使赤潮现象也频繁发生。大连湾是一个半封闭型天然海湾，总面积约174km²，岸线长约125km，是容纳大连市工业废水和生活污水的主要海域。据1992年调查，该湾沿岸共有62个排污口，其中大多数为重点工业污染源废水排污口，排入的废水为3.3亿吨。海湾水体主要污染物为COD、无机氮、油类和无机磷等。大连湾的浮游植物有151种，包括硅藻、甲藻和金藻。

一般说来，未受污染的外海水域叶绿素a浓度低于10mg·m⁻³，而叶绿素a浓度平均水平在10mg·m⁻³以上则标示着不可接受的富营养化水平。所以依据遥感估算出叶绿素a浓度，也可以为海域赤潮监视监测提供一种有效方法。

（2）现场同步数据

1999年5月10日，国家海洋局海洋环境保护研究所和自然资源部第三海洋研究所在大连湾海域进行了卫星遥感和海面测量同步实验。实验人员共分为两组，分别对在大连湾内和大连南部海域同步进行采样和测定，航线分为A、B两条。A线由大连湾内绕过三山岛外再返回湾内，共15个站位；B航线由棒槌岛外向南至小平岛方向，共13个站位。每个站位按照海洋调查规范取表层水样和浮游生物样。两条航线合计采样28组数据。

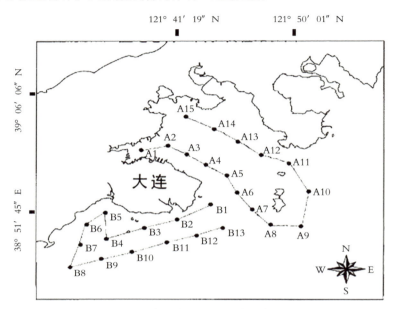

图6-13　大连湾卫星同步试验站位图

（3）SeaWiFS数据介绍和处理

把SeaWiFS 1B图像经过大气校正、去云处理、掩模处理和几何校正后，分别获得412nm、443nm、490nm、510nm、555nm和670nm六个可见光波段的辐亮度值L值，该值可用于计算。这里的几何校正主要是对SeaWiFS 1B经纬度数据进行重采样，然后建立几何位置信息查找表（GLT），再根据查找表信息对图像进行几何校正。在这里我们考虑选择神经网络方法来进行海洋叶绿素反演研究，并把它跟统计方法及SeaWiFS海洋叶绿素的两种标准算法进行了比较。

6.1.3.2　神经网络方法

目前确定BP网络隐藏层节点数比较有效的方法就是试错法。本文分别组建了隐藏层节点数从2到20的BP网络，采取了不同转移函数和算法的搭配，见图6-14、图6-15。两图中a指 $\frac{L443}{L555}$，b指 $\frac{L490}{L555}$，c指 $\frac{L510}{L555}$。a, b和c的各种组合即指 $\frac{L443}{L555}$，$\frac{L490}{L555}$ 和 $\frac{L510}{L555}$ 的不同组合。

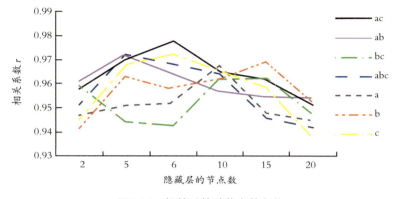

图6-14　相关系数随节点数变化

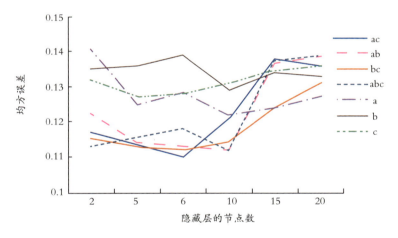

图6-15　均方误差随神经网络结构的变化

经过大量试算，最后，经过比较分析，确定了较为理想的隐藏层节点数是6，输入层采用 $\frac{L443}{L555}$ 和 $\frac{L510}{L555}$ 两个组合作为输入。最终确定的神经网络结构为图6-16所示的三层结构。第一层神经元采用Tansig函数，第二层采用Purelin函数。

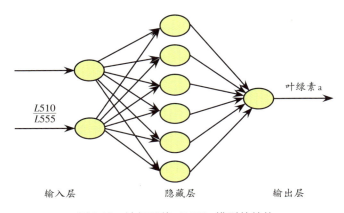

图6-16　神经网络（NN）模型的结构

　　神经网络的每个训练样本由输入和理想输出组成。当网络的所有实际输出和理想输出一致时训练结束；否则仍需修改权重，使网络的实际输出和理想输出一致。神经网络对于训练样品数量没有明确要求，但既要保障有足够的样品用于神经网络学习辨识转移函数，又要综合考虑节点数和实际要求。海上同步采样很困难，因此一般海上测得的同步数据都较少。由于云的影响，实际在计算时同步可用的卫星数据和现场数据只有21组，将其中的16组用作训练样品，用余下的5组进行验证。验证的主要功能是评价已训练好的网络的泛化能力，同时也可检验训练性能良好的网络是否为所需的解。经过训练，如果输入验证组样品后，神经网络能够给出正确的结果，神经网络就被认为符合要求；否则认为神经网络学习错误，需要重新进行训练验证。

　　训练计算时，神经网络需把输入层的值分发到隐藏层的神经元，并进行运算。隐藏层的输出值再次成为输出层的输入，并再次进行计算，输出层的输出将是我们最终感兴趣的参数值叶绿素a浓度。训练512次后输出结果均方差稳定在0.11，网络停止训练。

　　神经网络经过训练并通过验证后，才可以用神经网络计算整个海区图像。最后得到的神经网络方法相关系数r为0.976，均方根误差RMSE为0.112。

6.1.3.3 结果和分析

得到稳定理想的结果后，把整个海区图像输入神经网络计算，这时输出的是反演的叶绿素浓度值。叶绿素反演结果和实测结果比较如图6-17所示。

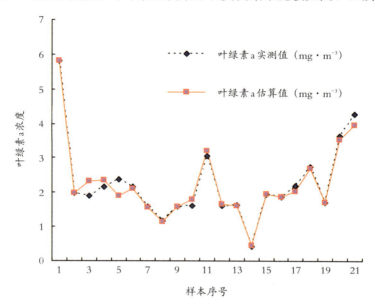

图6-17　叶绿素a实测值和估算值的比较

为了进行比较，对数据进行了回归分析。算法如下式：

$$\lg C = 0.241 + 0.87 \lg \frac{L510}{L555} + 1.252 \lg \frac{L443}{L555} \tag{6-1}$$

式中 C 为叶绿素a浓度。

为了进行对比分析，另外采用SeaWiFS的效果比较好的OC2和OC4经验算法分别进行了计算。OC2算法如下式：

$$C = 10^{0.341 - 3.001R + 2.811R^2 - 2.04R^3} - 0.04 \tag{6-2}$$

其中 R 为 $\lg \dfrac{R490}{R555}$。

OC4算法如下式：

$$C = 10^{0.368 - 3.067R + 1.93R^2 + 0.649R^3} - 1.532 \qquad (6\text{-}3)$$

R 取 $\lg\dfrac{R443}{R555}$、$\lg\dfrac{R490}{R555}$ 和 $\lg\dfrac{R510}{R555}$ 的最大值。

上两式中 C 均为叶绿素 a 浓度。4 种算法的有关参数如表 6-2 所示。其中神经网络的均方差小于 12%，而 OC2 和 OC4 的均方差都大于 30%。

表6-2　4种算法的比较

参数	Neural network	回归分析	OC2	OC4
相关系数 r	0.976	0.572	0.447	0.513
均方差 RMSE	0.112	0.387	1.433	2.212

可以看出经验统计算法在这里表现都较差，这表明在本海域统计回归分析对于描述叶绿素浓度和图像辐射亮度值之间的关系是不理想的，而神经网络表现还是令人满意的。在近岸的二类水体，水色受水中多种成分的非线性影响。在浅水区，水色还进一步受水深和海底性质的影响。二类水体水色遥感的主要难点是问题的非线性和被反演物质光学性质特征之间的类似性。经验统计算法表现较差，可能是由于采样点数量不足、大气校正算法不够精确、采样点与图像点站位匹配错误以及经验算法的某些常数不完全适用于中国海域等，但主要的误差来源是没有对叶绿素浓度和遥感反射率之间非线性的信息传递机理进行有效模拟，而这恰恰是神经网络的优势所在。由此可见，二类水体需要有比为开阔大洋海域开发的算法更复杂的高级算法，神经网络在这方面不失为一种有效手段。

利用神经网络分析计算求得的大连附近海域叶绿素 a 浓度分布。图 6-18 中的白色部分为云。首先由反演的水色图像可以清楚看出北黄海海域的叶绿素 a 浓度分布状况。在 5 月中旬，叶绿素 a 浓度的分布有一个由近岸向外海明显递减的趋势，而且内湾的叶绿素 a 浓度明显高于外海。相对而言，渤海海域要稍高于黄海海域。大连附近海域叶绿素 a 浓度的变化范围为 0.36～25.93 mg·m⁻³，总平均浓度为3.22mg·m⁻³，其中大连湾附近的叶绿素a的浓度最高，平均为15.27mg·m⁻³，这说明此处的营养物质较为丰富，浮游植物的数量比较多。王惠卿和杜广玉等（2000）的研究也表明这些地方容易暴发赤潮，说明计算结果与实际情况吻合。叶绿素a浓度在大连市旅顺口区西部老铁山附近也相对较高，平均值为12.25 mg·m⁻³，这是因为底部的上升流将营养物质带到顶层，利于藻类繁殖。在皮口近岸和瓦房店双兴岛周围海域，叶绿素a的浓度为10.13mg·m⁻³。北黄海中部叶绿素a的浓度最低，平均值为0.78mg·m⁻³，而且分布也比较均匀。

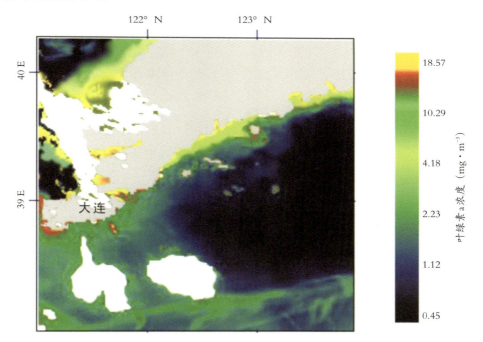

图6-18 大连附近海域叶绿素a浓度分布图

通过比较分析可以看出，在二类水体成分反演算法中，神经网络方法以其对非线性过程的精确模拟而具有传统算法无可替代的优势。

二类水体含有的各类物质主要成分会发生季节性变化，这对水体的光学性质有所影响，因此采用的算法需考虑地区和季节上的差异，而且要利用特定地区或季节有效的光学性质对每一种神经网络予以训练才能进行有效反演。尽管进行不同地区不同季节的研究时具体算法的参数可能有所差别，但用神经网络方法反演海水组分这种方法是普遍适用的。

存在的主要问题是同步采样数据点较少，这大大限制了训练样本的选择，最好能对整个海区作多次现场卫星同步调查，获得更多样点来进行分析，通过不同季节的多时相分析，有助于得到更稳定的模型提高算法精度，使其更具普适性。

6.1.4 NDPI指数法反演海洋叶绿素a浓度

6.1.4.1 基于NDPI指数用COCTS反演叶绿素a浓度

（1）模型的敏感性分析

为了保证模型的稳定，需进行算法敏感性分析。将5%的误差引入卫星辐亮度数据L，计算出NDPI，再由（6-4）重新估算叶绿素a的浓度，如果这微小的扰动导致了很大的误差，说明该模型是不稳定的。

$$\lg C = 0.241 + 0.87 \lg \frac{L510}{L555} + 1.252 \lg \frac{L443}{L555} \tag{6-4}$$

当 L 取（$L + 0.05 \times L$）时，叶绿素a浓度的相对估算误差 $\Delta = 9.8\%$；当 L 取（$L - 0.05 \times L$）时，叶绿素a浓度的相对估算误差 $\Delta = 12.4\%$。由此看出此模型对误差不是很敏感。

（2）不同算法的比较分析

如果直接采用波段比值法，即直接以443nm和565nm波段比值进行计算，L_{rl} 代表443nm和565nm波段离水辐亮度比值，求得的回归方程如下：

$$\lg(Chla) = 1.347 - 12.529L_{rl} + 31.813L_{rl}^2 - 18.097L_{rl}^3 \tag{6-5}$$

SeaWiFS的最新的OC4算法采用的是443nm、490nm和510nm 3个波段分别与555nm波段的比值最大值（Joint & Groom, 2000），为了便于比较，这里以 $L_{r2}=\lg(^{L}_{G})$，$^{L}_{G}$代表443nm、490nm和520nm 3个波段的离水幅亮度分别与565nm波段的离水辐亮度比值中的最大值，则类似OC4v4的算法可以表达为：

$$Chla = 10^{0.366-3.067L_{r2}+1.93L_{r2}{}^{2}+20.649L_{r2}{}^{3}-1.532L_{r2}{}^{4}}$$

$$(6-6)$$

采用该公式对COCTS进行计算分析，3种不同方法的决定系数和相对误差如表6-3所示：

表6-3　3种算法的决定系数和平均相对误差比较

算法	NDPI	L443/L565	OC4v4
R^2	0.692	0.458	0.276
平均相对误差	25%	32%	51%

3个方程经F检验均显著，置信度为95%。表6-3表明NDPI方法要比其他两种方法表现好，尽管其平均相对误差较大，但由于叶绿素信息的提取精度是一类水体的误差不大于30%，二类水体的误差不大于40%～50%，因此这算法精度完全可以接受。误差的来源主要有以下几个方面：卫星传感器测量时所导致的数据定标误差，大气校正所造成的误差，现场测量和卫星观测空间尺度的不一致性以及现场测量和卫星观测之间精确时间配准的误差等。此外，不少地方受云影响比较严重，尤其是薄云的影响很难去除，这些也会对卫星反演结果产生影响。

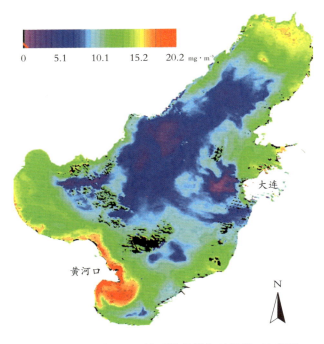

图6-19　2002年NDPI法反演的渤海叶绿素a浓度图

（3）结果分析与讨论

根据NDPI模型计算出渤海海域的叶绿素a浓度分布结果。由结果可知，在整个海域有许多水团存在。叶绿素a浓度的分布很不均匀，海区各局部相差较大，有一个明显由近岸向外海递减的趋势，而且内湾叶绿素a含量要明显高于外海。莱州湾和黄河口附近出现叶绿素a高值区，并向中央海区扩展，这也验证了赵亮等（2002）认为莱州湾水域存在叶绿素a高值区的结论，和吕瑞华等（1999）调查研究结果也一致。工业废水和生活污水向莱州湾的大量排放加重了该水域的有机污染，促使浮游植物大量繁殖，导致莱州湾叶绿素a浓度很高。2004年6月11日，黄河口附近海域发生主要由棕囊藻引起的赤潮，面积约为1850km²，这也进一步佐证了黄河口附近存在叶绿素高值区，这些区域一旦具备水文气象等其他条件，就很容易暴发赤潮。此外，在辽东湾附近，叶绿素a浓度也比较高，沿海区向东南扩展，渤海中部的值整体较低。这与费尊乐等（1997）现场调查的结果也都基本一致。这些也都说明了本方法确实反映了海洋水体中叶绿素a浓度的变化情况。

可以看出，NDPI作为一种新的指数，用于遥感反演海洋叶绿素是可行的，算法比较稳定，在本区域研究中的表现明显好于传统的波段比值经验算法。传统的波段比值经验算法表现较差，这可能是由于经验算法的某些常数不完全适用于中国海域、大气校正算法不够精确，以及采样点数量不足、采样点与图像点站位匹配误差等，但NDPI算法在一定程度上减小了大气等噪声带来的影响，因而表现要好。

6.1.4.2 SeaWiFS和COCTS基于NDPI指数叶绿素浓度反演比较分析

对于NDPI指数，L_1和L_2分别指绿光、蓝光波段的辐亮度。对COCTS是指565nm和443nm波段的辐亮度，而对SeaWiFS则是指555nm和443nm波段的辐亮度。由于SeaWiFS是当今比较好的海洋传感器，我们选用2002年7月9日同步的SeaWiFS图像，经过处理，用它的蓝绿光波段的辐射信息得出NDPI指数，对NDPI指数进行计算后，进行叶绿素a浓度的反演，然后对COCTS和SeaWiFS根据NDPI值反演的结果进行比较分析，并初步评价我国第一颗海洋水色遥感卫星HY-1对海洋水色的探测能力。

首先分别对由SeaWiFS和COCTS获得的NDPI值[①]进行回归分析。结果发现这两组NDPI值之间的相关性很好，R^2为0.8626，均方根误差σ为0.0177。这说明两种卫星数据一致性非常好。

---

① 注：具体计算公式在第二章方法部分可见。

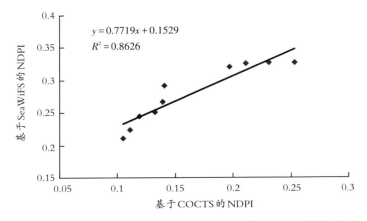

图6-20　分别基于COCTS和SeaWiFS传感器的NDPI一致性回归图

　　然后利用2002年7月9日同步试验的结果，对由SeaWiFS获得的NDPI值和现场实测的叶绿素a浓度进行拟合，得：

$$\lg(Chla) = a_1(NDPI)^2 + a_2(NDPI) - a_3 \tag{6-11}$$

其中$a_1 = -4.7588$，$a_2 = 3.5757$，$a_3 = -0.1077$，拟合图见图6-21。

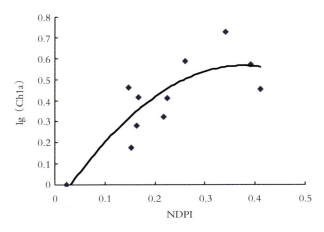

图6-21　由SeaWiFS生成的NDPI与lg（*Chla*）拟合图

　　由SeaWiFS获得的NDPI值与现场实测值的拟合效果，要比由COCTS获得的NDPI值与现场实测值的拟合效果好一些，前者的R^2为0.7141，大于COCTS的拟合$R^2 = 0.6921$。回归方程经检验，效果都是显著的。这些结果表明构造的NDPI指数与叶绿素a浓度存在很好的函数关系，可以很好地表征海洋水体中的叶绿素a的浓度信息。

由于受到现场数据的限制，无法获得连续的相同海域的实测值进行验证。为了对结果进行检验，只好利用1999年5月10日在大连周围海域的同步实验B航线的结果进行验证加以分析，来尝试反映算法的性能。B航线共有13个站位，但只有11组数据可用。因此我们就用这11组数据对SeaWiFS回归方程进行验证。对SeaWiFS图像进行处理求出NDPI值，再利用前面的回归方程算出叶绿素a的值，并把该计算结果与实测结果进行对比分析，结果R^2为0.6604，置信度为95%。由图6-22可见，预测值与实测值尽管相对误差较大，但显著相关，这说明预测值还是可在一定程度上反映实测值变化的。相对误差较大的原因，一是大气对结果产生的系统影响，二是验证数据无论从海区还是时相上都与建模数据存在一定差异。此外，不少地方受云影响比较严重，尤其是薄云带来的影响很难去除，这些也会对卫星反演结果产生影响。

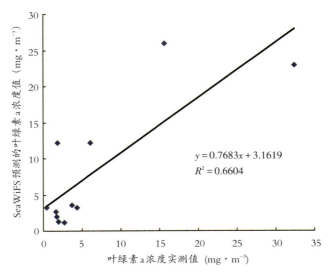

图6-22　大连海域叶绿素a浓度预测值与实测值的比较图（1999年5月10日）

　　根据各叶绿素a浓度反演模型计算出整个渤海的叶绿素a浓度分布结果。由结果可知，不同时相不同传感器采用NDPI方法所反演的渤海海域叶绿素a浓度分布情况基本一致，都反映莱州湾和黄河口附近存在高值区，其次叶绿素浓度较高的是辽东湾海域。渤海中部的值都比较低，但1999年5月SeaWiFS所反映的叶绿素a浓度值要明显高于2002年7月的。2002年7月9日，SeaWiFS和COCTS反演的叶绿素a浓度相互吻合，只是受云的影响不同。从前面的相关比较分析和反演图的结果来看，HY－1已具备良好的对海洋叶绿素a浓度的探测能力，可以深入开发应用。总体看来，叶绿素a浓度的分布状况在整个渤海很不均匀，各局部海区叶绿素a浓度的高低相差较大。这些说明了本方法确实反映了海洋水体中叶绿素a浓度的变化情况。

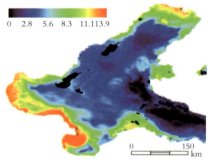

2002年7月9日SeaWiFS

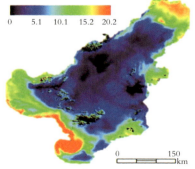

2002年7月9日COCCTS

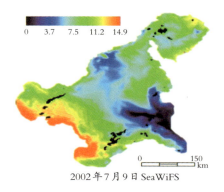

2002年7月9日 SeaWiFS

图6-23　不同传感器反演渤海叶绿素a浓度分布图

6.1.5　中国陆架海的叶绿素a浓度变化的影响分析

6.1.5.1　各海区海表温度变化

（1）南黄海海区

代表海区位于35.0°N～36.0°N和123.0°E～124.0°E之间。在2002年7月—2005年3月间，该海区各月海表面温度最低值为7.53℃，最高值为29.04℃，平均值为15.97℃。不同年份海区海表面温度变化的趋势基本一致，季节性变化明显，如图6-24 A。海表面温度每年出现一个比较明显的高峰期，峰值主要出现在8月，而且在1月、2月和3月海表面温度值普遍比较低。海表面温度和叶绿素a浓度呈显著相关，判决系数R^2达到0.756，如图6-24 B。

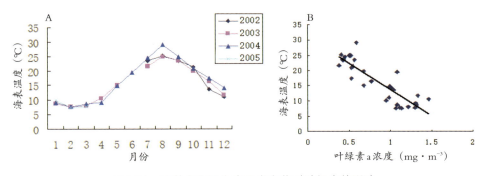

图6-24　南黄海海区海表温度变化对叶绿素的影响

（2）东海海区

该代表海区位于31.0°N～32.0°N和124.0°E～126.0°E之间。在2002年7月到2005年3月间，此海区各月海表面温度最低值为9.66 ℃，最高值为29.4℃，均值为19.27℃。图6-25中海表面温度变化基本反映的是东海海域内浮游植物数量的变化。各年海区海表面温度变动的总体趋势基本一致，高峰期基本出现在8月，年际差异较小。同样海表面温度在1月、2月和3月的值普遍较低，在7月、8月、9月普遍较高。海表面温度和叶绿素a浓度呈显著相关，判决系数R^2达到0.458。

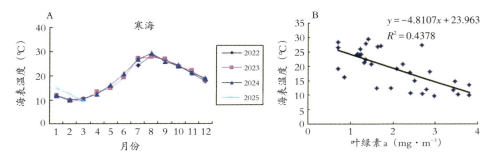

图6-25　东海海区海表温度变化对叶绿素a浓度的影响

（3）南海海区

本文所研究的代表海区位于20.0°N～21.0°N和113.0°E～114.0°E之间。由图6-26可见，各年海区海表面温度变动大体接近，海表面温度值普遍较高。在2002年7月到2005年3月间，此海区各月海表面温度最低值为21.82 ℃，最高值为31.92 ℃，均值为26.46 ℃，不同月份之间相差不是很大。海表面温度高峰期一般从4月持续到10月，时间较长，而且进入5月后基本稳定，到10月才逐渐稍微回落。

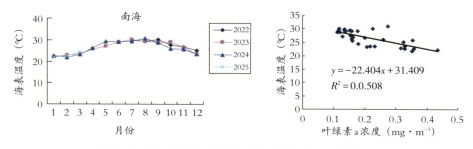

图6-26 南海海区海表温度变化对叶绿素a浓度的影响

6.1.5.2 海洋叶绿素影响分析

前面研究结果已表明，中国陆架海叶绿素a浓度分布的分区特征明显，季节变化显著。而在三个不同海区，海表面温度和叶绿素a浓度呈显著负相关，相关系数均高于0.7。这也说明海表温度直接影响着叶绿素a浓度的分布。在春季，海温较低，适合藻类生长，而夏秋季温度过高，影响藻类生长，光合作用较慢。这跟很多学者在太平洋海域调查研究结果比较接近，而在东海海区，海水相对浑浊，海表温度和叶绿素相关关系较差，说明该海区直接影响叶绿素的因素很多。总体而言，叶绿素a浓度的分布和各海区的海温、盐度、营养盐及风浪流等自然条件密切相关，反映了中国陆架海的水文物理特性。但叶绿素a浓度的分布在各海区受海温影响较大，无疑海温是影响叶绿素a浓度分布的主要因子之一。

6.2 近海海洋生态系统初级生产力遥感反演研究

海洋初级生产力估算对全球碳循环、海洋生态、海洋渔业资源评估等有重要意义，是全球气候变化研究中的重要内容。

6.2.1 初级生产力遥感反演方法与数据

6.2.1.1 数据介绍

2003 年的海表温度 SST 资料是利用从 MODIS/AQUA 的红外通道光谱数据反演得到的。该资料为 MODIS 三级产品的月平均数据，数据维度为 2160×4360，单位为℃。

叶绿素浓度采用 NASA 提供的 SeaWiFS Level 2 级离水辐射率数据计算。根据离水辐射率数据计算出月平均值后，再进行重采样等步骤处理，使它和 Level 3 级产品具有相同的分辨率，最后再按唐军武所提出的模式计算叶绿素浓度值，单位是 $mg \cdot m^{-3}$。

海水漫射衰减系数采用 NASA 提供的 SeaWiFS 三级产品中 Kd490 月平均数据，数据维度为 2160×4360，单位是 m^{-1}；海洋光合有效辐射采用 NASA 提供的 SeaWiFS 三级产品中 PAR 月平均数据，数据维度为 2160×4360。

以上获得的数据都是全球范围的，首先经过掩膜处理，提取出海洋部分，然后再加上地理坐标，最后再裁取出研究区域进行研究。

6.2.1.2 近海海洋叶绿素反演

在采用叶绿素反演模型时，考虑到我们用神经网络模型和 NDPI 指数所建立的叶绿素反演算法采用的建模数据受海域和数量的限制，为了得到比较稳定的结果，在叶绿素反演时我们没有采用 SeaWiFS 的标准算法和 NDPI 指数法，而采用更具普适性的算法。2003 春季，国家卫星海洋应用中心联合香港科技大学、中国科学院海洋研究所、国家海洋局北海分局等优势单位，在黄东海开展了一次二类水体水色试验。这次试验汲取了以往试验中的经验教训，涉及悬浮泥沙的测量方法、水样采集、样品保存、表观与固有光学特性数据的测量与分析处理技术等方面，使该试验在质量保证、仪器水平、数据配套等方面得到提升。这些现场数据涵盖清洁水体、中等浑浊水体和高浑浊水体，共有 83 个站位的数据。根据获得的高质量现场实测数据，唐军武等借鉴 Tassan 模式，建立了中国黄海、东海近岸二类水体水色要素统计反演模式，该模式更符合中国近岸二类水体的情况：

$$\lg C = -0.375 - 3.728\lg Xc - 0.3068\lg^2 Xc \tag{6-12}$$

$$\text{其中，} C \text{ 为叶绿素浓度，} Xc = \frac{R_{443}}{R_{555}} \times \left(\frac{R_{412}}{R_{510}}\right)^{-1} \tag{6-13}$$

6.2.1.3　海洋真光层计算

海洋生态学常用真光层（euphotic zone）深度定性地描述光合有效辐射分布，真光层也称透光层，指有足够穿透光线供有效光合作用的海洋、湖泊或河流的水体上层，它的底部取决于光合作用和呼吸作用达到均衡的补偿深度。真光层底部的辐照度大约是水体表面辐照度的0.1%～20%，但通常将辐照度为水体表面辐照度 1%以上的水体上层称为真光层。

浮游植物由于受光照限制，只能分布在光强足以进行光合作用的真光层。真光层深度直接影响着海洋浮游植物的光合作用过程，从而对海洋初级生产力以及全球碳循环起着至关重要的作用。

真光层深度有三种计算方法。

（1）利用透明度来估算海洋真光层

通过透明度计算真光层深度的经验算法一般认为真光层深度 Z 是透明度 Sd 的3.05倍。通过遥感也可以反演海水透明度，从而获得真光层深度。

（2）利用叶绿素浓度来估算海洋真光层

光合有效辐射分布与水体叶绿素浓度有密切关系。一般真光层深度和叶绿素浓度显著相关，因此常常可以通过叶绿素浓度来获得真光层深度。如 VGPM 模型就是参照莫瑞尔（Morel）和波森（Berthon）所提出的经验公式，利用叶绿素浓度计算得到真光层深度，公式如下：

$$Z_{eu} = \begin{cases} 568.2(C_{\text{TOT}})^{-0.746}, Z_{eu} < 102m \\ 200.0(C_{\text{TOT}})^{-0.26}, Z_{eu} \geq 102m \end{cases} \tag{6-14}$$

$$C_{TOT} = \begin{cases} 38.0(C_{\text{SAT}})^{-0.425}, C_{\text{SAT}} < 1.0 \\ 40.2(C_{\text{SAT}})^{-0.503}, C_{\text{SAT}} \geq 1.0 \end{cases} \tag{6-15}$$

其中 C_{TOT} 为水柱积分的叶绿素浓度。

普遍研究认为，对于一类水体，真光层深度与叶绿素浓度的关系为：

$$Z_e = 35 C_{\text{Chl}}^{-0.35} \tag{6-16}$$

（3）利用海洋漫射衰减系数来估算海洋真光层

根据光辐射传输理论，光穿透海表面到深处，光谱的辐照度随深度增加呈指数下降，这也是漫衰减系数的定义。漫衰减系数实际上反映的是水体表观光学量和固有光学量随深度的复杂变化。水体的光学属性通常情况下是由水体自身的物质含量决定的。光谱的向下辐照度随着深度指数衰减，其中的关系可以描述为：

$$E_d(\lambda, z_2) = E_d(\lambda, z_1) \exp(-K_d(\lambda)(z_2 - z_1)) \tag{6-17}$$

式中，E_d 为向下的辐照度，K_d 为向下的漫衰减系数。

真光层深度的辐照度为水体表面辐照度1%，由 Lambert 定律可以计算得到：

$$Z_{eu} - \frac{2\ln 10}{K_d} = \frac{4.605}{K_d} \tag{6-18}$$

真光层深度主要由水体溶解或悬浮的有机物质或无机物质的浓度决定，通常近海水体的真光层深度较浅，而受陆源物质影响较小且浮游生物浓度偏低的大洋水域真光层深度较大，有时可达到100m以上。

由于 VGPM 模型提供的真光层深度的计算方法主要是针对一类水体的，不适用于中国海，故本研究不使用该模型。

6.2.2 近海海洋初级生产力遥感评估结果验证

得到各参数的值后，按VGPM模型进行计算就得到初级生产力。由于实测资料的缺乏，本研究只能在东海海域对卫星反演初级生产力进行简单的初步验证，另外把反演结果跟前面不同学者在各海区的研究结果进行对比分析。进行验证所采用的现场实测海洋初级生产力数据来自东海长江口外调查实验，调查时间为2002年4月到5月，试验区范围29°N～32°N，122°E～123.5°E间，其中共设7个断面，28个站位。研究使用荧光法测定叶绿素a，用whatman GF/F滤膜收集浮游植物样品，初级生产力测定用^{14}C法。

其中初级生产力共有10组有效数据。把实测值和根据VGPM模型计算所得的值进行分析，如图6-27所示，两者显著相关，相关系数0.518。这说明计算结果和实测结果还是一致的，可以反映海区生产力的变化情况。值得注意的是，计算结果相对误差比较大，这是由于中国陆架海很大一部分海域都处在二类水体区域，水体光学特性比较复杂，叶绿素受悬浮物和黄色物质等影响较大。对于卫星反演而言，大气校正算法和生物光学算法的准确度明显不如一类水体。另外，和一类水体相比，近岸海域水体（二类水体）在时间与空间上变化较大，每次现场测量和遥感测量之间都存在误差。由于受到与潮汐、沿岸流和风暴潮过境有关的不定风的驱动，羽状流和锋面等在近岸海域具有强变化特征。

这些结果导致了叶绿素的反演误差较大，因而海洋初级生产力的结果误差也相对较大。卫星图像上不少地方受云影响比较严重，尤其是薄云带来的影响很难去除，这些也会对卫星反演结果产生影响。叶绿素次表层最大值问题也会使估算结果产生一定误差。还有，尽管^{14}C方法是海洋光合作用最准确的测量，有时也会产生误差，如采样技术方面导致的误差，再如通过呼吸的溶解有机碳（DOC）释放计算误差，不可能将细胞由于摄食、沉降和水平运动造成的损失定义在内，而且培养过程中浮游植物被摄食也是问题。此外，叶绿素在总色素中所占比例变化、浮游物种变化和生理特征变化等多种因素也都会对估算结果产生一定影响，部分近岸海域的结果还有待进一步验证。

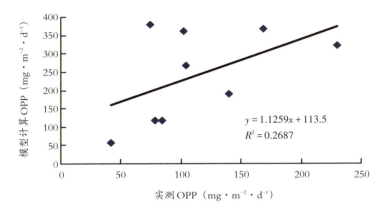

图6-27　模型计算海洋初级生产力和实测值的比较分析

本研究采用的遥感数据为大范围的月平均数据，而实测数据则是某一独立现场站位点的瞬时数据，再加上海域特征受季风、流和潮汐影响，有时变化较大，因此，两者的比较只能对计算结果偏离实际的相对程度提供参考，计算结果与实际值的相对误差在量值上并没有绝对的意义。

6.2.3　近海海洋初级生产力的时相变化结果分析

2003年，整个中国陆架海海域各月份初级生产力变化如图6-28所示。可以看出，整个海域初级生产力的季节变化非常明显，具有较明显的双峰变化。大体上从1月开始，初级生产力随温度升高逐渐增大，在5月上升到次高值，然后稍微回落，在7月又开始上升，在8月达到最高，随后逐月下降，到12月左右达一年中的最低值。这种变化和有关文献描述渤海、东海生产力的季节变化比较类似。

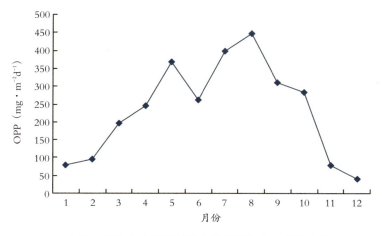

图6-28　2003年中国海域的海洋初级生产力各月变化

这是因为从2月左右开始，随日射量逐渐增大，日照时间增加，水温升高，气温高于表层水温，海水开始出现分层现象，温跃层形成。到3月、4月，随真光层的深度加大，浮游植物充分利用冬季积累起来的营养盐大量繁殖，同时迅速地消耗营养盐。到5月，浮游植物（特别是硅藻）数量急剧扩大，初级生产力水平形成一年中的次高峰。与此同时，在冬末和早春，很多海洋动物繁殖，出现大量的卵和幼体，因此浮游动物数量此时也达到一个高值。由于浮游动物摄食量增加，随着营养盐被大量消耗，浮游植物的数量从高峰有所下降，初级生产力在6月有所下降。

到了7月、8月，夏季汛期带来大量的陆源物质，对流混合深度增加，营养盐得到补充。再加上这季节海水透明度最大，日照时间长，日射量最大，气温高于水温，真光层大，初级生产力达最高值。9月后，随着温度逐渐下降，海水的透明度也变小，海洋初级生产力逐渐降低，到12月达最低值。

以上分析只是对整个中国陆架海海域的初级生产力在2003年的变化情况提供一种宏观的趋势性的结果，但中国陆架海整个纬度跨度比较大，而且不同海区海洋初级生产力又受季风、浪和流等影响较大，离岸距离不同的海区也有较大差别，因此这里所做的还只是初步探讨性工作，具体情况还需要进一步深入研究和探讨。如何根据地域环境和水文气候条件的不同而对中国海域进行分区，然后在此基础上进行海洋叶绿素和海洋初级生产力的研究，将是下一步研究的重点。

6.2.4　海洋初级生产力的空间分布结果分析

以2003年3月和8月的数据为例来进行海洋初级生产力的空间分布分析，根据我们应用VGPM模型计算的海洋初级生产力的结果可以得出，整个中国陆架海的海区初级生产力的总体分布为从近海向大洋逐渐降低。总体看来，渤海和长江口外初级生产力相当高，南海海域值比较低。而西太平洋外的大洋区初级生产力更是很低且比较均匀。近岸水体含有丰富的营养盐，造成叶绿素高值基本上分布在近岸区，因此近岸的海洋初级生产力比较高。整体分布变化和实际结果分别描述的各局部海洋初级生产力的结果比较接近。

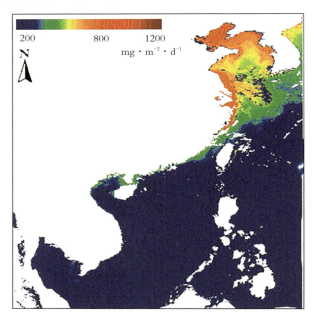

图6-29　卫星反演2003年3月中国近海海洋初级生产力

在3月，温度逐渐上升，大部分海域的初级生产力迅速上升。初级生产力高值区分布在东海以北海域，渤海基本呈半封闭状态，水交换较弱，受外海影响较小，而沿岸排放又较多，因此整个海域的初级生产力值都比较高。黄海大部分海域的初级生产力都在500～700mg·m⁻²·d⁻¹之间。东海大部分海域基本在400～1200mg·m⁻²·d⁻¹之间。长江口周围海域受长江冲淡水的影响，初级生产力在900mg·m⁻²·d⁻¹以上。浙江沿岸海域由于上升流的影响，初级生产力相对值也比较高，局部海区达1000mg·m⁻²·d⁻¹以上。沿中国台湾地区到日本九州岛连线方向，初级生产力从西北向东南逐渐降低，大部分海域的初级生产力在300～500mg·m⁻²·d⁻¹之间。

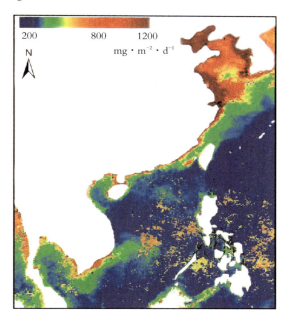

图6-30　卫星反演2003年8月中国近海海洋初级生产力

8月，渤海海域初级生产力平均在800mg·m⁻²·d⁻¹以上，沿岸不少局部海域高过1000mg·m⁻²·d⁻¹。黄海初级生产力整体提高，平均值在800～1000mg·m⁻²·d⁻¹左右。和3月相比，整个中国沿岸初级生产力值都有较大增长，其中尤以长江口和珠江口海域最为明显，海洋初级生产力值都超过1100mg·m^{-2}·d^{-1}。在长江口海洋初级生产力高值区向外海扩大。江浙沿岸初级生产力在850mg·m^{-2}·d^{-1}以上，局部能达到1200mg·m^{-2}·d^{-1}。初级生产力在长江口附近明显向外海扩展，显著反映了长江冲淡水的影响。和3月相比，东海南部初级生产力高值区明显向东南外海扩移，这可能和近岸的沿岸流水温较低及海水透明度的变化有关。在台湾海峡中部到对马岛西南连线的东南部，海域初级生产力层次比较分明清楚，体现了比较丰富的海域变化特征。绝大部分海域的初级生产力都在150mg·m^{-2}·d^{-1}以下。

影响海洋初级生产力分布的环境因素有很多，主要有叶绿素浓度、温度、光照和营养盐，其他如季风、潮流、跃层对海水垂直混合作用以及浮游动物的摄食也有很大影响。叶绿素浓度的高低直接影响到初级生产力大小。通常叶绿素浓度高的海域，其初级生产力也高，而温度是控制叶绿素活性的主要因素。通常，温度较低，叶绿素光合作用较弱，海域初级生产力也较低。但是，过高的温度也会抑制叶绿素的光合作用，这是夏季远海海域初级生产力极低的重要原因之一。

海区的理化和水文特征决定了真光层外来营养盐的补充特点，因而导致各海区初级生产力水平不同。另外，海区地理水文和理化条件差异决定了水层中生物群落的种类结构和功能（如营养盐在真光层的再生、食物链的长度）的不同。这样初级生产力水平、环境水文条件和整个生态系统的群落结构和功能特征就有机地联系起来了。在不同海域，海域初级生产力制约因素有所不同。例如，在东海，长江径流带来丰富的陆源物质，水体中富含大量的溶解营养盐及悬浮物质，而长江冲淡水、东海海流也会改变海水的物理化学特性，从而影响叶绿素的光合作用，这些因素也都影响了长江口及其邻近海域的叶绿素a浓度和初级生产力的分布。

陆地高生产力多集中在一些局部地区，如热带雨林区等，而海洋所有海区的真光层都可进行初级生产（即使极地冰下也一样），只不过由于光、营养盐等供应条件以及生物学过程的差异而具有不同水平的初级生产力。

6.2.5　总结与展望

海上采样受天气限制，而卫星又易受云的影响，因此同步数据很难获得，这使得研究人员在建立模型研究时可利用的样本较少，故仍需不断积累数据和改进技术。建立我国不同海域长时间序列的实测数据集，对于海洋算法研究极为重要。

大气校正仍是高精度定量技术面临的最大挑战。对海洋遥感来说，空气分子和气溶胶的后向散射辐射在大气顶辐射率中占绝对优势。也就是说，反映海洋水体信息的来自水面的离水辐射率Lw（λ）只占到总能量的5%～15%，其他的都是噪声，因此，对空间海洋水色探测来说，在对海洋信号进行任何解译之前，关键是进行准确的大气校正。通过大气校正去掉来自大气的噪声，是海洋光学遥感成功应用的必要条件。对我国海区上空的气溶胶模型进行研究，建立精确适用的大气校正算法，从而提高叶绿素反演算法的精度和适用性，是我国海洋遥感研究未来的重点。

采用VGPM估算海洋初级生产力结果和用^{14}C方法等其他传统方法获得的海洋初级生产力结果一致。研究下一步将提高算法性能，优化输入参数，使之能充分代表中国海域生物光学条件，并要对所选择的模型进行数值敏感性分析，对利用高分辨率卫星数据估算海洋初级生产力进行研究，从而为局部海域动力学和海洋初级生产力的空间水平结构分布的相关问题提供参考和支持。

一类水体的性质较为简单，因此海洋遥感的应用也比较成功。长期以来，近岸二类水体的水色要素反演一直是海洋光学遥感的难题。叶绿素是海洋初级生产力估算的主要参数之一。在非色素成分与叶绿素a不存在共变关系的二类水体，叶绿素a不再是水色变动的唯一主导因子，经验算法可能会高估叶绿素a浓度，这将导致海洋初级生产力被高估。

尽管如此，模式和遥感的结合是走向大尺度时间序列行之有效的手段。利用遥感进行海洋初级生产力估算是今后的一个重点研究方向。人们通过把各个海域的模型融合在一起，然后将其和陆地的生产力模型相结合，就可以得到全球生产力的分布信息。

参考文献

第1章

曹娜, 何春光, 罗文泊, 等. 2015. 冬季湿地二氧化碳通量研究进展[J]. 湿地科学, 13(2): 244-251.

陈宁强, 戴锦芳. 1998. 人机交互式土地资源遥感解译方法研究[J]. 遥感技术与应用, 13(2): 16-21.

方精云, 刘国华, 徐崇龄. 1996. 我国森林植被的生物量和净生产量[J]. 生态学报, 16(5): 497-508.

高德新, 王帅, 李琰, 等. 2021. 植被光能利用率: 模型及其不确定性[J]. 生态学报, 41(14): 5507-5516.

胡杰, 张莹, 谢仕义. 2021. 国产遥感影像分类技术应用研究进展综述[J]. 计算机工程与应用, 57(3): 1-13.

李镜尧. 2014. 基于卫星遥感的大气二氧化碳敏感性分析与反演算法改进[D]. 华东师范大学.

李倩, 王成军, 冯涛, 等. 2024. 基于SD-PLUS耦合模型的陕西省土地利用变化及碳储量多情景预测[J]. 水土保持学报, 38(3): 1-13.

李倩倩. 2020. 涡度相关技术在希拉穆仁荒漠草原碳通量观测中的应用[D]. 内蒙古农业大学.

梁艾琳. 2019. 星载遥感二氧化碳的验证、反演及应用[D]. 武汉大学.

刘毅, 王婧, 车轲, 等. 2021. 温室气体的卫星遥感——进展与趋势[J]. 遥感学报, 25(01): 53-64.

梅安新. 2001. 遥感导论[M]. 北京: 高等教育出版社.

潘琛, 杜培军, 张海荣. 2008. 决策树分类法及其在遥感图像处理中的应用[J]. 测绘科学, (1): 208-211.

朴世龙, 何悦, 王旭辉, 等. 2022. 中国陆地生态系统碳汇估算: 方法、进展、展望[J].

中国科学: 地球科学, 52(06): 1010-1020.

曲海成, 郭月, 王媛媛. 2019. 一种新的空谱联合高光谱图像分类方法[J]. 测绘科学, 44(8): 82-90.

宋通通. 2023. 崇明生态岛森林碳储量遥感估算研究[D]. 华东师范大学.

陶波, 葛全胜, 李克让, 等. 2001. 陆地生态系统碳循环研究进展[J]. 地理研究, 20(5): 564-575.

田汉勤, 刘明亮, 张弛, 等. 2010. 全球变化与陆地系统综合集成模拟——新一代陆地生态系统动态模型(DLEM)[J]. 地理学报, 65(9): 1027-1047.

田佳榕. 2023. 基于森林类型的区县级森林地上碳储量遥感估算方法研究[D]. 南京林业大学.

王飞平, 张加龙. 2022. 基于碳卫星的森林碳储量估测研究综述[J]. 世界林业研究, 35(06): 30-35.

王杰帅. 2020. 基于涡度法的西南丘陵区森林碳通量观测研究[D]. 北京林业大学.

王旭红. 2001. 基于卫星影像制作土地利用和土地覆盖图的方法试验——全国1:50000土地利用/土地覆盖图制作试验项目[J]. 测绘通报, (S1): 6-8.

吴志祥. 2013. 海南岛橡胶林生态系统碳平衡研究[D]. 海南大学.

项茂林, 陶吉兴, 季碧勇, 等. 2012. 基于市县联动监测的县域森林植被生物量评估[J]. 浙江林业科技, 32(06):22-26.

谢馨瑶, 李爱农, 靳华安. 2018. 大尺度森林碳循环过程模拟模型综述[J]. 生态学报, 38(1):41-54.

徐丽, 何念鹏, 于贵瑞. 2019. 2010s中国陆地生态系统碳密度数据集[J]. 中国科学数据(中英文网络版), 4(01): 90-96.

于贵瑞, 孙晓敏, 等. 2006. 陆地生态系统通量观测的原理与方法[M]. 北京:高等教育出版社.

于贵瑞, 张雷明, 孙晓敏. 2014. 中国陆地生态系统通量观测研究网络(ChinaFLUX)的主要进展及发展展望[J]. 地理科学进展, 33:903-917.

张鑫龙, 陈秀万, 李飞, 等. 2017. 高分辨率遥感影像的深度学习变化检测方法[J]. 测绘学报, 46(8): 999-1008.

赵靓. 2017. 基于GOSAT卫星的大气CO_2和CH_4遥感反演研究[D]. 吉林大学.

赵英时. 2003. 遥感应用分析原理与方法[M]. 北京: 科学出版社.

周珂, 杨永清, 张俨娜, 等. 2021. 光学遥感影像土地利用分类方法综述[J]. 科学技术与工程, 21(32): 13603-13613.

周希胜. 2019. 基于 Sentinel-2A 数据的徐州城市植被分类及生物量反演研究[D]. 中国矿业大学.

周维勋, 刘京雷, 彭代锋, 等. 2024. MtSCCD: 面向深度学习的土地利用场景分类与变化检测数据集[J]. 遥感学报, 28(2): 321-333.

周音颖. 2022. 受扰动泥炭地的碳通量遥感估算研究[D]. 杭州师范大学.

朱晓波. 2020. 基于深度学习的中国北方草地生态系统呼吸估算研究[D]. 西南大学.

Bahn M, Reichstein M, Davidson E A, et al. 2010. Soil respiration at mean annual temperature predicts annual total across vegetation types and biomes [J]. Biogeosciences, 7 (7): 2147-2157.

Baker I T, Prihodko L, Denning A S, et al. 2008. Seasonal drought stress in the Amazon: Reconciling models and observations[J]. Journal of Geophysical Research Biogeosciences, 113(G1): G00B01.

Bartholomé E, Belward A S. 2005. GLC2000: A new approach to global land cover mapping from Earth observation data[J]. International Journal of Remote Sensing, 26(9): 1959-1977.

Beer C, Reichstein M, Tomelleri E, et al. 2010. Terrestrial gross carbon dioxide uptake: global distribution and covariation with climate[J]. Science, 329(5993):834-838.

Belgiu M, Drăguţ L. 2016. Random forest in remote sensing: A review of applications and future directions[J]. ISPRS Journal of Photogrammetry and Remote Sensing, 114: 24-31.

Bettinger P, Lennette M, Johnson K N, et al., 2005. A hierarchical spatial framework for forest landscape planning[J]. Ecological Modelling, 182: 25-48.

Breiman L. 2001. Random forests[J]. Machine Learning, 45(1):5-32.

Brown S, Lugo AE. 1984. Biomass of tropical forests: A new estimate based on forest volumes[J]. Science, 223(4642):1290-1293.

Burba G. 2013. Eddy Covariance Method for Scientific, Industrial, Agricultural, and Regulatory Application: A Field Book on Measuring Ecosystem Gas Exchange and Areal

Emission Rates[M]. Lincoln, NE, USA: LI-COR Biosciences.

Cao L, Coops N C, Innes J L, et al. 2016. Estimation of forest biomass dynamics in subtropical forests using multi-temporal airborne LiDAR data[J]. Remote Sensing of Environment, 178:158-171.

Chappell A, Webb N P, Butler H J, et al. 2013. Soil organic carbon dust emission: an omitted global source of atmospheric CO_2[J]. Global Change Biology, 19:3238-3244.

Chen J, Ban Y, Li S. 2014. China: Open access to Earth land-cover map[J]. Nature, 514 (7523): 434.

Chen W J, Chen J, Cihlar J. 2000. An integrated terrestrial ecosystem carbon-budget model based on changes in disturbance, climate, and atmospheric chemistry[J]. Ecological Modelling, 135(1): 55-79.

Cleveland C C, Townsend A R. 2019. Nutrient additions to a tropical rain forest drive substantial soil carbon dioxide losses to the atmosphere[J]. Proceedings of the National Academy of Sciences of the United States of America, 103(27): 10316-10321.

Defourny P, Schouten L, Bartalev, et al. 2009. Accuracy assessment of a 300m global land cover map:The GlobCover experience[J]. New Library World, 112(5-6):236-247.

Eckert S. 2012. Improved Forest Biomass and Carbon Estimations Using Texture Measures from WorldView-2 Satellite Data[J]. Remote Sensing, 4(4):810-829.

Eshel G, Dayalu A, Wofsy S C, et al. 2019. Listening to the Forest: An Artificial Neural Network-Based Model of Carbon Uptake at Harvard Forest[J]. Journal of Geophysical Research-Biogeosciences, 124(3): 461-478.

Fan J X, Wu W Y, Gong Y. 2010. Human tracking using convolutional neural networks[J]. IEEE Transactions on Neural Networks, 21(10): 1610-1623.

Fang J Y, Chen A P, Peng C H, et al. 2001. Changes in forest biomass carbon storage in China between 1949 and 1998[J]. Science, 292: 2320-2322.

Farquhar G D, Von Caemmerer S, Berry J A. 1980. A biochemical model of photosynthetic CO2 assimilation in leaves of C3 species[J].Planta, 149(1): 78-90.

Foley J A, Prentice I C, Ramankutty N, et al. 1996. An integrated biosphere model of landsurface processes, terrestrial carbon balance, and vegetation dynamics[J]. Global Biogeochemical Cycles, 10(4): 603-628.

Friedl M A, McIver D K, Hodges J C F, et al. 2002. Global land cover mapping from MODIS: algorithms and early results[J]. Remote Sensing of Environment, 83(1): 287-302.

Friedl M A, Sulla-Menashe D, Tan B, et al. 2010. MODIS collection 5 global land cover: Algorithm refinements and characterization of new datasets[J]. Remote Sensing of Environment, 114(1): 168-182.

Friedlingstein P, O' Sullivan M, Jones M W, et al. 2020. Global carbon budget 2020[J]. Earth System Science Data, 12: 3269-3340.

Garbulsky M F, Peñuelas J, Papale D, et al. 2010. Patterns and controls of the variability of radiation use efficiency and primary productivity across terrestrial ecosystems[J]. Global Ecology and Biogeography, 19(2): 253-267.

Ge R, He H L, Ren X L, et al. 2018. A satellite-based model for simulating ecosystem respiration in the Tibetan and Inner Mongolian grasslands[J]. Remote Sensing, 10(1): 149.

Gitelson A A, Viña A, Verma S B, et al. 2006. Relationship between gross primary production and chlorophyll content in crops: Implications for the synoptic monitoring of vegetation productivity[J]. Journal of Geophysical Research, 111(8):1-13.

Gong P, Wang J, Yu L, et al. 2013. Finer resolution observation and monitoring of global land cover: First mapping results with Landsat TM and ETM+ data[J]. International Journal for Remote Sensing, (7): 2607-2654.

Hansen M C, Defries R S, Townshend J R G, et al. 2000. Global land cover classification at 1km spatial resolution using a classification tree approach[J]. International Journal of Remote Sensing, 21(6-7): 1331-1364.

Hargrove W W, Hoffman F M, Law B E. 2003. New analysis reveals representativeness of the AmeriFlux network[J]. EOS,Transactions,American Geophysical Union, 84(48): 529-535.

Haxeltine A, Prentice I C. 1996. BIOME3: An equilibrium terrestrial biosphere model based one cophysiological constraints, resourceavailability, and competition among plant functional types[J]. Global Biogeochemical Cycles, 10(4): 693-709.

Haxeltine A, Prentice IC, Creswell I D. 1996. A coupled carbon and water flux model to predict vegetation structure[J]. Journal of Vegetation Science, 7(5): 651-666.

Hecht N R. 1992. Theory of the backpropagation neural network[M]. Virginia: Neural Networks for Perception Academic Press.

Anouncia S M, Hemalatha S. 2017. Unsupervised segmentation of remote sensing images using F D based texture analysis model and ISODATA[J]. International Journal of Ambient Computing and Intelligence, 8(3): 58-75.

Ichii K, Ueyama M, Kondo M, et al. 2017. New data-driven estimation of terrestrial CO_2 fluxes in Asia using a standardized database of eddy covariance measurements, remote sensing data, and support vector regression[J]. Journal of Geophysical Research-Biogeosciences, 122(4):767-795.

Jagermeyr J, Gerten D, Lucht W, et al. 2014. A high-resolution approach to estimating ecosystem respiration at continental scales using operational satellite data[J]. Global Change Biology, 20(4):1191-1210.

Jain J, Mitran T. 2020. A geospatial approach to assess climate change impact on soil organic carbon in a semi-arid region[J]. Tropical Ecology, 61(3):412-428.

Ji J J. 1995. A climate-vegetation interaction model: Simulating physical and biological processes at the surface[J]. Journal of Biogeography, 22(2/3): 445-451.

Jian J S, Steele M K, Thomas R Q, et al. 2018. Constraining estimates of global soil respiration by quantifying sources of variability[J]. Global Change Biology, 24(9): 4143-4159.

Jung M, Reichstein M, Margolis H A, et al. 2011. Global patterns of land-atmosphere fluxes of carbon dioxide, latentheat, and sensible heat derived from eddy covariance, satellite, and meteorological observations[J]. Journal of Geophysical Research, 116: G00J07.

Jung M, Schwalm C, Migliavacca M, et al. 2020. Scaling carbon fluxes from eddy covariance sites to globe: Synthesis and evaluation of the FLUXCOM approach[J]. Biogeosciences, 17(5): 1343-1365.

Karra K, Kontgis C, Statman-Weil Z, et al. 2021. Global land use / land cover with Sentinel 2 and deep learning 2021 IEEE International Geoscience and Remote Sensing Symposium IGARSS[C]. Brussels, Belgium. IEEE, 202:4704-4707.

Kätterer T, Reichstein M, Andrén O, et al. 1998. Temperature dependence of organic matter decomposition: a critical review using literature data analyzed with different models[J]. Biology and Fertility of Soils, 27(3): 258-262.

Liang X L, Hyyppä J, Kaartinen H, et al. 2018. International benchmarking of terrestrial laser scanning approaches for forest inventories[J]. ISPRS Journal of Photogrammetry and Remote Sensing, 144:137-179.

Liu J, Chen J M, Cihlar J, et al. 1997. A process-based boreal ecosystem productivity simulator using remote sensing inputs[J]. Remote Sensing of Environment, 62(2): 158-175.

Lloyd J, Taylor J A. 1994. On the temperature-dependence of soil respiration[J]. Functional Ecology, 8(3): 315-323.

Loveland TR, Reed BC, Brown JF, et al. 2000. Development of a global land cover characteristics database and IGBP DISCover from 1 km AVHRR data[J]. International Journal of Remote Sensing, 21(6-7): 1303-1330.

Mermoz S, Réjou-Méchain M, Villard L, et al. 2015. Decrease of L-band SAR backscatter with biomass of dense forests[J]. Remote Sensing of Environment, 159: 307-317.

Migliavacca M, Reichstein M, Richardson A D, et al. 2011. Semiempirical modeling of abiotic and biotic factors controlling ecosystem respiration across eddy covariance sites [J].Global Change Biology, 17(1): 390-409.

Min J H, Lee Y C. 2005. Bankruptcy prediction using support vectormachine with optimal choice of kernel function parameters[J]. Expert Systems with Applications, 28(4): 603-614.

Mountrakis G, Im J, Ogole C. 2011. Support vector machines in remotesensing: a review [J]. ISPRS Journal of Photogrammetry and Remote Sensing, 66(3): 247-259.

Neilson R P. 1995. A model for predicting continental-scale vegetation distribution and water balance[J]. Ecological Applications, 5(2): 362-385.

Nelson RF, Hyde P, Johnson P, et al. 2007. Investigating RaDAR-ALS synergy in a North Carolina pine forest[J]. Remote Sensing of Environment, 110: 98-108.

Nowosad J, Stepinski TF, Netzel P. 2019. Global assessment and mapping of changes in mesoscale landscapes: 1992-2015[J]. International Journal of Applied Earth Observation and Geoinformation, 78: 332-340.

Papale D, Black T A, Carvalhais N, et al. 2015. Effect of spatial sampling from European flux towers for estimating carbon and water fluxes with artificial neural networks[J].

Journal of Geophysical Research-Biogeosciences, 120(10): 1941-1957.

Parton W J, Stewart J W, Cole C V. 1988. Dynamics of C, N, P and S in grassland soils: a model[J]. Biogeochemistry, 5(1): 109-131.

Piao S L, Fang J Y, Ciais P, et al. 2009. The carbon balance of terrestrial ecosystems in China[J]. Nature, 458:1009-1013.

Piao S L, Huang M T, Liu Z, et al. 2018. Lower land-use emissions responsible for increased net land carbon sink during the slow warming period[J].Nature Geosciences, 11:739-743.

Piao S L, Liu Z, Wang T, et al. 2017. Weakening temperature control on the interannual variations of spring carbon uptake across northern lands[J]. Nature Climate Change, 7:359-363.

Piao S L, Sitch S, Ciais P, et al. 2013. Evaluation of terrestrial carbon cycle models for their response to climate variability and to CO_2 trends[J]. Global Change Biology, 19 (7):2117-2132.

Pramanik P, Phukan M. 2020. Enhanced microbial respiration due to carbon sequestration in pruning litter incorporated soil reduced the net carbon dioxide flux from atmosphere to tea ecosystem[J]. J Sci Food Agricult, 100(1): 295-300.

Prentice I C, Sykes M T, Lautenschlager M, et al. 1993. Modelling global vegetation patterns and terrestrial carbon storage at the last glacial maximum[J]. Global Ecology and Biogeography Letters, 3(3): 67-76.

Prince S D, Goward S N. 1995. Global primary production: a remote sensing approach [J]. Journal of Biogeography, 22(4/5): 815-835.

Potter C S, Randerson J T, Field C B, et al. 1993. Terrestrial ecosystem production: A process model based on global satellite and surface data[J]. Global Biogeochemical Cycles, 7(4): 811-841.

Rahman A F, Sims D A, Cordova V D, et al. 2005. Potential of MODIS EVI and surface temperature for directly estimating per-pixel ecosystem C fluxes[J]. Geophysical Research Letters, 32(19): L19404.

Raich J W, Potter C S, Bhagawati D. 2002. Interannual variability in global soil respiration, 1980-94[J]. Global Change Biology, 8(8): 800-812.

Rodgers C D. 2000. Inverse methods for atmospheric sounding:Theory andpractice[M]. Singapore: World scientific.

Ruimy A, Saugier B, Dedieu G. 1994. Methodology for the estimation of terrestrial net primary production from remotely sensed data[J]. Journal of Geophysical Research, 99 (D3):5263-5283.

Running S W, Coughlan J C. 1988. A general model of forest ecosystem processes for regional applications I. hydrologic balance, canopy gas exchange and primary production processes[J]. EcologicalModelling, 42(2):125-154.

Running S W, Hunt Jr E R. 1993. Generalization of a forest ecosystem process model for other biomes, BIOME- BGC, and an application for global- scale models[J]. Scaling physiological processes: Leaf to Globe, 1993:141-158 .

Sarker L R, Nichol J E. 2011. Improved forest biomass estimates using ALOS AVNIR- 2 texture indices[J]. Remote Sensing of Environment, 115(4): 968-977.

Sellers PJ. 1985. Canopy reflectance, photosynthesis and transpiration[J]. International Journal of Remote Sensing, 6(8):1335-1372.

Sellers P J, Randall D A, Collatz G J, et al. 1996. A revised landsurface parameterization (SiB2) foratmospheric GCMs. Part I: Model formulation[J]. Journal of Climate, 9(4): 676-705.

Sims D A, Rahman A F, Cordova V D, et al. 2008. A new model of gross primary productivity for North American ecosystems based solely on the enhanced vegetation index and land surface temperature from MODIS[J]. Remote Sensing of Environment, 112(4):1633-1646.

Sitch S, Smith B, Prentice I C, et al. 2003. Evaluation of ecosystem dynamics, plant geography and terrestrial carbon cycling in the LPJ dynamic global vegetation model[J]. Global Change Biology, 9(2): 161-185.

Smith B, Prentice I C, Sykes M T. 2001. Representation of vegetation dynamics in the modelling of terrestrial ecosystems: comparing two contrasting approaches within European climate space[J]. Global Ecology and Biogeography, 10(6): 621-637.

Su Y J, Guo Q H, Xue B L, et al. 2016. Spatial distribution of forest aboveground biomass in China: Estimation through combination of spaceborne ALS, optical imagery, and forest inventory data[J]. Remote Sensing of Environment, 173:187-199.

Sulkava M, Luyssaert S, Zaehle S, et al. 2011.Assessing and improving the representativeness of monitoring networks: The European flux tower network example[J]. Journal of Geophysical Research-Biogeosciences, 116: G00J04.

Tateishi R, Uriyangqai B, Al-Bilbisi H, et al. 2011. Production of global land cover data-GLCNMO[J]. International Journal of Digital Earth, 4(1): 22-49.

Thompson SL, Pollard D. 1995. A global climate model (GENESIS) with a land-surface transfer scheme(LSX). PartI: Present climate simulation[J]. Journal of Climate, 8(4): 732-761.

Tramontana G, Ichii K, Camps-Valls G, et al. 2015. Uncertainty analysis of gross primary production upscaling using Random Forests, remote sensing and eddy covariance data [J]. Remote Sensing of Environment, 168: 360-373.

Tramontana G, Jung M, Schwalm C R, et al. 2016. Predicting carbon dioxide and energy fluxes across global FLUXNET sites with regression algorithms[J]. Biogeosciences, 13 (14): 4291-4313.

Tzotsos A, Argialas D. 2008. Support vector machine classification for object-based image analysis[M]. Berlin: Springer.

Ueyama M, Ichii K, Iwata H, et al. 2013. Upscaling terrestrial carbon dioxide fluxes in Alaska with satellite remote sensing and support vector regression[J]. Journal of Geophysical Research-Biogeosciences, 118(3): 1266-1281.

Woodward F I. 1986. Climate and Plant Distribution[M]. Cambridge: Cambridge University Press, 36-48.

Woodwell G. 1978. The Carbon Dioxide Question[J]. Scientific American, 238: 34-43.

Xiao J F, Chen JQ, Davis KJ, et al. 2012. Advances in upscaling of eddy covariance measurements of carbon and water fluxes[J]. Journal of Geophysical Research Biogeosciences, 117: G00J01.

Xiao J F, Chevallier F, Gomez C, et al. 2019. Remote sensing of the terrestrial carbon cycle: A review of advances over 50 years[J]. Remote Sensing of Environment, 233: 111383.

Xiao J F, Ollinger S V, Frolking S, et al. 2014. Data-driven diagnostics of terrestrial carbon dynamics over North America[J]. Agricultural and Forest Meteorology, 197:142-157.

Yang C C, Prasher S O, Enright P, et al. 2003. Application of decisiontree technology for image classification using remote sensing data[J]. Agricultural Systems, 76(3):1101-1117.

Yang F H, Ichii K, White M A, et al. 2007. Developing a continental-scale measure of gross primary production by combining MODIS and AmeriFlux data through Support Vector Machine approach[J]. Remote Sensing of Environment, 110(1): 109-122.

Yang J, Huang X. 2021. The 30m annual land cover dataset and its dynamics in China from 1990 to 2019[J]. Earth System Science Data, 13: 3907-3925.

Yao Y, Wang X, Li Y, et al. 2018. Spatiotemporal pattern of gross primary productivity and its covariation with climate in China over the last thirty years[J]. Global Change Biology, 24(1):184-196.

Yuan W P, Luo Y Q, Li X L, et al. 2011. Redefinition and global estimation of basal ecosystem respiration rate[J]. Global Biogeochemical Cycles, 25(4): GB4002.

Zhang X, Liu L, Chen X, et al. 2021. GLC_FCS30: global land-cover product with fine classification system at 30m using time-series Landsat imagery[J]. Earth System Science Data, 13:2753-2776.

Zhang X, Pan Z, Lu X, et al. 2018. Hyperspectral image classificationbased on joint spectrum of spatial space and spectral space[J].Multimedia Tools and Applications, 77 (22): 29759-29777.

Zhao Z Y, Peng C H, Yang Q, et al. 2017. Model prediction of biome-specific global soil respiration from 1960 to 2012[J]. Earths Future, 5(7): 715-729.

第2章

白继伟, 赵永超, 张兵, 等. 2003. 基于包络线消除的高光谱图像分类方法研究[J]. 计算机工程与应用, 39(13): 88-90.

曹文熙, 杨跃忠. 2002. 海洋光合有效辐射分布的计算模式[J]. 热带海洋学报, 21 (3): 47-54.

陈楚群, 施平, 毛庆文. 2001. 南海海域叶绿素浓度分布特征的卫星遥感分析[J]. 热带海洋学报, 20(2): 67-70.

褚艳玲,张倩,王石,等.2022.深圳市大鹏湾盐田区近岸海域海洋碳汇量核算及影响因素研究[J].环境生态学,11(4):13-22.

丛丕福,牛铮,蒙继华,等.2006.1998—2003年卫星反演的中国陆架海叶绿素a浓度变化分析[J].海洋环境科学,25(1):30-33.

丛丕福,牛铮,曲丽梅,等.2005a.基于神经网络和TM图像的大连湾海域悬浮物质量浓度的反演[J].海洋科学,29(4):31-35.

丛丕福,牛铮,曲丽梅,等.2005b.利用海洋卫星HY-1数据反演叶绿素a的浓度[J].高技术通讯,15(11):106-110.

费尊乐,Trees C C,李宝华.1997.利用叶绿素资料计算初级生产力[J].黄渤海海洋,15(1):35-47.

官文江,何贤强,潘德炉,等.2005.渤、黄、东海海洋初级生产力的遥感估算[J].水产学报,29(3):367-372.

李国胜,邵宇宾.1998.海洋初级生产力遥感与GIS评估模型研究[J].地理学报,53(6):546-552.

李国胜,王芳,梁强,等.2003.东海初级生产力遥感反演及其时空演化机制[J].地理学报,58(4):483-493.

李四海,唐军武,恽才兴.2002.河口悬浮泥沙浓度SeaWiFS遥感定量模式研究[J].海洋学报,24(2):51-58.

刘强,柳钦火,肖青,等.2002.机载多角度遥感图像的几何校正方法研究[J].中国科学D辑,32(4):299-306.

宁修仁,刘子琳,蔡昱明.2000.我国海洋初级生产力研究二十年[J].东海海洋,18(3):13-20.

牛铮,陈永华,隋洪智,等.2000.叶片生化组分遥感成像光谱探测机理分析[J].遥感学报,4(2):125-130.

潘德炉,何贤强,李淑菁,等.2004.我国第一颗海洋卫星HY-1A的应用潜力研究[J].海洋学报,26(2):37-44.

潘德炉,毛天明,李淑菁.1997.海洋卫星资料的地理定位及相关几何参数算法研究[J].海洋学报,19(1):56-68.

任敬萍,赵进平.2002.二类水体水色遥感的主要进展和发展前景[J].地球科学进展,17(3):363-371.

沈国英,施并章.2002.海洋生态学[M].北京:科学出版社.

施阳,李俊,王惠刚,等.1999.MATLAB语言工具箱[M].西安:西北工业大学出版社.

疏小舟,汪骏发,沈鸣明,等.2000.航空成像光谱水质遥感研究[J].红外和毫米波,19(4):273-276.

唐军武,马超飞,牛生丽,等.2005.CBERS-02卫星CCD相机资料定量化反演水体成分初探[J].中国科学E辑,35(z1):156-170.

唐军武,田国良.1997.水色光谱分析与多成分反演算法[J].遥感学报,1(4):252-256.

唐军武.1999.海洋光学特性模拟和遥感模型[D].北京:中国科学院遥感应用研究所.

王海黎,赵朝方,李丽萍,等.2000.用卫星资料估算东海的初级生产力[M].东海海洋通量关键过程.北京:海洋出版社,149-158.

王其茂,蒋兴伟,林明森,等.2003.HY-1A卫星资料在海洋上的典型应用[J].遥感技术与应用,18(6):374-378.

王长耀,骆成凤,齐述华,等.2005.NDVI-Ts空间全国土地覆盖分类方法研究[J].遥感学报,9(1):93-99.

徐希孺,陈良富.2002.关于热红外多角度遥感扫描方向的选取问题[J].北京大学学报(自然科学学报),38(1):98-103.

徐希孺,庄家礼,陈良富.2000.热红外多角度遥感和反演混合像元组分温度[J].北京大学学报(自然科学学报),36(4):555-560.

徐希孺.2005.遥感物理[M].北京:北京大学出版社,231-233.

詹海刚,施平,陈楚群.2000.利用神经网络反演海水叶绿素浓度[J].科学通报,45(17):1879-1884.

朱钰,商少凌,翟惟东,等.2008.南海北部夏季海表二氧化碳分压及其海气通量的遥感算法初探[J].自然科学进展,18(8):951-955.

Aiken J, Moore G F, Trees C C, et al. 1995. The SeaWiFS CZCS-type pigment algorithm [R]. NASA Technical Memorandum, 29:104566.

Antoine D, Morel A. 1996. Oceanic primary production: Adaptation of a spectral light-photosynthesis model in view of application to satellite chlorophyll observations[J]. Global Biogechem.Cycles, 10:43-55.

Beck R, Zhan S, Liu H, et al. 2016. Comparison of satellite reflectance algorithms for estimating chlorophyll- a in a temperate reservoir using coincident hyperspectral aircraft imagery and dense coincident surface observations[J]. Remote Sensing of Environment, 178:15-30.

Behrenfeld M J, Falkowski P G. 1997. Photosynthetic rates derived from satellite- based chlorophyll concentration[J]. Limnology and Oceanography, 42:1-20.

Binding C E, Greenberg T A, Bukata R P. 2013. The MERIS Maximum Chlorophyll Index; its merits and limitations for inland water algal bloom monitoring[J]. Journal of Great Lakes Research, 39:100-107.

Buckton D, O'Mongain E. 1999. The use of neural networks for the estimation of oceanic constituents based on the MERRIS instrument [J]. International Journal of Remote Sensing, 20(9):1841-1851 .

Bukata R, Jerome J, Kondratyev K, et al. 1991. Satellite monitoring of optically- active components of inland waters: an essential input to regional climate change impact studies [J]. Journal of Great Lakes Research, 17:470- 478.

Cadee G C. 1975. Primary production of the Guyana Coast. Netherlands[J]. Journal of Sea Research, 9(1):126-143.

Carder K L, Chen F R, Lee Z P, et al. 1999. Semianalytic Moderate- Resolution Imaging Spectrometer algorithms for chlorophyll a and absorption withbio- optical domains based on nitrate-depletion temperatures[J]. Journal of Geophysical Research, 104, 5403-5421.

Carder K L,Chen F R, Cannizzaro J P, et al. 2004. Performance of the MODIS semi- analytical ocean color algorithm for chlorophyll-a[J]. Advances in Space Research, (3): 1152-1159.

Chai F, Dugdale R C, Peng T, et al. 2002. One-dimensional ecosystem model of the equatorial Pacific upwelling system. Part I: model development and silicon and nitrogen cycle[J]. Deep Sea Research Part II: Topical Studies in Oceanography, 49(13-14):2713-2745.

Cong Pifu, LIN Wenpeng, NIU Zheng, et al. 2005. Study on method of extracting winter wheat area planted based on spectral features using Terra/ MODIS[C]. MIPPR, Wuhan, October 2005b.

Dai M, Su J, Zhao Y, et al. 2022. Carbon fluxes in the Coastal Ocean: Synthesis, boundary processes, and future trends[J]. Annual Review of Earth and Planetary Sciences, 50:593-626.

Duarte C M, Middelburg J J, Caraco N. 2005. Major role of marine vegetation on the oceanic carbon cycle[J].Biogeosciences, 2(1):1-8.

Eppley R W, Stewart E, Abbott M R. 1985. Estimation ocean primary production in the ocean from satellite chlorophyll, introduction to regional differences and statistics from the southern California bight[J]. Journal of plankton.Research., 7(1):57-70.

Esaias W E, Abbott M R, Barton I, et al. 1998. An overview of MODIS capabilities for ocean science observations[J]. IEEE Transactions on Geoscience and Remote Sensing, 36(4): 1250-1263.

Field C B, Behrenfeld M J, Randerson J T, et al. 1998. Primary production of the biosphere: integrating terrestrial and oceanic components[J].Science, 281: 237-240.

Gitelson A. 1992. The peak near 700nm on radiance spectra of algae and water: relationships of its magnitude and position with chlorophyll concentration[J]. International Journal of Remote Sensing, 13(17):3367-3373.

Gordon H R, Brown O B, Evans R H, et al. 1988. A semianalytic radiance model of ocean color[J]. Journal of Geophysical Research: Atmospheres, 93(D9):10909-10924.

Hales B, Strutton P G, Saraceno M, et al. 2012. Satellite-based prediction of pCO_2 in coastal waters of the eastern North Pacific[J]. Progress in Oceanography, 103:1-15.

Joint I, Groom S B. 2000. Estimation of phytoplankton production from space: current status and future potential of satellite remote sensing[J].Journal of Experimental Marine Biology and Ecology, 250(1-2): 233-255.

Keiner L E, Brown C W. 1999. Estimating oceanic chlorophyll concentrations with neural networks[J].International Journal of Remote Sensing, 20(1):189-194.

Keiner L, Yan Xiao-hai. 1998. The use of a neural network in estimating surface chlorophyll and sediments from Thematic Mapper imagery[J]. Remote Sensing of Environment, 66(2):153-165.

Lee Z P, Carder K L. 2004. Absorption spectrum of phytoplankton pigments derived from hyperspectral remote sensing reflectance[J].Remote Sensing of Environment, 89: 361-368.

Lee Z P, Zhang M R, Carder K L, et al. 1998. A neural network approach to deriving optical properties and depths of shallow waters[A]. Ackleson S G, CAMPBELL. POOX-IV Proceedings, Ocean Optics (XIV)[C]. Office of Naval Research, Washington, DC.

Longhurst A, Sathyendranath S, Platt T, et al. 1995. An estimate of global primary production in the ocean from satellite radiometer data[J]. Journal of Plankton Research, 17(6):1245-1271.

McClain C R, Barnes R A, Eplee R E, et al. 2000. SeaWiFS postlaunch calibration and validation analyses,part 2[C].NASA Technical Memorandum.

Mcleod E, Chmura G L, Bouillon S, et al. 2011. A blueprint for blue carbon: toward an improved understanding of the role of vegetated coastal habitats in sequestering CO_2 [J]. Frontiers in Ecology and the Environment, 9(10): 552-560.

Miller R L, McKee B A. 2004. Using MODIS Terra 250 m imagery to map concentrations of total suspended matter in coastal waters[J].Remote Sensing of Environment, 93:259-266.

Morel A, Berthon J F. 1989. Surface pigments, algal biomass profiles and potential production of the euphotic layer:Relationships reinvestigated in view of remote-sensing applications[J]. Limnology and Oceanography, 34:1545-1562.

Neumann A, Krawczyk H, Walzel T. 1995. A complex approach to quantitative interpretation of spectral high resolution imagery[R]. Proceedings of Third Thematic Conference on Remote Sensing for Marine and Coastal Environments, Vol.II, Seattle, USA, 641-652.

Parsons T R, Takahashi M, Hargrava B. 1984. Biological Oceanographic Processes(3rd Ed.) [M]. Pergamon Press.

Potter C S, Randerson J T, Field C B, et al. 1993. Terrestrial ecosystem production: a process model based on global satellite and surface data[J]. Global biogeochemical cycles, 7(4):811-841.

Reilly J E, Maritorena S, Mitchell B G, et al. 1998. Ocean color chlorophyll algorithms for SeaWiFS[J]. Journal of Geophysical Research, 103(c11):24 937-24953.

Ryther J H R, Yentseli C S. 1957. The estimation of phytoplankton production in the ocean from chlorophyll and light data[J].Limnology and Oceanography, 2:281-286.

Sasmito S D, Sillanpaa M, Hayes M A, et al. 2020. Mangrove blue carbon stocks and dynamics are controlled by hydrogeomorphic settings and land-use change[J]. Global Change Biology, 26(5): 3028-3039.

Smith R C, Eppley R W, Baker K S. 1982. Correlation of primary production as measured aboard ship in southern California coastal water and as estimated from satellite chlorophyll images[J]. Marine Biology, 66:281-288.

Song X, Bai Y, Cai W, et al. 2016. Remote Sensing of Sea Surface pCO_2 in the Bering Sea in Summer Based on a Mechanistic Semi-Analytical Algorithm (MeSAA)[J]. Remote Sensing, 8(7):558.

Steemann N E. 1952. The use of radio-active carbon (C14) for measuring organic production in the sea[J]. Journal du Conseil permanent International pour l'Exploration de la Mer, 18: 117-140.

Takamura T R, Inoue H Y, Midorikawa T, et al. 2010. Seasonal and inter-annual variations in pCO_2 sea and air-sea CO_2 fluxes in mid-latitudes of the western and eastern North Pacific during 1999-2006:Recent results utilizing voluntary observation ships[J]. Journal of the Meteorological Society of Japan. Ser. II, 88(6):883-898.

Tassan S. 1998. A procedure to determine the particulate content of shallow water from thematic mapper data[J]. International Journal of Remote Sensing, 19(3): 557-562.

Tassan S. d'Alcala M R. 1993. Water Quality Monitoring by Thematic Mapper in Coastal Environments: A Performance Analysis of Local Bio-optical Algorithm and Atmospheric Correction Procedures[J]. Remote Sensing of Environments, 45, 177-191.

第3章

陈正华. 2006. 基于 CASA 和多光谱遥感数据的黑河流域 NPP 研究[D]. 兰州:兰州大学.

董晶晶. 2009. 高光谱遥感反演植被生化组分研究[D]. 北京:中国科学院遥感应用研究所.

侯光良,李继由,张谊光.1993. 中国农业气候资源[M]. 北京:中国人民大学出版社.

荆家海,肖庆德.1987. 水分胁迫和胁迫后复水对玉米叶片生长速率的影响[J]. 植物生理学报, 13(1):51-57.

李贵才. 2004. 基于 MODIS 数据和光能利用率模型的中国陆地净初级生产力估算研究[D]. 北京:中国科学院遥感应用研究所.

李世华. 2007. 基于数据-模型融合方法植被初级生产力遥感监测研究[D]. 北京:中国科学院遥感应用研究所.

李新,马明国,王建,等. 2008. 黑河流域遥感—地面观测同步试验:科学目标与试验方案[J]. 地球科学进展, 23(9):897-914.

彭少麟,郭志华,王伯荪. 2000. 利用 GIS 和 RS 估算广东植被光利用率[J]. 生态学报, 20(6):903-909.

田昕. 2004. SARINFORS 软件地理空间抽象数据模型[D]. 北京:北京林业大学.

王莉雯. 2009. 基于空间尺度转换的植被净初级生产力多源遥感数据监测研究[R]. 北京:中国科学院遥感应用研究所.

徐春亮,陈彦,贾明权,等. 2009. 典型地物后向散射特性的测量与分析[J]. 地球科学进展, 24(7):810-816.

于贵瑞, 孙晓敏, 等. 2006. 陆地生态系统通量观测的原理与方法[M]. 北京:高等教育出版社.

袁金国,牛铮,王锡平. 2009. 基于 FLAASH 的 Hyperion 高光谱图像大气校正[J]. 光谱学与光谱分析, 5(29):1181-1185.

袁金国. 2008. 基于多源遥感数据的植被生化参数提取研究[D]. 北京:中国科学院遥感应用研究所.

朱文泉,潘耀忠,何浩,等. 2006. 中国典型植被最大光利用率模拟[J]. 科学通报, 51(6): 700-706.

Alados I, Foyo Moreno I, Alados Arboledas L. 1996. Photosynthetically active radiation: Measurements and modelling[J]. Agricultural and Forest Meteorology, 78:121-131.

Allen R G, Pereira L S, Raes D, et al. 1998. Food and Agriculture Organization of the United Nations[M] //Allen R, Pereira L, Raes D, Smith M. Crop evapotranspiration: Guidelines for computing crop water requirements. Rome, Italy:FAO, 56.

Asrar G. 1989. Theory and applications of optical remote sensing[J]. Transactions of the Institute of British Geographers, 18(1).

Baret F, Guyot G. 1991. Potentials and limits of vegetation indices for LAI and APAR assessment[J]. Remote Sensing of Environment, 35:161-173.

Battaglia M, Beadle C, Loughhead S. 1996. Photosynthetic temperature responses of Eucalyptus globulus and Eucalyptus nitens[J].Tree Physiology, 16(1-2):81-89.

Beck R. 2003. EO-1 user guide v. 2.3. Department of Geography University of Cincinnati.

Boyer J S. 1976. Water deficits and photosynthesis[M]. New York:Academic Press, 153-190.

Bradford J B, Hicke J, Lauenroth W K. 2005. The relative importance of light-use efficiency modifications from environmental conditions and cultivation for estimation of large-scale net primary productivity[J]. Remote Sensing of Environment, 96:246-255.

Buck A L. 1981. New equations for computing vapor pressure and enhancement factor[J]. Journal of Applied Meteorology, 20:1527-1532.

Campbell G S, Norman J M. 1998. An introduction to environmental biophysics[M]. New York : Springer.

Chauhan N, Lang R, Ranson K. 1991. Radar modeling of a boreal forest[M]. IEEE Transactions on Geoscience and Remote Sensing, 29:627-638.

Chen J, Lin H, Huang C, et al. 2009. The relationship between the leaf area index (LAI) of rice and the C-band SAR vertical/horizontal (VV/HH) polarization ratio[J]. International Journal of Remote Sensing, 30(8):2149-2154.

Chen J, Lin H, Liu A, et al. 2006. A semi-empirical backscattering model for estimation of leaf area index (LAI) of rice in southern China[J]. International Journal of Remote Sensing, 27(24):5417-5425.

Chen J M, Cihlar J. 1996. Retrieving leaf area index of boreal conifer forests using Landsat TM images[J].Remote Sensing of Environment, 55(2):153-162.

Chen J M, Rich P M, Gower S T, et al. 1997. Leaf area index of boreal forests:Theory, techniques, and measurements[J]. Journal of Geophysical Research-Atmospheres, 102 (D24):29429-29443.

Ciais P, Reichstein M, Viovy N, et al. 2005. Europe-wide reduction in primary productivity caused by the heat and drought in 2003[J]. Nature, 437(7058):529-533.

Clevers J G, Van Leeuwen H J C. 1996. Combined use of optical and microwave remote sensing data for crop growth monitoring[J]. Remote Sensing of Environment, 56(1):42-51.

Darvishzadeh R, Skidmore A, Schlerf M, et al. 2008. Inversion of a radiative transfer model for estimating vegetation LAI and chlorophyll in a heterogeneous grassland[J]. Remote Sensing of Environment, 112(5):2592-2604.

Dente L, Satalino G, Mattia F, et al. 2008. Assimilation of leaf area index derived from ASAR and MERIS data into CERES-Wheat model to map wheat yield[J]. Remote Sensing of Environment, 112(4):1395-1407.

Earth Observation Research Center, J.A.E.A. 2007. ALOS Product Handbook[R]. Earth Observation Research Center, Japan Aerospace Exploration Agency.

Field C B, Behrenfeld M J, Randerson J T, et al. 1998. Primary production of the biosphere: integrating terrestrial and oceanic components[J].Science, 281(5374):237-240.

Field C B, Randerson J T, Malmström C M. 1995. Global net primary production: Combining ecology and remote sensing[J]. Remote Sensing of Environment, 51(1):74-88.

Frolking S, Milliman T, Palace M, et al. 2011. Tropical forest backscatter anomaly evident in SeaWinds scatterometer morning overpass data during 2005 drought in Amazonia [J]. Remote Sensing of Environment, 115(3):897-907.

Goetz S, Prince S. 1999. Modelling terrestrial carbon exchange and storage: evidence and implications of functional convergence in light-use efficiency[J]. Advances in ecological research, 28:57-92.

Goetz S, Prince S, Goward S, et al. 1999. Satellite remote sensing of primary production: an improved production efficiency modeling approach[J]. Ecological Modelling, 122(3): 239-255.

Haboudane D, Miller J R, Pattey E, et al. 2004. Hyperspectral vegetation indices and novel algorithms for predicting green LAI of crop canopies: Modeling and validation in the context of precision agriculture[J]. Remote Sensing of Environment, 90(3):337-352.

Heinsch F A, Reeves M, Votava P, et al. 2003. User's guide GPP and NPP (MOD17A2/A3) products NASA MODIS land algorithm, Version 2: 666-684.

Inoue Y, Kurosu T, Maeno H, et al. 2002. Season-long daily measurements of multifrequency (Ka, Ku, X, C, and L) and full-polarization backscatter signatures over paddy rice field and their relationship with biological variables[J]. Remote Sensing of Environment, 81(2-3):194-204.

Kimes D S, Knyazikhin Y, Privette J L, et al. 2000. Inversion methods for physically-based models[J]. Remote Sensing Reviews, 18(2/4):381-439.

Knyazikhin Y, Glassy J, Privette J L, et al. 1999. MODIS Leaf Area Index (LAI) and Fraction of Photosynthetically Active Radiation Absorbed by Vegetation (FPAR) Product (MOD15). Algorithm Theoretical Basis Document, 4:1-14.

Larcher W. 1975. Physiological plant ecology[M]. Berlin : Springer.

Lee J S. 1980. Digital Image-Enhancement and Noise Filtering by Use of Local Statistics [J]. IEEE Transactions on Pattern Analysis and Machine Intelligence, 2(2):165-168.

Lee J S, Pottier E. 2009. Polarimetric radar imaging: from basics to applications[M]. Boca Raton, US: CRC press.

Lee X, Massman W, Law B. 2004. Handbook of micrometeorology: a guide for surface flux measurement and analysis[M]. Boston:Kluwer Academic Publishers.

Lieth H. 1973. Primary production: Terrestrial ecosystems[J]. Human Ecology, 1(4):303-332.

Liou K N. 2002. An introduction to atmospheric radiation[M]. Amsterdam: Academic Press.

Manninen T, Stenberg P, Rautiainen M, et al. 2005. Leaf area index estimation of boreal forest using ENVISAT ASAR[J]. IEEE Transactions on Geoscience & Remote Sensing, 43(11):2627-2635.

Melillo J M, McGuire A D, Kicklighter D W, et al. 1993. Global climate change and terrestrial net primary production[J]. Nature, 363(6426): 234-240.

Monteith J. 1972. Solar radiation and productivity in tropical ecosystems[J]. Journal of Applied Ecology, 9:747.

Paloscia S. 1998. An empirical approach to estimating leaf area index from multifrequency SAR data[J]. International Journal of Remote Sensing, 19(2):359-364.

Piao S, Ciais P, Friedlingstein P, et al. 2008. Net carbon dioxide losses of northern ecosystems in response to autumn warming[J].Nature, 451(7174):49-52.

Potter C S, Randerson J T, Field C B, et al. 1993. Terrestrial Ecosystem Production: A Process Model Based on Global Satellite and Surface Data[J]. Global Biogeochemical Cycles, 7(4):811-841.

Prince S. 1991. A model of regional primary production for use with coarse resolution satellite data[J].International Journal of Remote Sensing, 12:1313-1330.

Prince S D, Goward S N. 1995. Global primary production: A remote sensing approach [J]. Journal of Biogeography, 22:815-835.

Randerson J T, Field C B, Fung I Y, et al. 1999. Increases in early season ecosystem uptake explain recent changes in the seasonal cycle of atmospheric CO_2 at high northern latitudes[J].Geophysical Research Letters, 26(17): 2765-2768.

Ross J, Sulev M. 2000. Sources of errors in measurements of PAR[J].Agricultural & Forest Meteorology, 100(2-3):103-125.

Ruimy A, Kergoat L, Bondeau A. 1999. Comparing global models of terrestrial net primary productivity (NPP): analysis of differences in light absorption and light-use efficiency [J].Global change biology, 5:56-64.

Ruimy A, Saugier B, Dedieu G. 1994. Methodology for the estimation of terrestrial net primary production from remotely sensed data[J]. Journal of Geophysical Research Atmospheres, 99(D3):5263-5283.

Running S W, Glassy J M, Thornton P E. 1999. MODIS daily photosynthesis (PSN) and annual net primary production (NPP) product (MOD17): algorithm theoretical basis document.University of Montana, SCF At-Launch Algorithm ATBD Documents.

Sims D A, Rahman A F, Cordova V D,et al. 2006. On the use of MODIS EVI to assess gross primary productivity of North American ecosystems[J]. Journal of Geophysical Research Biogeosciences, 111(G4):695-702.

Sims D A, Rahman A F, Cordova V D, et al. 2008. A new model of gross primary productivity for North American ecosystems based solely on the enhanced vegetation index and land surface temperature from MODIS[J].Remote Sensing of Environment, 112(4):1633-1646.

Tang S, Chen J M, Zhu Q, et al. 2007. LAI inversion algorithm based on directional reflectance kernels[J]. Journal of Environmental Management, 85(3):638-648.

Ulaby F T, Moore R K, Fung A K. 1986. Microwave Remote Sensing: From theory to applications[M]. Norwood, MA: Artech House Publishers.

Welles J M, Norman J M. 1991. Instrument for Indirect Measurement of Canopy Architecture[J].Agronomy Journal, 83(5):818.

Yuan W, Liu S, Zhou G, et al. 2007. Deriving a light use efficiency model from eddy covariance flux data for predicting daily gross primary production across biomes[J].Agricultural & Forest Meteorology, 143(3-4):189-207.

Zhao M, Running S W. 2010. Drought-induced reduction in global terrestrial net primary production from 2000 through 2009[J].Science, 329(5994):940-943.

第4章

崔霞,宋清洁,张瑶瑶,等. 2017. 基于高光谱数据的高寒草地土壤有机碳预测模型研究[J]. 草业学报, 26(10):20-29.

郭志华,彭少麟,王伯荪,等. 1999. GIS 和 RS 支持下广东省植被吸收 PAR 的估算及其时空分布[J]. 生态学报, 19(4):441-446.

韩忠明,原碧鸿,陈炎,等. 2018. 一个有效的基于 GBRT 的早期电影票房预测模型[J]. 计算机应用研究, 35(3):410-416.

李娅丽,汪小钦,陈芸芝,等. 2019. 福建省地表温度与植被覆盖度的相关性分析[J]. 地球信息科学学报, 21(3):445-454.

梁顺林,程洁,贾坤,等. 2016.陆表定量遥感反演方法的发展新动态[J].遥感学报, 20(5):875-898.

孟梦,田海峰,邬明权,等. 2019. 基于 Google Earth Engine 平台的湿地景观空间格局演变分析:以白洋淀为例[J]. 云南大学学报(自然科学版), 3(2):416-424.

孟梦,牛铮. 2018. 近30a 内蒙古 NDVI 演变特征及其对气候的响应[J]. 遥感技术与应用, 25(4):625-633.

伍卫星,王绍强,肖向明,等. 2008. 利用 MODIS 影像和气候数据模拟中国内蒙古温带草原生态系统总初级生产力[J]. 中国科学(D辑:地球科学), 13(8):993-1004.

Aubinet M, Chermanne B, Vandenhaute M, et al. 2001. Long term carbon dioxide exchange above a mixed forest in the Belgian Ardennes[J]. Agricultural and Forest Meteorology, 108:293-315.

Bajgain R, Xiao X, Wagle P, et al. 2015. Sensitivity analysis of vegetation indices to drought over two tallgrass prairie sites[J]. ISPRS Journal of Photogrammetry and Remote Sensing, 108:151-160.

Battin T J, Luyssaert S, Kaplan L A, et al. 2009. The boundless carbon cycle[J]. Nature Geoscience, 2:598-600.

Belgiu M, Drăguţ L. 2016. Random forest in remote sensing: A review of applications and future directions[J].Isprs Journal of Photogrammetry & Remote Sensing, 114:24-31.

Chandrasekar K, Sai M, Roy P S, et al. 2010. Land Surface Water Index (LSWI) response to rainfall and NDVI using the MODIS Vegetation Index product[J]. International Journal of Remote Sensing, 31(15-16):3987-4005.

Chen B, Coops N C, Fu D, et al. 2011. Assessing eddy-covariance flux tower location bias across the Fluxnet-Canada Research Network based on remote sensing and footprint modelling[J].Agricultural & Forest Meteorology, 151(1):87-100.

Chen C C, Schwender H, Keith J, et al. 2011. Methods for identifying SNP Interactions: A review on variations of logic regression, random forest and bayesian logistic regression[J]. IEEE/ACM Transactions on Computational Biology & Bioinformatics, 8(6): 1580-1591.

Chen D, Chang N, Xiao J, et al. 2019. Mapping dynamics of soil organic matter in croplands with MODIS data and machine learning algorithms[J]. Science of The Total Environment, 15(669):844-855.

Chen J, Jönsson P, Tamura M, et al. 2004. A simple method for reconstructing a high-quality NDVI time-series data set based on the Savitzky-Golay filter[J]. Remote Sensing of Environment, 91:332-344.

Dong Z, Wang Z, Liu D, et al. 2014. Mapping wetland areas using Landsat-derived NDVI and LSWI: a case study of West Songnen Plain, Northeast China[J]. Journal of the Indian Society of Remote Sensing, 42(3):569-576.

Frey C M, Kuenzer C, Dech S. 2012. Quantitative comparison of the operational NOAA-AVHRR LST product of DLR and the MODIS LST product V005[J]. International Journal of Remote Sensing, 33(21-22):7165-7183.

Gao F, Masek J G, Schwaller M R, et al. 2006. On the blending of the landsat and MODIS surface reflectance: predicting daily landsat surface reflectance[J].IEEE Transactions on Geoscience and Remote Sensing, 44(8):2207-2218.

Gilmanov T G, Tieszen L L, Wylie B K, et al. 2005. Integration of CO_2 flux and remotely-sensed data for primary production and ecosystem respiration analyses in the Northern Great Plains: Potential for quantitative spatial extrapolation[J]. Global Ecology and Biogeography, 3(14):271-292.

Haeberle H S, Helm J M, Navarro S M, et al. 2019. Artificial intelligence and machine Learning in Lower Extremity Arthroplasty: A Review[J]. Journal of Arthroplasty, 34 (10):2201-2203.

Ichii K, Ueyama M, Kondo M, et al. 2017. New data-driven estimation of terrestrial CO_2 fluxes in Asia using a standardized database of eddy covariance measurements, remote sensing data, and support vector regression[J]. Journal of Geophysical Research: Biogeosciences, 122(4):767-795.

Joiner J, Yoshida Y, Zhang Y, et al. 2018. Estimation of Terrestrial Global Gross Primary Production (GPP) with Satellite Data-Driven Models and Eddy Covariance Flux Data [J].Remote Sensing, 10(9):1346-1356.

Lal R. 2005. Forest soils and carbon sequestration[J].Forest Ecology and Management, 220 (1-3):242-258.

Le Quéré C, Andrew R M, Friedlingstein P, et al. 2017. Global carbon budget 2017. Earth System Science Data Discussions, 13:61-79.

Le Quere C, Raupach M, Canadell J, et al. 2009. Trends in the sources and sinks of carbon dioxide[J].Nature geoscience, 2(12):822-831.

Lehmann J, Kleber M. 2015. The contentious nature of soil organic matter[J]. Nature, 528:60-68.

Liang S, Zhao X, Liu S, et al. 2013. A long-term Global Land Surface Satellite (GLASS) data-set for environmental studies[J]. International Journal of Digital Earth, 6(sup1):5-33.

Liu Z, Wu C, Liu Y, et al. 2017. Spring green-up date derived from GIMMS3g and SPOT-VGT NDVI of winter wheat cropland in the North China Plain[J].ISPRS Journal of Photogrammetry and Remote Sensing, 130:81-91.

Peng Y, Kira O, Nguy-Robertson A L, et al. 2019. Gross Primary Production Estimation in Crops Using Solely Remotely Sensed Data[J].Agronomy journal, 111(6):1-10.

Piao S, Wang X, Ciais P, et al. 2011. Changes in satellite-derived vegetation growth trend in temperate and boreal Eurasia from 1982 to 2006[J]. Global Change Biology, 17(10): 3228-3239.

Rahman A F, Sims D A. 2005. Potential of MODIS EVI and surface temperature for directly estimating per-pixel ecosystem C fluxes[J].Geophysical Research Letters, 32(19): 156-171.

Reichstein M, Falge E, Baldocchi D, et al. 2005. On the separation of net ecosystem exchange into assimilation and ecosystem respiration: Review and improved algorithm[J]. Global Change Biology, 11(9):1424-1439.

Shen M, Zhang G, Cong N, et al. 2014. Increasing altitudinal gradient of spring vegetation phenology during the last decade on the Qinghai - Tibetan Plateau[J]. Agricultural & Forest Meteorolog, 189-190:71-80.

Shi H, Li L, Eamus D, et al. 2017. Assessing the ability of MODIS EVI to estimate terrestrial ecosystem gross primary production of multiple land cover types[J]. Ecological Indicators, 72:153-164.

Sims D A, Rahman A F, Cordova V D, et al. 2006.On the use of MODIS EVI to assess gross primary productivity of North American ecosystems[J]. Journal of Geophysical Research: Biogeosciences, 111(G4):695-702.

Sjöström M, Ardö J, Arneth A, et al. 2011. Exploring the potential of MODIS EVI for modeling gross primary production across African ecosystems[J]. Remote sensing of Environment, 115(4):1081-1089.

Smith M A, Perry G, Richey P L, et al. 1996. Oxidative damage in Alzheimer's[J]. Nature, 382(6587):120-121.

Sun Z, Wang X, Zhang X, et al. 2019. Evaluating and comparing remote sensing terrestrial GPP models for their response to climate variability and CO_2 trends[J]. Science of The Total Environment, 668:696-713.

Tucker C J, Pinzon J E, Brown M E, et al. 2005. An extended AVHRR 8-km NDVI dataset compatible with MODIS and SPOT vegetation NDVI data[J]. International Journal of Remote Sensing, 26:4485-4498.

Wan Z. 2008. New refinements and validation of the MODIS land-surface temperature/emissivity products[J]. Remote Sensing of Environmen, 112:59-74.

Wang J, Rich P M, Price K P. 2003. Temporal responses of NDVI to precipitation and temperature in the central Great Plains, USA[J]. International Journal of Remote Sensing, 24:2345-2364.

Wang X, Wu C, Wang H, et al. 2017. No evidence of widespread decline of snow cover on the Tibetan Plateau over 2000-2015[J].Scientific Reports, 7(1):13-23.

Wei Y, Zhang X, Hou N, et al. 2019. Estimation of surface downward shortwave radiation over China from AVHRR data based on four machine learning methods[J].Solar Energy, 177:32-46.

Wolanin A, Camps-Valls G, Gómez-Chova L, et al. 2019. Estimating crop primary productivity with Sentinel-2 and Landsat 8 using machine learning methods trained with radiative transfer simulations[J]. Remote Sensing of Environment, 225:441-457.

Yang F F, Ichii K, White M A, et al. 2007. Developing a continental-scale measure of gross primary production by combining MODIS and Ameri Flux data through Support Vector Machine approach[J]. Remote sensing of Environment, 110:109-122.

Yuan W, Liu S, Yu G, et al. 2010. Global estimates of evapotranspiration and gross primary production based on MODIS and global meteorology data[J].Remote Sensing of Environment, 114(7):1416-1431.

Zhang Q, Cheng Y B, Lyapustin A I, et al. 2014. Estimation of crop gross primary production(GPP): I. impact of MODIS observation footprint and impact of vegetation BRDF characteristics[J].Agricultural & Forest Meteorology, 191:51-63.

Zhang Y, Xu M, Chen H, et al. 2009. Global pattern of NPP to GPP ratio derived from MODIS data: effects of ecosystem type, geographical location and climate[J].Global Ecology & Biogeography, 18(3):280-290.

Zhao M, Heinsch F A, Nemani R R, et al. 2005. Improvements of the MODIS terrestrial gross and net primary production global data set[J].Remote Sensing of Environment, 95(2):164-176.

第5章

Baldocchi D D. 2020. How eddy covariance flux measurements have contributed to our understanding of Global Change Biology[J]. Global Change Biology, 26(1):242-260.

Beck H E, Zimmermann N E, McVicar T R, et al. 2018. Present and future Köppen-Geiger climate classification maps at 1-km resolution. Sci Data, 5:180214.

Bodesheim P, Jung M, Gans F, et al. 2018. Upscaled diurnal cycles of land-Atmosphere fluxes: A new global half-hourly data product[J].Earth System Science Data, 10(3): 1327-1365.

Chen J, Chen W, Liu J, et al. 2000. Annual carbon balance of Canada's forests during 1895-1996[J].Global Biogeochemical Cycles, 14(3):839-850.

Eshel G, Dayalu A, Wofsy S C, et al. 2019. Listening to the Forest: An Artificial Neural Network-Based Model of Carbon Uptake at Harvard Forest[J]. Journal of Geophysical Research: Biogeosciences, 124(3):461-478.

Gurney K R, Law R M, Denning A S, et al. 2002. Towards robust regional estimates of CO_2 sources and sinks using atmospheric transport models[J]. Nature, 415,626-630.

Huang N, Wang L, Song X P, et al. 2020. Spatial and temporal variations in global soil respiration and their relationships with climate and land cover[J].Science Advances, 6 (41): eabb8508.

Huete A, Didan K, Miura T, et al. 2002. Overview of the radiometric and biophysical performance of the MODIS vegetation indices[J].Remote Sensing of Environment, 83 (1-2):195-213.

Huntzinger D N, Post W M, Wei Y, et al. 2012. North American Carbon Program (NACP) regional interim synthesis: Terrestrial biospheric model intercomparison[J]. Ecological Modelling, 232:144-157.

Ichii K, Ueyama M, Kondo M, et al. 2017. New data-driven estimation of terrestrial CO_2 fluxes in Asia using a standardized database of eddy covariance measurements, remote sensing data, and support vector regression[J]. Journal of Geophysical Research: Biogeosciences, 122(4): 767-795.

Jagermeyr J, Gerten D, Lucht W, et al. 2014. A high-resolution approach to estimating ecosystem respiration at continental scales using operational satellite data[J]. Global Change Biology, 20(4):1191-1210.

Jung M, Reichstein M, Margolis H A, et al. 2011. Global patterns of land-atmosphere fluxes of carbon dioxide, latent heat, and sensible heat derived from eddy covariance, satellite, and meteorological observations[J]. Journal of Geophysical Research, 116: G00J07.

Jung M, Schwalm C, Migliavacca M, et al. 2020. Scaling carbon fluxes from eddy covariance sites to globe: synthesis and evaluation of the FLUXCOM approach[J]. Biogeosciences, 17:1343-1365.

Liang W, Zhang W B, Jin Z, et al. 2020. Estimation of Global Grassland Net Ecosystem Carbon Exchange Using a Model Tree Ensemble Approach[J]. Journal of Geophysical Research, 125(1).

Pastorello G, Trotta C, Canfora E, et al. 2020. The FLUXNET2015 dataset and the ONEFlux processing pipeline for eddy covariance data[J]. Scientific Data, 7(1): 225.

Tramontana G, Jung M, Schwalm C R, et al. 2016. Predicting carbon dioxide and energy fluxes across global FLUXNET sites with regression algorithms[J]. Biogeosciences, 13 (14):4291-4313.

Ueyama M, Ichii K, Iwata H, et al. 2013. Upscaling terrestrial carbon dioxide fluxes in Alaska with satellite remote sensing and support vector regression[J]. Journal of Geophysical Research Biogeosciences, 118(3):1266-1281.

Wang Y Y, Li G C, Ding J H, et al. 2016. A combined GLAS and MODIS estimation of the global distribution of mean forest canopy height[J]. Remote Sensing of Environment, 174:24-43.

Xiao J F, Chevallier F, Gomez C, et al. 2019. Remote sensing of the terrestrial carbon cycle: A review of advances over 50 years[J]. Remote Sensing of Environment, 233.

Zeng J, Matsunaga T, Tan Z H, et al. 2020. Global terrestrial carbon fluxes of 1999-2019 estimated by upscaling eddy covariance data with a random forest[J].Scientific Data, 7 (1):313.